工业和信息化
人才培养规划教材
Industry And Information
Technology Training
Planning Materials

高职高专计算机系列

CentOS Linux
服务器技术与技能大赛实战

Instruction book of
CentOS Linux

丁传炜 ◎ 主编
周雄庆 潘鑫 ◎ 副主编

人民邮电出版社
北京

图书在版编目（CIP）数据

CentOS Linux服务器技术与技能大赛实战 / 丁传炜主编. -- 北京 : 人民邮电出版社, 2015.9（2021.12重印）
工业和信息化人才培养规划教材
ISBN 978-7-115-27919-4

Ⅰ. ①C… Ⅱ. ①丁… Ⅲ. ①Linux操作系统－教材
Ⅳ. ①TP316.89

中国版本图书馆CIP数据核字(2015)第119197号

内容提要

Linux 服务器技术是计算机网络专业的一门核心课程。本书基于任务驱动、项目导向的“工学结合”教学模式，紧扣全国网络组建与管理技能大赛最新大纲，全书分为 19 个项目，并在附录中加入了 3 套 Linux 网络操作系统综合测试题、1 套网络组建与管理水平测试题和 2 套网络组建与管理技能大赛测试题作为练习之用。

本书的特点在于，一是以 CentOS 6.4 为版本进行常用 Linux 服务器配置与管理的讲解，内容比较新；二是所有实验全部在 VirtualBox 虚拟机上操作完成，改变了传统的在 VMware 虚拟机中讲授的风格。这两个特点比较切合当前的网络组建与管理技能大赛。

本书作为计算机应用技术和网络技术专业的教材，实践性很强。本书不仅可以作为各类院校网络类专业学生的实训教材，也可以作为学生备战网络组建与管理技能大赛的训练教材，还可以作为 Linux 系统管理员及网络爱好者的培训教材或技术参考书籍。

◆ 主　　编　丁传炜
　副 主 编　周雄庆　潘　鑫
　责任编辑　王　威
　责任印制　杨林杰

◆ 人民邮电出版社出版发行　　北京市丰台区成寿寺路 11 号
　邮编 100164　　电子邮件 315@ptpress.com.cn
　网址 http://www.ptpress.com.cn
　北京天宇星印刷厂印刷

◆ 开本：787×1092　1/16
　印张：17.25　　　　2015 年 9 月第 1 版
　字数：456 千字　　　2021 年 12 月北京第 11 次印刷

定价：39.80 元

读者服务热线：(010)81055256　印装质量热线：(010)81055316
反盗版热线：(010)81055315

前 言

网络是一个很神奇的东西，现代人的生活离不开网络，网络已深入人们的工作、生活、娱乐等方方面面。网络之所以无处不在，是因为它提供了诸多的网络服务，所以网络服务是网络的灵魂。

互联网上的各种网络服务是架构在各种各样的服务器上的。服务器（Server）是提供网络服务的物理载体，是一种计算机，只不过它是一种功能更为强大的计算机，特别是在网络应用服务方面。在服务器中安装有操作系统，就如普通 PC 中安装有 Windows 7、Windows 8 或者 Windows 10 一样。服务器中运行的操作系统一般常被称为服务器操作系统，或者叫网络操作系统。网络操作系统管理着互联网中各种各样的服务：DHCP、FTP、Web、E-mail、DNS、流媒体、网络游戏等，没有网络操作系统，人们就无法享受到各种网络服务。目前主流的网络操作系统有 Windows 和 Linux 两种。本书是关于 Linux 网络操作系统方面的项目教程。

本书中的 Linux 采用 CentOS 6.4 发行版本，全部的实验界面都是在 VirtualBox 虚拟机中实现并截图出来的，里面理论阐述得不多，所以希望读者多阅读其他相关系统理论方面的书（详见本书最后的参考文献），强化理论功底。本书最大的优点是以 VirtualBox 虚拟机来进行服务器讲解（国内绝大部分服务器操作系统教材都是基于 VMware 虚拟机的），而且选择的 Linux 版本也相对比较新—— CentOS 6.4（国内大部分介绍 Linux 的教材都是基于 RedHat 5.X 版的）。

本课程的前导课程是计算机网络基础和 Windows Server 网络操作系统，建议教师在讲授相关 Linux 服务器时，先把 Windows Server 对应的服务和基本的网络原理复习一遍，这样对学生学习 Linux 服务器新知识会形成正向迁移的作用。作为教师，教授该课程不仅要有非常丰富的网络理论功底，同时要有很强的 Linux 命令行操作实践能力，不仅要教会学生使用命令行配置服务器的一般步骤，更要教会学生学习配置的方法，更高层次的是要让学生具有系统的思维。教学的目标不是为了教和学，而是为了让学生掌握学习的方法从而达到即使不教，学生也可以进行自我学习的目的；作为学生，要多上机实践练习本教程涉及的软件，还要参考其他相关的书籍，强化系统和网络的理论知识再辅以实践练习，才能真正学好 Linux 网络操作系统。

由于编者水平有限，以及本书所涉及技术更新发展很快，虽然力求完美，但书中难免有不妥和错误之处，敬请读者批评指正。

丁传炜

2015 年 3 月

目 录 CONTENTS

PART 1

项目 1 CentOS Linux 简介

一、学习目标

1. 知识目标

了解 Linux 的发展历史。

了解 Linux 的发行版本。

了解 CentOS Linux。

了解 Linux 的优势。

2. 能力目标

掌握学习 Linux 的方法。

二、理论基础

1. Linux 的发展历史

Linux 系统是一个类似 UNIX 的操作系统，它是 UNIX 在微机上的完整实现，它的标志是一个名为 Tux 的可爱的小企鹅，如图 1-1 所示。UNIX 操作系统是 1969 年由 K.Thompson 和 D.M.Richie 在美国贝尔实验室开发的一种操作系统。由于其良好而稳定的性能迅速在计算机领域得到广泛的应用，并在随后几十年中不断地做了改进。

1990 年，芬兰人林纳斯·托瓦兹（Linus Torvalds，如图 1-2 所示）开始着手研究编写一个开放的、与 Minix 系统兼容的操作系统。1991 年 10 月 5 日，Linus Torvalds 公布了第一个 Linux 的内核版本 0.02 版。1992 年 3 月，内核 1.0 版本的推出，标志着 Linux 第一个正式版本的诞生。现在，Linux 凭借优秀的设计、不凡的性能，加上 IBM、Intel、AMD、DELL、Oracle、Sybase 等国际知名企业的大力支持，市场份额逐步扩大，逐渐成为主流操作系统之一。

Linux 内核的官方网站是 www.kernel.org，现在流行的手机操作系统 Android（安卓）也是基于 Linux 内核而开发的。

图 1-1

图 1-2

2. Linux 的发行版本

Red Hat(红帽)公司在开源软件界鼎鼎有名，该公司发布了最早的 Linux 商业版本 Red Hat Linux。从 Red Hat Linux1.0 开始，Red Hat 公司就秉承开源软件的精神，允许任何人免费和自由地使用 Red Hat Linux 系列发行版。Red Hat Linux 在全世界（也包括中国）受到了广泛的欢迎，不仅被应用于 Linux 服务器端，同时也可以较好地作为 Linux 桌面应用，一度被作为 Linux 发行版本的事实标准。

Red Hat Linux 企业版，简写为 RHEL。RHEL 系列版本面向企业级客户，主要应用在 Linux 服务器领域。Red Hat 公司对 RHEL 系列产品采用了收费使用的策略，即用户需要付费才能够使用 RHEL 产品并获得技术服务。

除了 Red Hat Linux 发行版本外，还有很多其他发行版本，主要有 Fedora、Ubuntu、SUSE、Debian、CentOS，读者可以参考相关书籍。

3. CentOS Linux 介绍

CentOS 社区的 Linux 发行版本被称为 CentOS Linux，由于使用了 RHEL 的源代码重新编译生成新的发行版本，所以 CentOS Linux 具有与 RHEL 产品非常好的兼容性，并且与生俱来的拥有了 RHEL 的诸多优秀特性。

虽然 CentOS Linux 使用了 RHEL 的源代码，但是由于这些源代码是 Red Hat 公司自由发布的，因此 CentOS Linux 的发布是完全合法的，CentOS Linux 的使用者也不会遇到任何的版权问题。CentOS 面向那些需要达到企业级操作系统稳定性的人们，而且并不涉及认证和支持方面的开销。

CentOS 社区对 Red Hat 公司发布的每一个 RHEL Update 都会发布对应的更新发行版，例如，根据 RHEL 的 Update 1 更新程序源码包，CentOS 会重新编译并打包发布 CentOS Linux 版。CentOS Linux 由于同时具有与 RHEL 的兼容性和企业级应用的稳定性，又允许用户自由使用，因此得到了越来越广泛的应用。

4. Linux 的优势

近年来，Linux 操作系统发展迅猛，尤其是在中高端服务器上得到了广泛的应用；国际上很多有名的硬、软件厂商都毫无例外地与之结盟、捆绑，将之用作自己的操作系统。为什么 Linux 如此备受青睐？那是因为 Linux 有自身的几大特点，如下所示。

（1）Linux 是自由软件

首先，Linux 可以说是开放源码的自由软件的代表，它有两个特点：一是它开放源码并对外免费提供；二是爱好者可以按照自己的需要自由修改、复制和发布程序的源码，并公布在 Internet 上，因此可以从 Internet 上很方便地免费下载得到 Linux 操作系统，这样还可以省下购买 Windows 操作系统的一笔不小的资金。且由于可以得到 Linux 的源码，所以操作系统的内部逻辑可见，这样就可以准确地查明故障原因，及时采取相应对策。在必要的情况下，用户可以及时地为 Linux 打“补丁”，这是其他操作系统所没有的优势。同时，这也使得用户容易根据操作系统的特点构建安全保障系统，不用担心来自那些不公开源码的“黑盒子”式的系统所预留的“后门”带来的意外打击。而且，Linux 上运行的绝大多数应用程序也是免费可得的，用了 Linux 就再也不用担心背上“使用盗版软件”的“黑锅”了。

（2）极强的平台可伸缩性

Linux 可以运行在 80386 处理器以上及各种 RISC 体系结构机器上。Linux 最早诞生于微机环境，一系列版本都充分利用了 X86 CPU 的任务切换能力，使 X86 CPU 的效能发挥得淋漓尽致，而这一点连 Windows 都没有做到。Linux 能运行在笔记本电脑、PC、工作站，直至巨型机上，而且几乎能在所有主要 CPU 芯片搭建的体系结构上运行（包括 Intel/AMD 及 HP-PA、MIPS、PowerPC、UltraSPARC、ALPHA 等 RISC 芯片），其伸缩性远远超过了 NT 操作系统目前所能达到的水平。

（3）Linux 是 UNIX 的完整实现

从发展的背景看，Linux 与其他操作系统的区别是，Linux 是从一个由比较成熟的操作系统 UNIX 发展而来的，UNIX 上的绝大多数命令都可以在 Linux 里找到并有所加强。一般可以认为 Linux 是 UNIX 系统的一个变种，因而 UNIX 的优良特点如可靠性、稳定性以及强大的网络功能，强大的数据库支持能力以及良好的开放性等都在 Linux 上一一体现出来。且在 Linux 的发展过程中，Linux 的用户能大大地从 UNIX 团体的贡献中获利，它能直接获得 UNIX 相关的支持和帮助。

（4）真正的多任务、多用户环境

只有很少的操作系统能提供真正的多任务能力，尽管许多操作系统声明支持多任务，但并不完全准确，如 Windows。而 Linux 则充分利用了 X86 CPU 的任务切换机制，实现了真正多任务、多用户环境，允许多个用户同时执行不同的程序，并且可以给紧急任务以较高的优先级。

（5）具有强大的网络功能

实际上，Linux 就是依靠 Internet 才迅速发展起来的，Linux 具有强大的网络功能也是自然而然的事情。它可以轻松地与 TCP/IP、LANManager、Windows for Workgroups、Novell Netware 或 Windows NT 网络集成在一起，还可以通过以太网或调制解调器连接到 Internet 上。Linux 不仅能够作为网络工作站使用，更可以胜任各类服务器，如 Web 应用服务器、文件服务器、打印服务器、邮件服务器、新闻服务器等。

（6）Linux 工程师薪酬高，工作机会多

Linux 领域最权威的国际认证 RHCA 证书，是最具含金量的国际 IT 职业证书之一，它能向潜在的雇主证明你在 Linux 方面独特的专业技能，从而获得更多提升和提薪的机会。由于人才紧缺，一些供不应求的职位，如 Linux 系统工程师、Linux 软件工程师等薪水比较可观。目前一名熟练的 Linux 网络管理工程师的月薪大约为 7 000 元，项目经理的工资可能更高，月薪大约在 10 000～15 000 元。另据资料显示，在美国一些大城市，经验丰富的 Linux 管理人员的薪金待遇普遍比 Windows 同行高出 20%～30%。

5. 学习 Linux 的方法

首先必须要有一台计算机，在计算机里面可以安装虚拟机软件（下一个实训项目中做介绍），在虚拟机软件中安装 Linux 进行学习。其次，虽然 Linux 中也有如 Windows 那样的桌面，但是建议学习 Linux 时切换到命令行界面（CLI）中学习，因为 Linux 的图形用户界面（GUI）几乎不能发挥出 Linux 的真正性能，命令行才是 Linux 的精髓，如图 1-3 所示。请注意，本书除了第一次安装系统外，其他章节的操作都是在命令行界面下进行的。最后，要经常上机实践，并在虚拟机中安装 Linux 反复练习，很多的命令只有不断强化练习，才能达到熟能生巧。

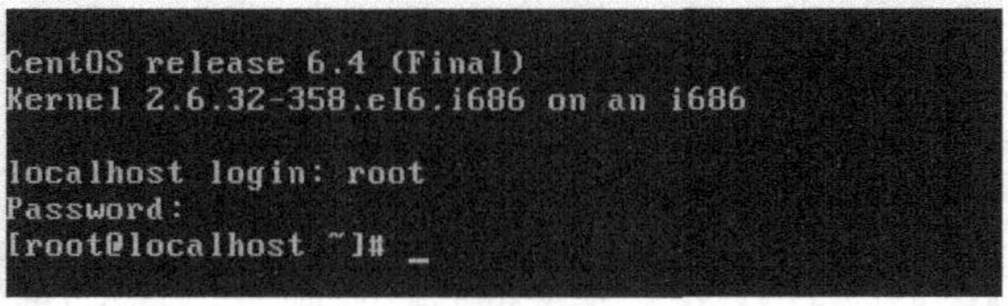

```
CentOS release 6.4 (Final)
Kernel 2.6.32-358.el6.i686 on an i686

localhost login: root
Password:
[root@localhost ~]# _
```

图 1-3

本书更多的是强调项目实训，在理论的阐述上略显单薄，所以学有余力的读者，要多看课外书或者相关网站以强化理论知识。具有内容可以参看本书最后的参考文献部分。

三、总结

通过这个项目的学习，可以了解 Linux 的发展历史、各版本 Linux 的介绍，了解到 Linux 功能的的强大性以及学习 Linux 的方法。

四、实训思考题与作业

1. 上网查找关于 Red Hat Linux 认证相关知识，整理成 PPT。
2. 哪些好的书籍和好的网站可供学习 Linux？
3. 与 Windows 操作系统相比，Linux 有哪些特点？
4. Linux 在信息技术产业界处于什么样的地位？

PART 2

项目 2 VirtualBox 虚拟机简介

一、学习目标

1. **知识目标**

了解 VirtualBox 的背景。

了解安装 VirtualBox 虚拟机的方法。

2. **能力目标**

掌握在虚拟机中安装常用操作系统的方法。

二、理论基础

虚拟机（Virtual Machine）指通过软件模拟的、具有完整硬件系统功能的、运行在一个完全隔离环境中的完整计算机系统。

VirtualBox 是一款开源虚拟机的软件，是由德国 Innotek 公司开发，由 Sun Microsystems 公司出品，使用 Qt 编写。在 Sun 被 Oracle 收购后正式更名成 Oracle VM VirtualBox。与同性质的 VMware 及 Virtual PC 相比，VirtualBox 是一个免费开源的虚拟机软件，它小巧但功能齐全，对硬件要求也比较低。但也不得不承认，VMware 才是虚拟机软件的集大成者，功能十分强大，有兴趣的读者可以参考相关书籍。

目前最新版本：VirtualBox 4.3.20（VirtualBox 版本更新很快，当读者拿到本书时，可能已经更新到更高版本了，请及时更新学习），如图 2-1 所示，现在的 VirtualBox 已经可以运行 Android 系统和苹果 MAC 操作系统了，有兴趣的读者可以自行研究。

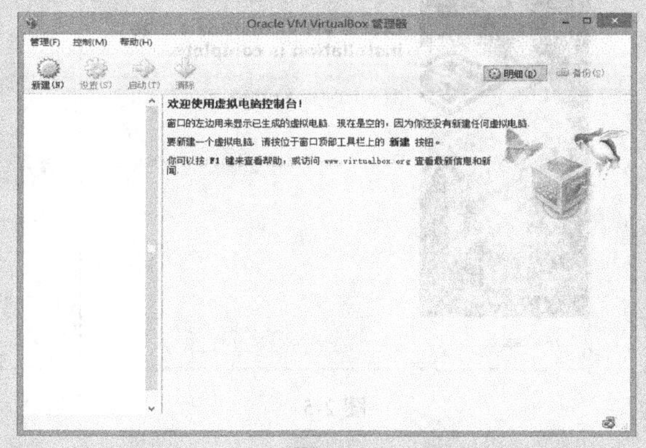

图 2-1

三、实验步骤

1. 在 VirtualBox 中安装 Windows XP

（1）VirtualBox 是开源软件，可以直接到官网 www.virtualbox.org 下载。

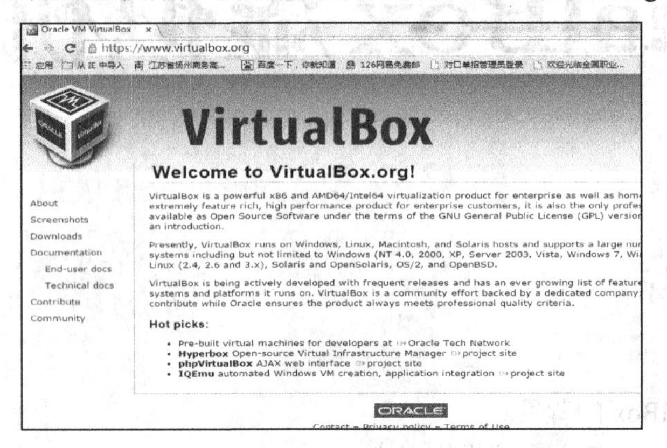

图 2-2

（2）安装 VirtualBox，如图 2-3 和图 2-4 所示。

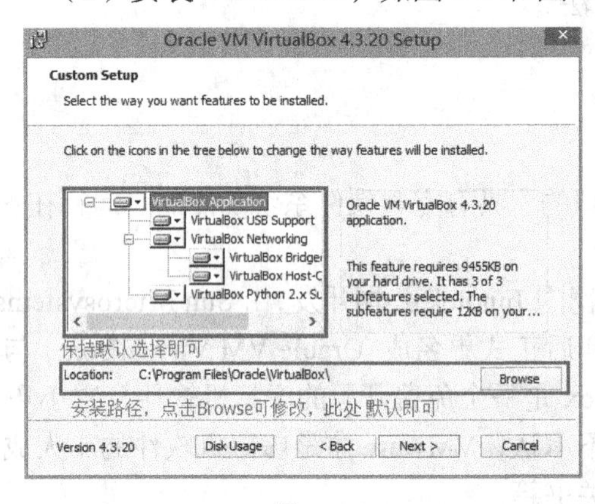

图 2-3

图 2-4

单击“Yes”按钮后继续下一步，如图 2-5 所示。

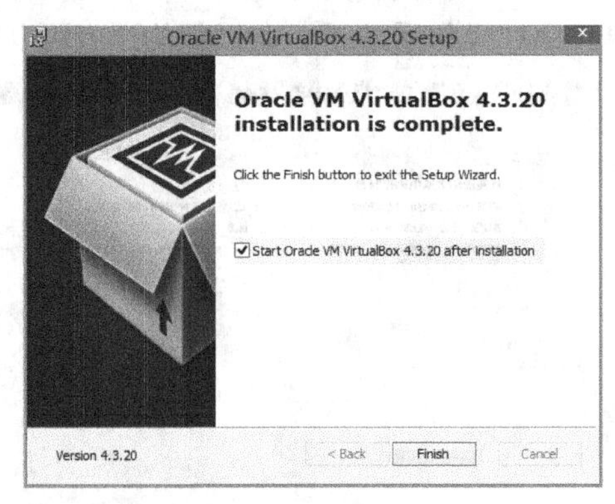

图 2-5

结束后即可打开 VirtualBox。

（3）在 VirtualBox 中单击“新建”，可以选择和安装很多操作系统，可以给要安装的操作系统命名，设置内存大小、硬盘大小等，如图 2-6 所示（这里以安装 XP 为例）。

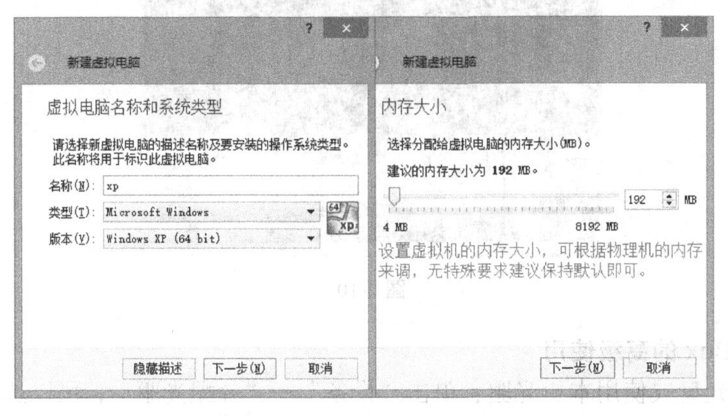

图 2-6

硬盘大小的设置：单击文件夹图标可以更改虚拟硬盘的存放路径，移动滑动条可以选择合适的大小，单击“创建”按钮即可，如图 2-7 所示。

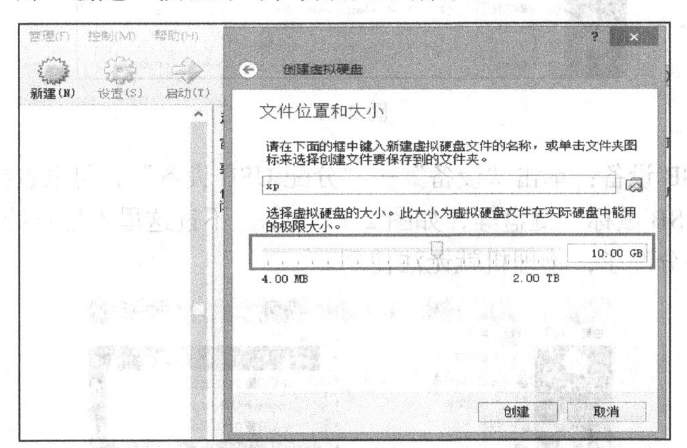

图 2-7

（4）单击“启动”，选择安装光盘，格式可以是 ISO、DMG 等（ISO 镜像文件是常用的镜像文件，一般 Windows 系列和部分 Linux 发行版都使用的是 ISO 镜像文件），如图 2-8 所示。当然也可以选择用物理机的真实光驱来安装操作系统，如图 2-9 所示。

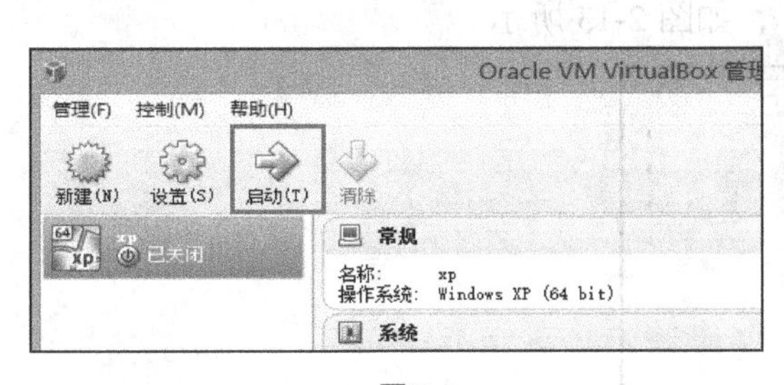

图 2-8

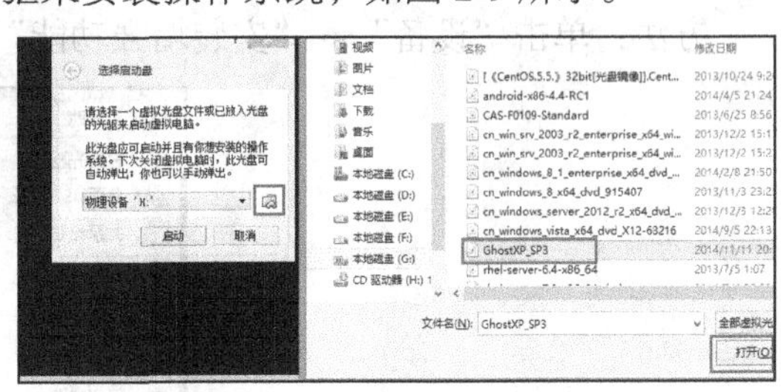

图 2-9

单击“启动”即可进入安装操作系统的界面。

Tips：安装系统过程省略，有需要的读者可以参考百度“XP 系统安装”。

（5）安装完成，系统启动后如图 2-10 所示。

图 2-10

2. VirtualBox 的高级使用

（1）添加光盘或使用本机光驱：单击“设备”—“分配光驱”，可以选择本机物理光驱，也可以选择一个虚拟光盘，如图 2-11 所示。

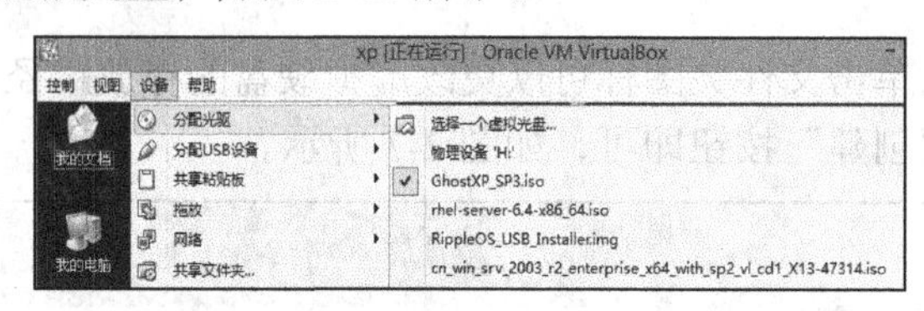

图 2-11

（2）分配 USB 设备：单击“设备”—“分配 USB 设备”，可以选择本机中的 USB 设备，如 U 盘、USB 鼠标、键盘等，如图 2-12 所示。不过这里不建议给虚拟机分配独立的键盘鼠标，如果分配了，物理机就无法使用。

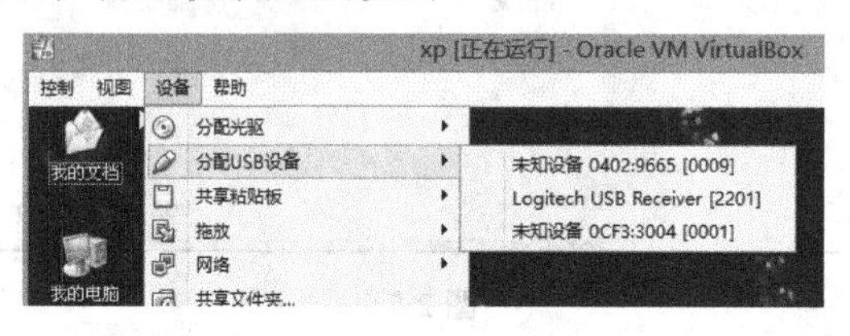

图 2-12

（3）共享文件夹：可以把物理机的文件夹或者磁盘共享给虚拟机使用，首先要安装增强功能。

方法：单击“设备”—“安装增强功能”，如图 2-13 所示。

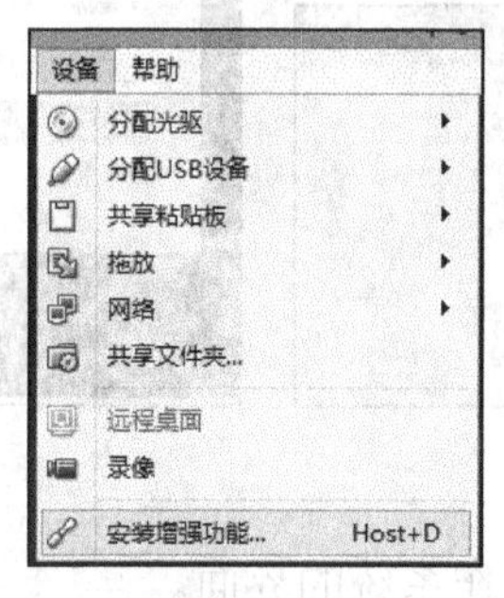

图 2-13

打开虚拟机中的“我的电脑”，增强功能的光盘已经挂载，浏览光盘内容，里面有很多版本的安装包，如.exe 的是 Windows （x86 / 64）系统所支持的，.run 是 Linux 系统的安装包等，如图 2-14 所示。对应平台选择相应的安装包安装（以 Windows 为例）。

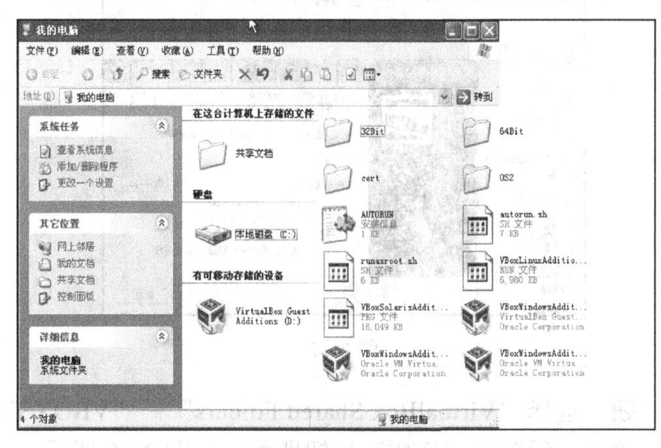

图 2-14

单击“下一步”按钮，可以选择安装 Direct3D 支持，单击“install”按钮，如图 2-15 所示，完成安装后重启即可使用增强功能。

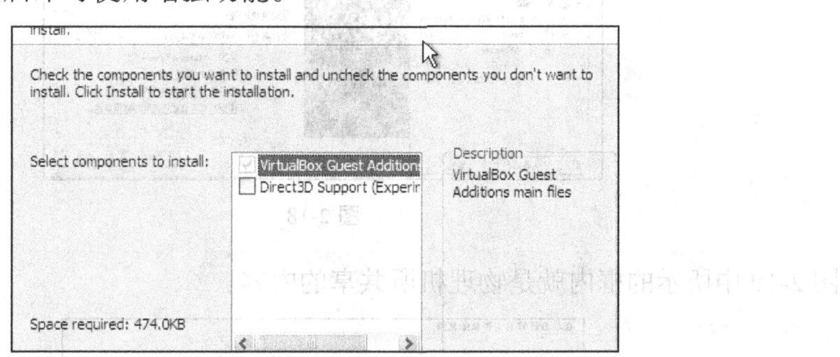

图 2-15

单击“设备”—“共享文件夹”，单击右边的添加按钮，文件路径选择“其他”，然后选择所需要共享的文件夹或者磁盘。选项中的“只读分配”，就是让虚拟机只可以读取；“自动挂载”，虚拟机每次开机会自动挂载所共享的文件夹或磁盘，无需手动映射；“固定分配”，该共享是永久的，不勾选的话，虚拟机重启后该共享就失效。

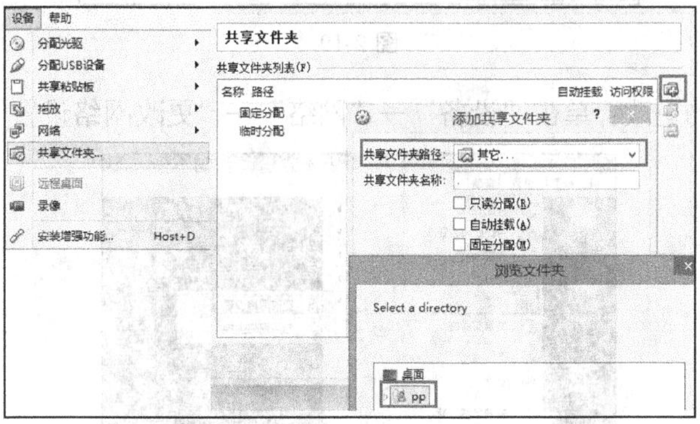

图 2-16

若不勾选“自动挂载”，就要手动映射。然后进入虚拟机，双击“我的电脑”，单击“工具”—“映射网络驱动器”，如图 2-17 所示。

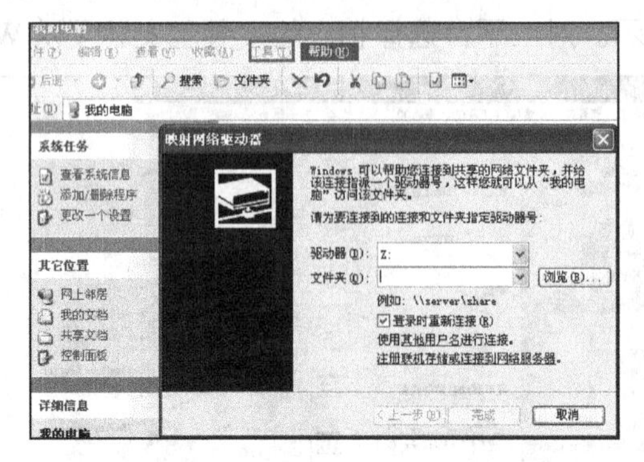

图 2-17

单击“浏览”按钮，选择“VirtualBox Shared Folders”—“VBOXSVR”，单击共享的文件夹或驱动器，确定，后单击“完成”按钮即可，如图 2-18 所示。

图 2-18

图 2-19 中所示的框内就是物理机所共享的内容。

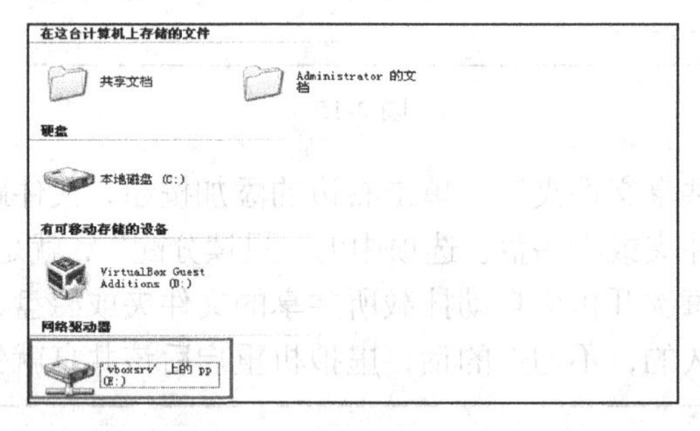

图 2-19

（4）网络模式的更改：单击“设备”—“网络”—“更改网络设置”，如图 2-20 所示。

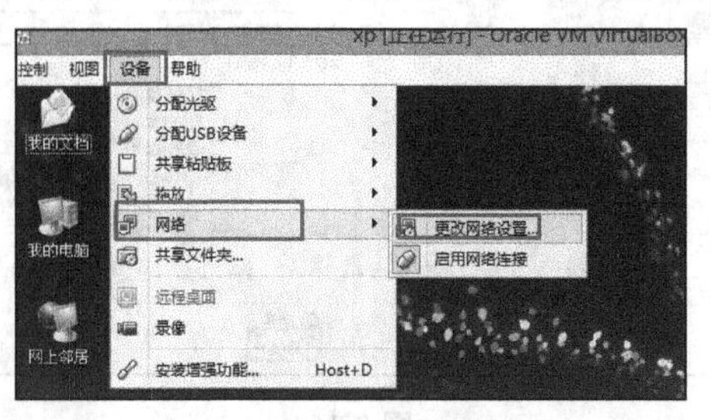

图 2-20

在 VirtualBox 中，网络一共有 7 种模式，具体介绍如下。

① 未指定：虚拟机将不能和任何主机通信，只能够自己 ping 自己，如图 2-21 所示。

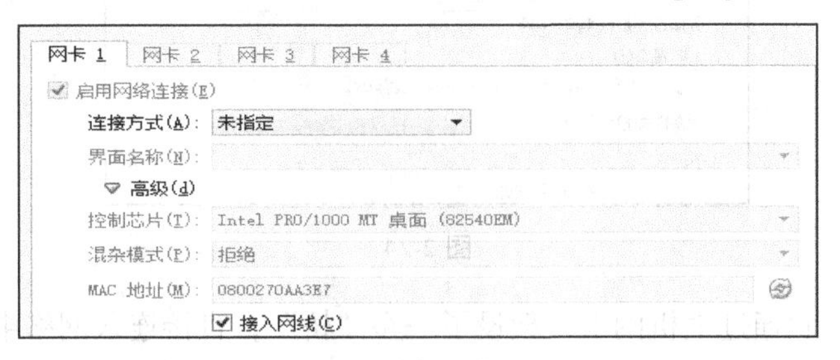

图 2-21

② 网络地址转换（NAT）：VirtualBox 中虚拟的主机（以下简称“虚拟主机”）并不真实存在于网络中，宿主机和宿主机网络中的任何主机都不能直接访问虚拟主机，各虚拟主机也互不相通。虚拟主机能访问宿主机，宿主机能访问任何主机。虚拟主机访问网络是先通过 VirtualBox 转换后再发送出去的，数据接收也是先由 VirtualBox 接收后再转发到虚拟主机的，如图 2-22 所示。

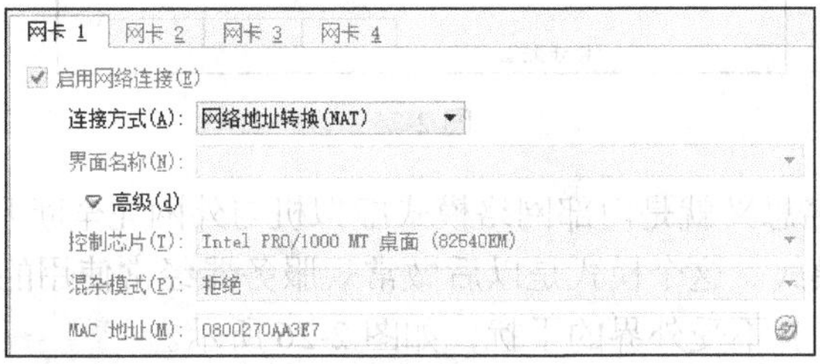

图 2-22

③ NAT 网络：和网络地址转换类似，可以自定义网段、DHCP、IPv6 等，添加方式如下。

首先添加 NAT 网络，单击 VirtualBox 主界面，单击“管理”—“全局设定”—“网络”，添加 NAT 网络，单击设置按钮可以更改名称、网段、DHCP 和 IPv6 等，如图 2-23 所示。

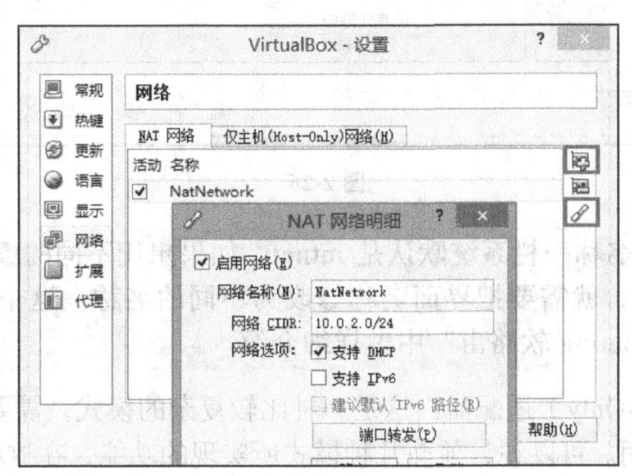

图 2-23

然后更改网络设置，选择 NAT 网络，如图 2-24 所示。

图 2-24

④ 桥接网络：它通过主机网卡，架设了一座“桥”，直接连入网络中。因此，它使得虚拟机能被分配到一个网络中独立的 IP，所有网络功能完全和在网络中的真实机器一样。网桥模式下的虚拟机，可以把它认为是真实计算机。图 2-25 所示框内可以选择所桥接的网卡。

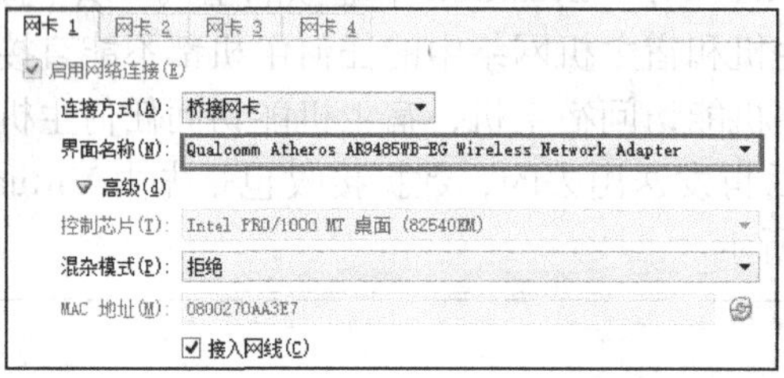

图 2-25

⑤ 内部网络：顾名思义就是内部网络模式虚拟机与外网完全断开，只实现虚拟机与虚拟机之间的内部网络模式。这个模式是以后做常规服务器经常使用的网络模式，这样可以与真实的物理环境隔开，不受外界的干扰，如图 2-26 所示。

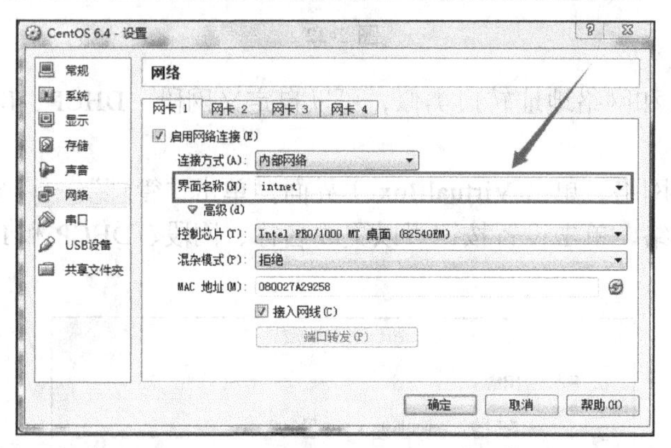

图 2-26

注意

界面名称一栏系统默认是 intnet，如果想让不同的虚拟机接到不同的虚拟网段中，就需要把界面名称修改为不同的名称。这个内容将会在“项目 18 Soft Routing 软路由”中做详细介绍。

⑥ 仅主机（Host-Only）适配器：这是一种比较复杂的模式，需要有比较扎实的网络基础知识才能熟练运用。可以说，前面几种模式所实现的功能，在这种模式下，通过虚拟机及网卡的设置都可以被实现。这个模式可以理解为 Guest 在主机中模拟出一张专供虚拟

机使用的网卡，所有虚拟机都是连接到该网卡上的，可以通过设置这张网卡来实现上网及其他很多功能，如网卡共享、网卡桥接等，如图 2-27 所示。

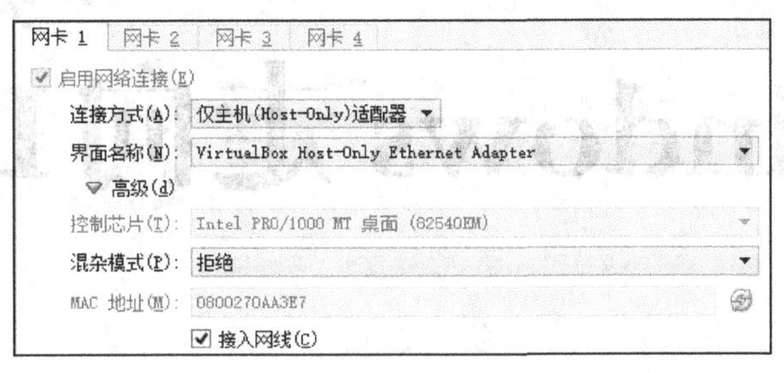

图 2-27

⑦ 通用驱动：这个模式用得很少，可以选择 VirtualBox 自带的驱动或者通过 Extension Pack 添加，如图 2-28 所示。一般这个模式用于与 GNS3 这样的虚拟网络软件相配合，构建相对真实的网络实验环境，有兴趣的读者可以自行参看与 GNS3 相关的文章和书籍。

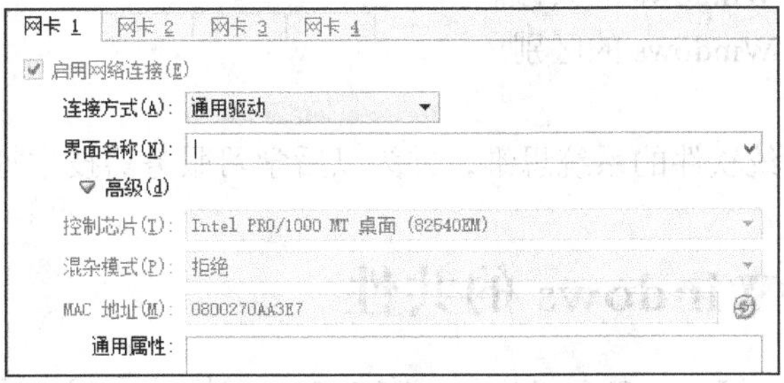

网卡 1　网卡 2　网卡 3　网卡 4
启用网络连接(E)
连接方式(A): 通用驱动
界面名称(N):
高级(d)
控制芯片(T): Intel PRO/1000 MT 桌面 (82540EM)
混杂模式(P): 拒绝
MAC 地址(M): 0800270AA3E7
通用属性:

图 2-28

四、总结

通过这个项目的练习，可以了解 VirtualBox 的背景，学会 VirtualBox 的安装与使用、物理机和虚拟机之间文件的共享以及虚拟机网络连接方式的区别。

五、实训思考题与作业

1. 在自己的电脑上正确安装 VirtualBox。
2. 用 VirtualBox 安装 Windows 7、Windows 8、Windows 10 操作系统。
3. 用 VirtualBox 安装 Windows Server 2003、Windows Server 2008、Windows Server 2012 服务器操作系统。

PART 3

项目 3 从 Windows 走向 Linux

一、学习目标

1. 知识目标

了解 Linux 与 Windows 的共性。

了解 Linux 与 Windows 的区别。

2. 能力目标

形成对操作系统软件的系统思维，并为以后学习服务器技术打好基础。

二、Linux 与 Windows 的共性

Linux 操作系统是由 Linus Torvalds 先生在 1991 年创建的，之后不断获得互联网上众多程序员的广泛支持，经过十几年的发展，Linux 操作系统如今已经成为十分重要的开源操作系统软件，如图 3-1 所示。

图 3-1

Windows 和 Linux 的出发点是相同的，都是为用户提供一个操作系统服务，在硬件和应用程序之间架设一个平台供用户使用，这是最大的共同点。

具体来看，Windows 和 Linux 一样都支持多种文件系统、支持多种网络协议、支持多种物理设备接口、支持多用户和组策略等。这些方面的相同之处，反应了两者并不完全对立，只不过一个是开源的操作系统，一个是商业化运作的收费操作系统。

首先，Linux 和 Windows 都是支持多种文件系统的。文件系统是操作系统用于明确磁盘或分区上文件的方法和数据结构，也就是在磁盘上组织文件的方法。Linux 和 Windows 支持多文件系统的好处是，文件资源可以通过 NetBIOS、FTP 等协议与其他客户机共享。可以很灵活地对各个独立的文件系统进行组织，由管理员来决定它们在何处并以何种方式被访问。

其次，Linux 和 Windows 都支持多种网络协议。网络协议是为了在计算机网络中进行数据交换而建立的规则、标准或约定的集合。如果网络协议不相同，那么相互之间就无法正常通信。目前，常见的协议有：TCP/IP、IPX/SPX 协议、NetBEUI 协议等。Linux 和 Windows 都支持多种类型的网络适配器，而且两者都具备通过网络共享资源的能力，如共享文件和打印；都可以提供网络服务能力，如 DHCP 和 DNS。

再次，Linux 和 Windows 都支持各种物理设备端口，如并口、串口和 USB 接口；支持各种控制器，如 IDE 和 SCSI 控制器等。

最后，Linux 和 Windows 都是多用户操作系统。这样的设计，可以集成多用户和组，让多个服务器共享相同的用户和身份验证数据。Linux 和 Windows 可以为每个用户提供单独的环境和资源，都可以以组成员的方式来控制资源的访问权限。

三、Linux 与 Windows 的区别

虽然 Linux 和 Windows 存在相同的出发点和很多相同的功能，但是 Windows 和 Linux 的工作方式还是存在一些根本区别的，两者的标识如图 3-2 所示。

图 3-2

Windows 主要使用图形用户界面（Graphical User Interface，GUI），又称图形用户接口。图形界面对于普通用户来说在视觉上更易于接受。在 Windows 下，人们习惯地使用鼠标单击各种图标 icon 来完成各种任务，有的时候不得不面对鼠标和键盘之间的不停切换，但是频繁的切换导致了使用鼠标加键盘的工作方式并不比使用纯键盘来得快。

Linux 主要使用命令行界面（Command-Line Interface，CLI）进行操作，用户通过键盘输入指令，计算机接收到指令后予以执行，也有人称之为字符用户界面（CUI）。在 Linux 环境下，可以登录到 CLI 界面，通过键盘来完成所有需要的各种操作，而且速度并不比通过 GUI 操作慢，既然这样，系统管理员为什么还要那些不必要的 GUI 来占用大量的系统资源呢？所以，学习 Linux，必须学好 CLI。操作系统高手都是在 CLI 下工作的，对于初学者，推荐你也从 CLI 开始，因为 CLI 永远都是 Linux 学习者的好朋友。

图形界面是 Windows 的最大特色，但图形界面只是 Linux 的一个部件而已。用户可以在需要时运行 GUI，也可以不运行，因为它没有被集成到 Linux 内核中。进一步地说，Linux 可以用图形化工具完成的所有工作，也可以用控制台命令完成，而 Windows 则不同，它已经将图形界面深深地集成进系统里。

通常认为，命令行界面（CLI）没有图形用户界面（GUI）那么方便用户操作。因为，命令行界面的软件通常需要用户记忆操作的命令，但是，由于其本身的特点，命令行界面

要较图形用户界面节约计算机系统的资源。所以，在熟记命令的前提下，使用命令行界面往往要较使用图形用户界面的操作速度要快。图 3-3 和图 3-4 分别是 Linux 和 Windows 操作系统的 CLI 操作界面。

```
[root@localhost ~]# ifconfig
eth0      Link encap:Ethernet  HWaddr 08:00:27:6E:58:F7
          inet6 addr: fe80::a00:27ff:fe6e:58f7/64 Scope:Link
          UP BROADCAST RUNNING MULTICAST  MTU:1500  Metric:1
          RX packets:2 errors:0 dropped:0 overruns:0 frame:0
          TX packets:13 errors:0 dropped:0 overruns:0 carrier:0
          collisions:0 txqueuelen:1000
          RX bytes:491 (491.0 b)  TX bytes:2358 (2.3 KiB)

lo        Link encap:Local Loopback
          inet addr:127.0.0.1  Mask:255.0.0.0
          inet6 addr: ::1/128 Scope:Host
          UP LOOPBACK RUNNING  MTU:16436  Metric:1
          RX packets:12 errors:0 dropped:0 overruns:0 frame:0
          TX packets:12 errors:0 dropped:0 overruns:0 carrier:0
          collisions:0 txqueuelen:0
          RX bytes:720 (720.0 b)  TX bytes:720 (720.0 b)

[root@localhost ~]# _
```

图 3-3

```
管理员: C:\Windows\system32\cmd.exe

C:\Users\ding>arp -a

接口: 172.30.2.20 --- 0xe
  Internet 地址         物理地址              类型
  172.30.2.31           b8-ee-65-7b-9e-31     动态
  172.30.2.254          00-05-3b-80-82-90     动态
  172.30.2.255          ff-ff-ff-ff-ff-ff     静态
  224.0.0.2             01-00-5e-00-00-02     静态
  224.0.0.22            01-00-5e-00-00-16     静态
  224.0.0.252           01-00-5e-00-00-fc     静态
  229.255.255.250       01-00-5e-7f-ff-fa     静态
  239.255.255.250       01-00-5e-7f-ff-fa     静态
  255.255.255.255       ff-ff-ff-ff-ff-ff     静态

接口: 169.254.134.149 --- 0x12
  Internet 地址         物理地址              类型
  224.0.0.2             01-00-5e-00-00-02     静态
  224.0.0.22            01-00-5e-00-00-16     静态
  224.0.0.252           01-00-5e-00-00-fc     静态
  239.255.255.250       01-00-5e-7f-ff-fa     静态
```

图 3-4

虽然现在许多计算机系统都提供了图形化的操作方式，但是也都保留着命令行的操作方式，而且许多系统反而加强了这部分的功能，例如，Windows 就不只加强了操作命令的功能和数量，也一直在改善 Shell Programming 的方式。操作系统的图形化操作方式对单一客户端计算机的操作相当方便，但是对于一群客户端计算机，或者是 24 小时运作的服务器，计算机图形化操作方式有时会显得"心有余而力不足"，所以需要不断增强命令行界面的脚本语言和宏语言来提供丰富的控制与自动化的系统管理能力，例如，Linux 系统的 Bash 或是 Windows 系统的 Windows PowerShell。

此外，在 Linux 中，大小写是敏感的，Windows 下除了密码，大部分都不区分大小；在 Linux 下，使用"/"来表示目录间隔，但是在 Windows 下使用"\"来表示目录间隔，在"/"后跟命令的各种参数；在 Linux 下，文件是否可执行跟后缀没有关系，而是通过文件的属性来判断的，但是在 Windows 中，一般通过"exe、com、bat"等来判断；在 Linux 下，程序运行时一般不在当前目录下找引用或组件，但是在 Windows 下如果没有指定绝对的路径，则默认先从当前目录下查找；在 Linux 下有更严格的权限管理，每个文件都有自己的权限设置，一般的用户都不是管理员用户，Windows 下的管理员名称是 administrator，Linux 下的管理员名称是 root；在 Linux 下，Shell 根据需要选择，可以使用 CLI（bash、ash 等），也可以使用 GUI（GNome 或 KDE）；在 Linux 下，程序安装完不需要重启，只有当内核更新时才需要重启，但是 Windows 很多的安装程序都需要系统重新启动；在 Linux 下一般使用配置文件来控制软件的运行，但是 Windows 一般使用注册表和相对直观的组策略方式。

在 Windows 下，简单的文本编辑器就是 Windows 自带的 notepad，也有用户更喜欢用写字板、Word 等，但是这里并不鼓励大家在 Linux 下也使用带 GUI 的编辑器，这样执行效率会很低下，而且在远程操作服务器时会占用大量系统和网络资源。在 Linux 操作系统中，一般更习惯于在 CLI 下完成所有的操作，如果为了修改文件而切换到 GUI，改好后再切换回来，就显得很麻烦。这时可以使用 CLI 下的编辑器，其中最出名的就是 VI 编辑器（在下一节会做详细介绍）。

最后要说明的是，Windows 的磁盘管理是用一个个很直观的分区，或者一个个图形化的本地磁盘来管理的。而 Linux 只有一个根目录，所有的分区都挂载在这个根目录下，或者挂载到其他子目录下，而没有像 Windows 那样有一个个很直观的图形化的磁盘分区。

关于 Windows 与 Linux 这两大操作系统的区别还有很多，读者可以在以后的学习过程中慢慢体会。

四、总结

通过这个项目的练习，可以了解 Linux 与 Windows 的共性和区别，了解 GUI 与 CLI 是什么以及各自的优缺点。

五、实训思考题与作业

1. 与 Windows 相比，Linux 的优势在哪里？
2. Linux 与 Windows 有何相同点？有何不同点？
3. GUI 是什么？CLI 是什么？GUI 与 CLI 的优缺点有哪些？

PART 4 项目 4 CentOS 6.4 的安装与启动

一、学习目标

1. 知识目标

了解 Linux 的主要发行版本。

2. 能力目标

学会在虚拟机中安装 CentOS Linux 操作系统。

学会使用 VirtualBox 的快照备份功能。

二、理论基础

Linux 主要发行版本的介绍如下。

1. Red Hat Linux

Red Hat Linux 是公共环境中表现优秀的服务器，其商标如图 4-1 所示。它拥有自己的公司，能向用户提供一套完整的服务，这使得它特别适合在公共网络中使用。这个版本的 Linux 也使用最新的内核，并且拥有大多数人都需要使用的主体软件包。

图 4-1

Red Hat Linux 的安装过程也十分简单。它的图形化安装过程提供简易设置服务器的全部信息，即使对于 Linux 新手来说这些都非常简单。选择软件包的过程也与其他版本类似，用户可以选择软件包种类或特殊的软件包。系统运行后，用户可以从 Web 站点和 Red Hat 那里得到充分的技术支持。

2. CentOS

CentOS（Community ENTerprise Operating System）是 Linux 发行版之一，它由 Red Hat Enterprise Linux 依照开放源代码规定释出的源代码编译而成，如图 4-2 所示。由于出自同样的源代码，因此有些要求高度稳定性的服务器会以 CentOS 替代商业版的 Red Hat Enterprise Linux。两者的不同在于，CentOS 并不包含封闭源代码软件，它是一个基于 Red Hat Linux 提供的可自由使用源代码的企业级 Linux 发行版本。

图 4-2

3. Debian

Debian Project 诞生于 1993 年 8 月 13 日，如图 4-3 所示，它的目标是提供一个稳定容错的 Linux 版本。支持 Debian 的不是某家公司，而是许多在其改进过程中投入了大量时间的开发人员，这种改进吸取了早期 Linux 的经验。Debian 以其稳定性著称，虽然它的早期版本 Slink 有一些问题，但是它的现有版本 Potato 已经相当稳定了。

Click on the image to install Debian GNU/Linux

图 4-3

4. Ubuntu

Ubuntu 是一个以桌面应用为主的 Linux 操作系统，其名称来自非洲南部祖鲁语（或豪萨语）的"ubuntu"一词（译为吾帮托或乌班图），意思是"人性"，类似华人社会的"仁爱"思想，如图 4-4 所示。Ubuntu 基于 Debian 发行版和 GNOME 桌面环境，其用户界面非常好，可以轻松在大部分机器上试用和安装，资源丰富的程度也是独一无二的。Ubuntu 的目标在于为一般用户提供一个最新的、同时又相当稳定的主要由自由软件构建而成的操作系统。

图 4-4

三、项目实施

本项目实验是基于 CentOS 6.4　x86（32 位）版本进行的。

在安装前，首先要在电脑里安装 VirtualBox 虚拟机，然后准备好 CentOS 6.4 的 ISO 镜像文件。（由于是开源软件，镜像文件可以到 CentOS 官网 http://www.centos.org 下载。）

具体操作步骤如下所示。

（1）新建虚拟机，如图 4-5 所示。

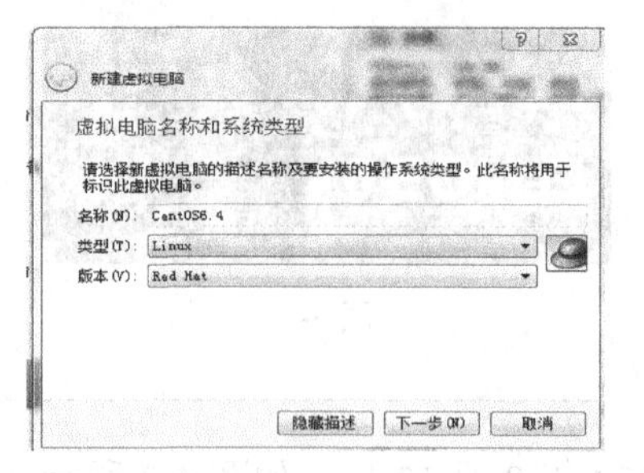

图 4-5

（2）虚拟内存分配大于 800MB 以上，如图 4-6 所示。

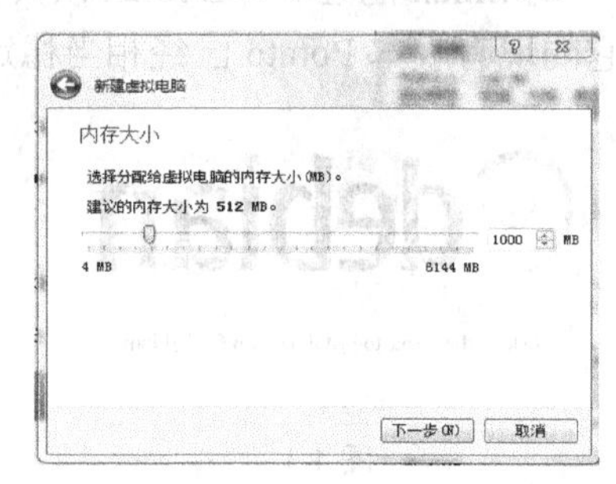

图 4-6

注意

如果内存低于 800MB（这是大概值，读者可以在电脑里多次试验）或者更低，系统安装时会采用英文字符界面安装，不够友好。所以如果电脑内存不太低的话，建议给 Linux 分配 1GB 以上内存。

（3）创建虚拟硬盘，如图 4-7 所示。

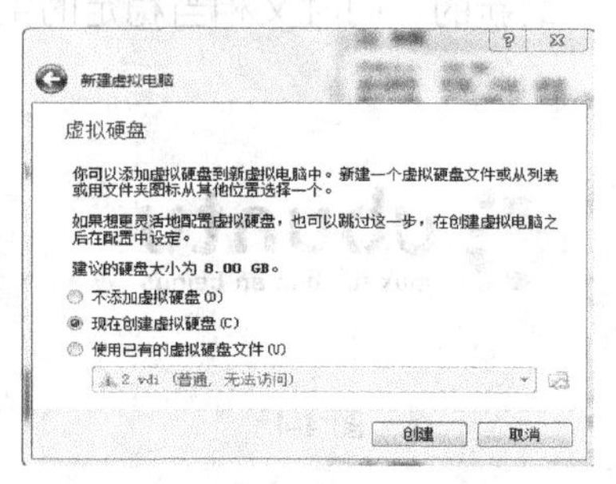

图 4-7

（4）单击“创建”按钮，进入下一步，如图 4-8 所示。

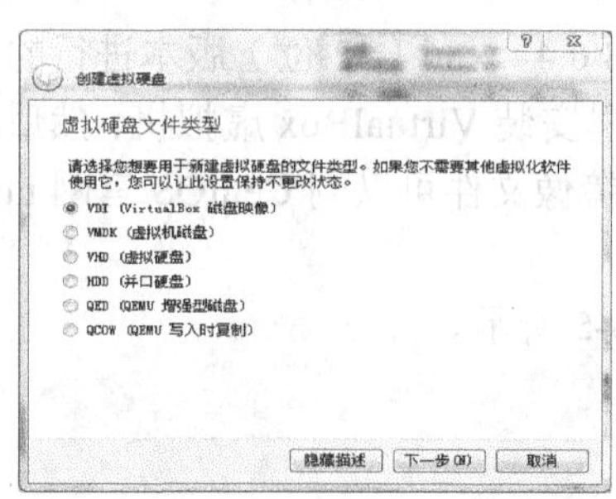

图 4-8

（5）单击“下一步”按钮，如图 4-9 所示。

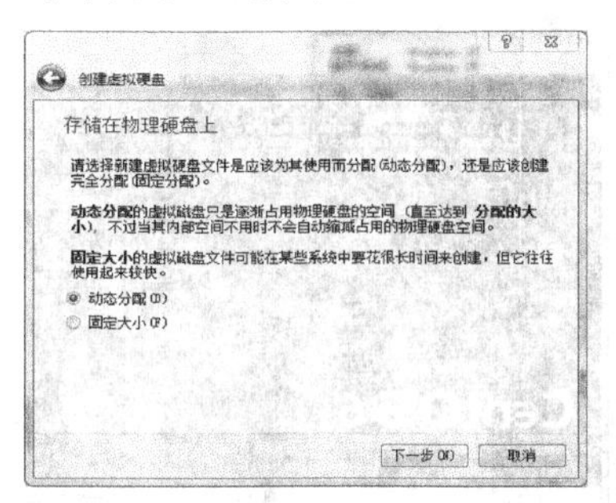

图 4-9

（6）注意生成的虚拟硬盘文件为 VDI 文件，默认是放在 C 盘中的（C:\Users\用户名\VirtualBox VMs）。如果 C 盘空间不够，需要放在其他盘中，请单击图 4-10 所示按钮选择其他盘符。

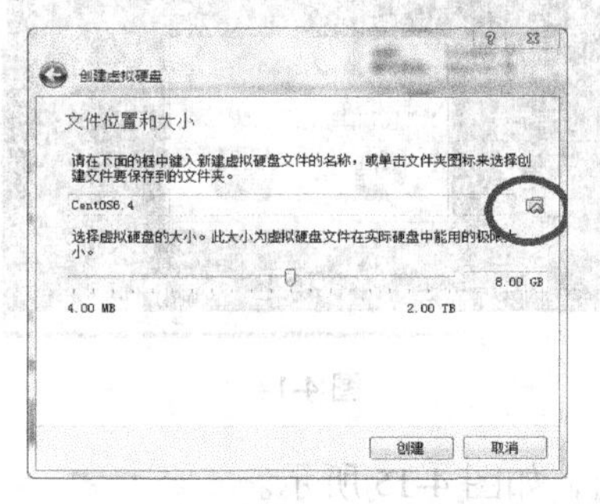

图 4-10

（7）单击“设置”按钮，并单击“存储”标签，如图 4-11 所示。

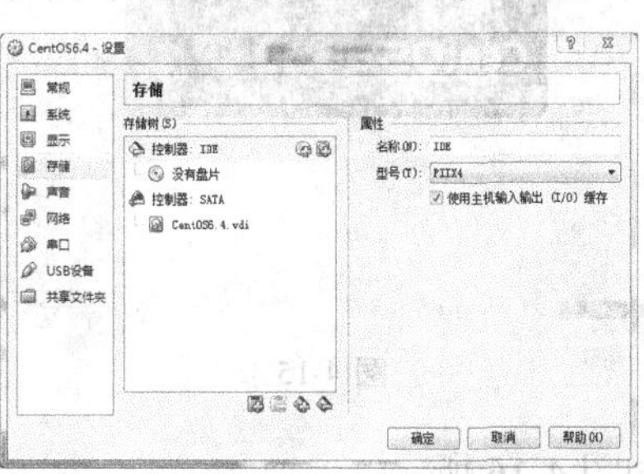

图 4-11

（8）把虚拟光盘镜像文件 iso 文件导入虚拟机的光盘驱动器中，如图 4-12 所示。

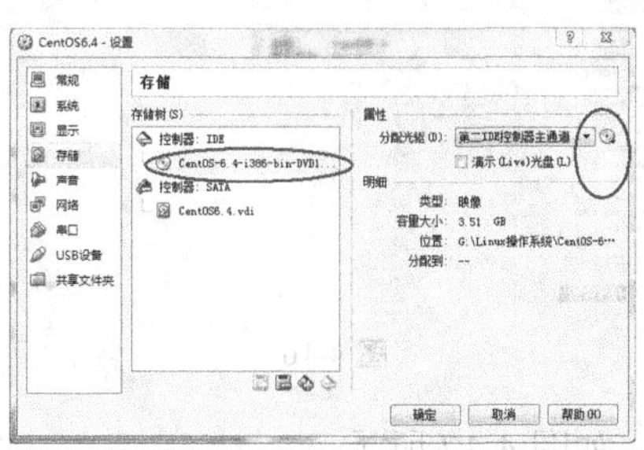

图 4-12

（9）单击“启动”按钮，出现图 4-13 所示界面。

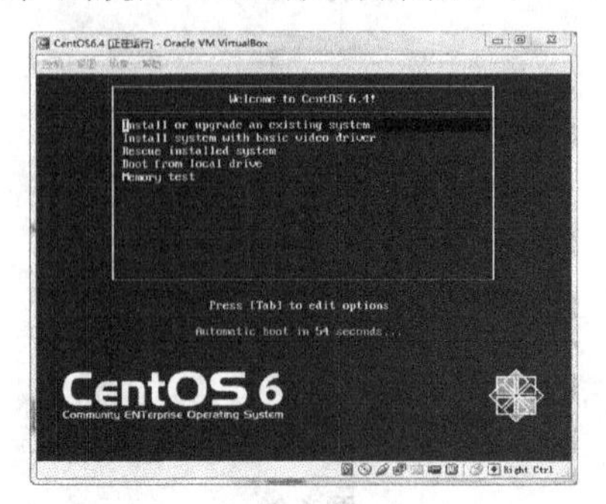

图 4-13

（10）默认第 1 项，直接按回车键，出现图 4-14 所示界面，一定要选择第 2 项“Skip”。

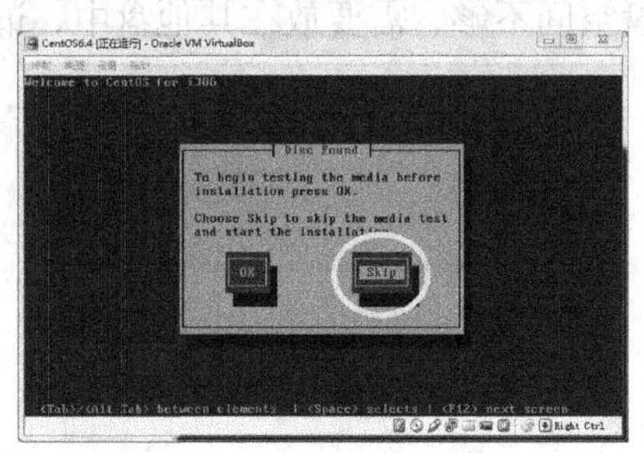

图 4-14

（11）单击“Next”按钮，如图 4-15 所示。

图 4-15

（12）选择简体中文，如图 4-16 所示。

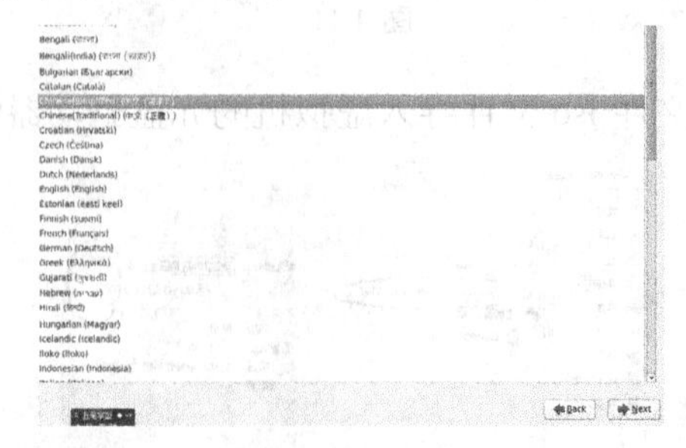

图 4-16

（13）选择美国英语式，如图 4-17 所示。

图 4-17

（14）这里直接单击“下一步”按钮，出现如图 4-18 所示界面，选择“是，忽略所有数据”。

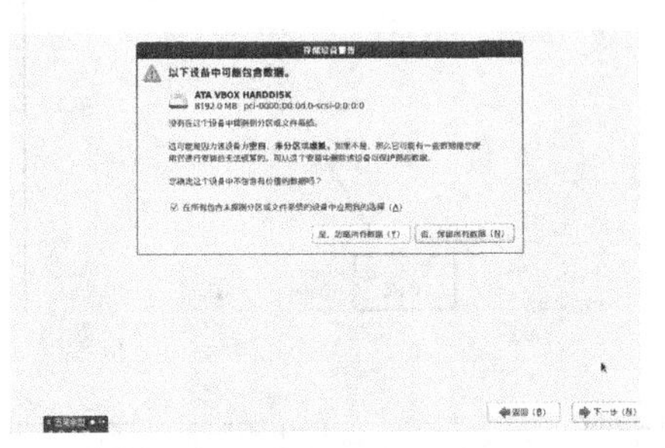

图 4-18

（15）主机名和时区选择默认，直接下一步，给 root 用户设置一个 6 位数字的密码，为了简单起见，设为：123456，系统会提示“您的密码不够安全：过于简单/系统化”，直接选择“无论如何都使用”即可，如图 4-19 所示。

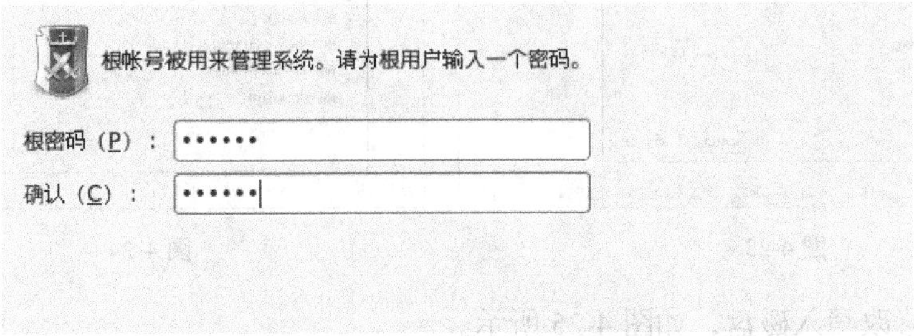

图 4-19

（16）第 1 次安装可以直接选择第 2 个选项“替换现有 Linux 系统”。如果不想要系统默认的分区，需要自己对系统进行分区，就请选择“创建自定义布局”，如图 4-20 所示。

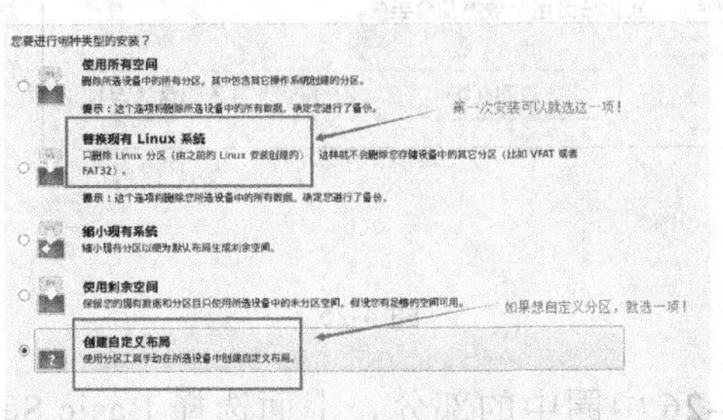

图 4-20

以下是自定义布局的步骤，如图 4-21～图 4-24 所示。如果选第 2 个选项“替换现有的 Linux 系统”，则可以跳过以下步骤。

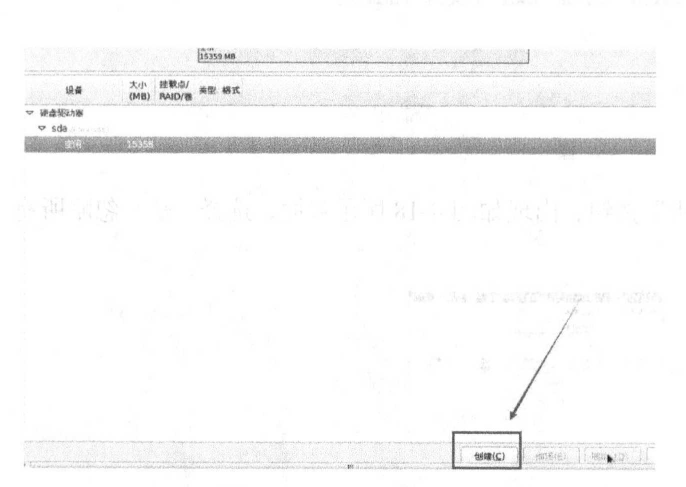

图 4-21

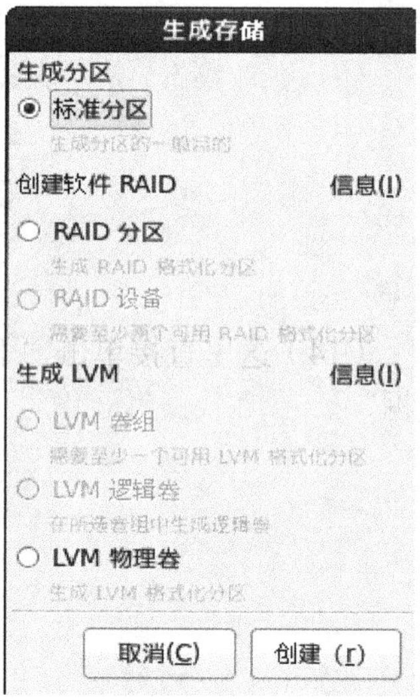

图 4-22

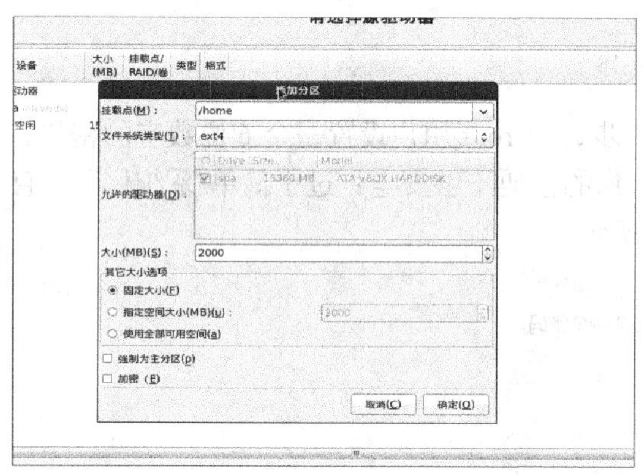

图 4-23

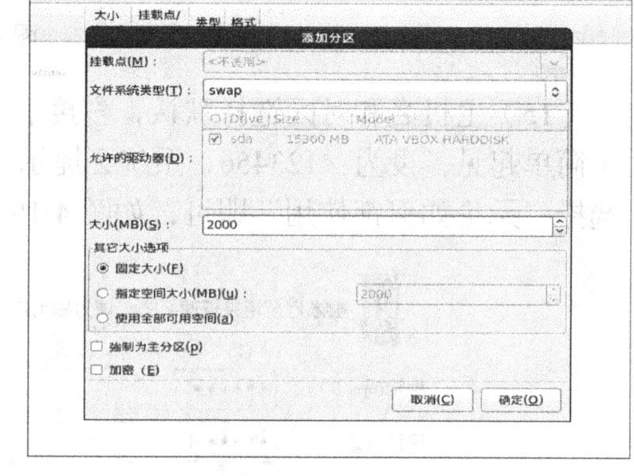

图 4-24

（17）将修改写入磁盘，如图 4-25 所示。

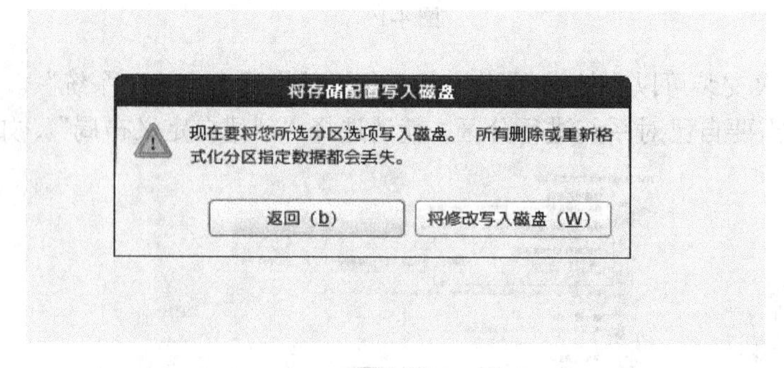

图 4-25

（18）一定注意图 4-26 中圈中的部分，上面选择 Basic Server，下面选择“现在自定义”。

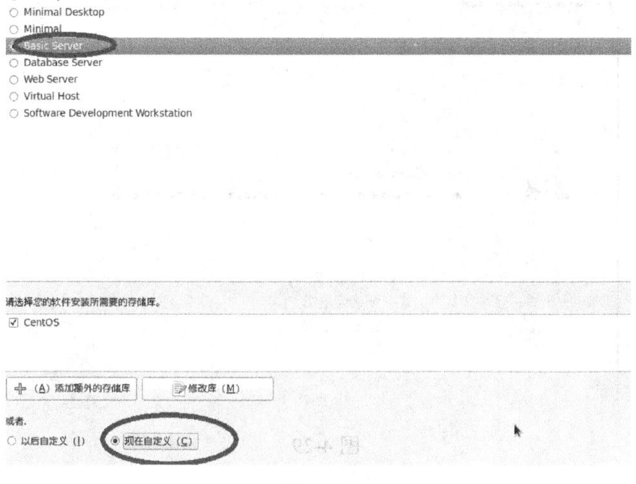

图 4-26

（19）这一步非常重要，一定要把“桌面”和“服务器”两个选项根据需要选择，其他的选项则根据需要进行选择，如图 4-27 所示。

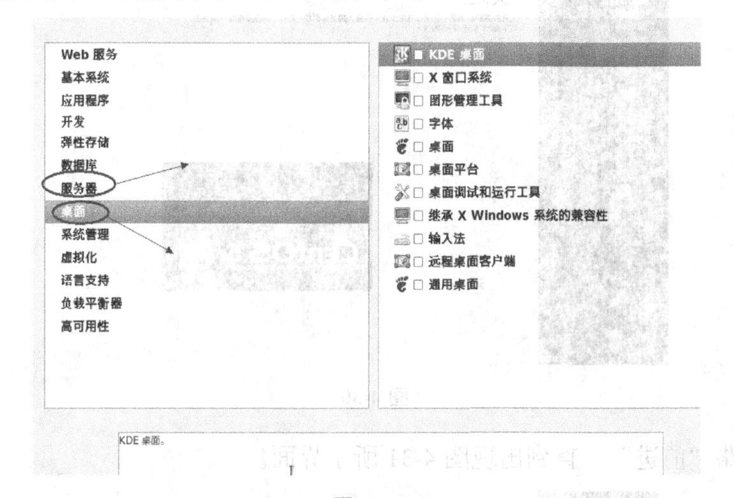

图 4-27

（20）下面开始安装系统，耐心等待，如图 4-28 所示。

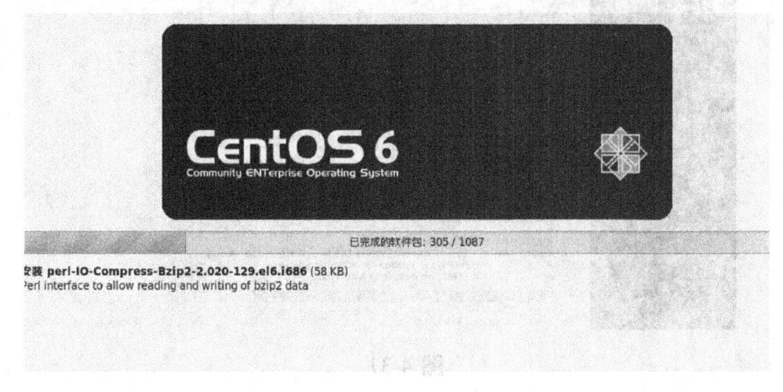

图 4-28

（21）安装完成后，需要重新引导，如图 4-29 所示。

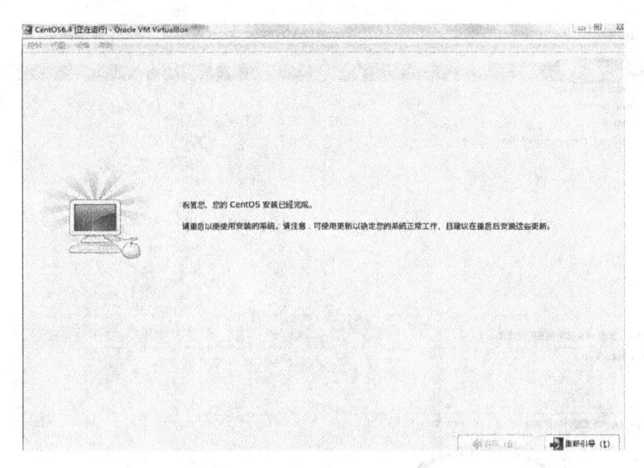

图 4-29

重新启动时，要把虚拟机里面的光盘退出，否则重启时又要从光盘引导了。重启后的界面如图 4-30 所示。

图 4-30

（22）一路“前进”，直到出现图 4-31 所示界面。

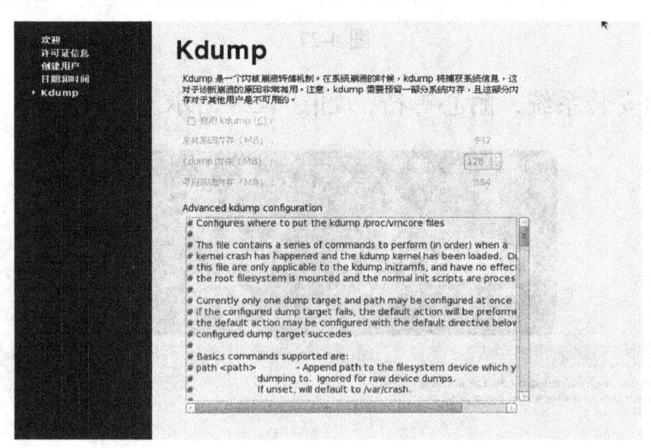

图 4-31

有的时候在图 4-31 下面直接单击“下一步”时，会发生虚拟机崩溃（常见于笔记本电脑）现象，如图 4-32 所示。

图 4-32

这时可以把虚拟机内存调到 1 500MB，甚至更大（根据读者的笔记本电脑的内存容量而定），等稳定进入系统后，下次再调到 1 000MB。

（23）启动后进入系统的界面如图 4-33 所示。

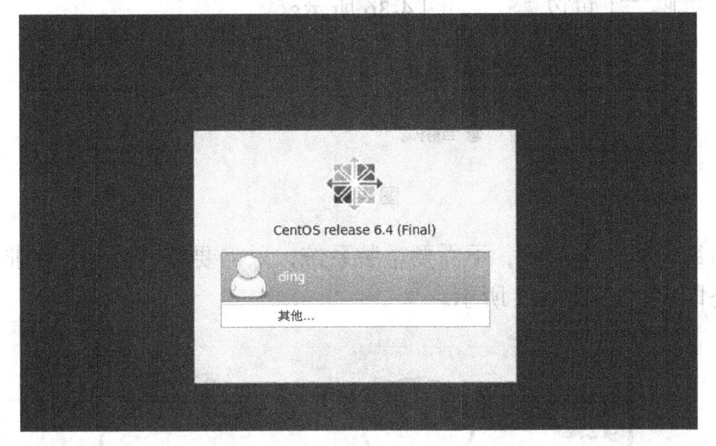

图 4-33

（24）双击“其他……”，输入用户名 root，再输入安装过程中设定的密码，就可以进入 CentOS 6.4 的桌面了，如图 4-34 所示。

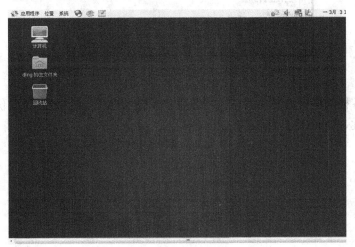

图 4-34

图 4-34 所示是 CentOS 6.4 的桌面环境，可以在桌面单击鼠标右键，选择“在终端中打开”，进入终端窗口，如图 4-35 所示。

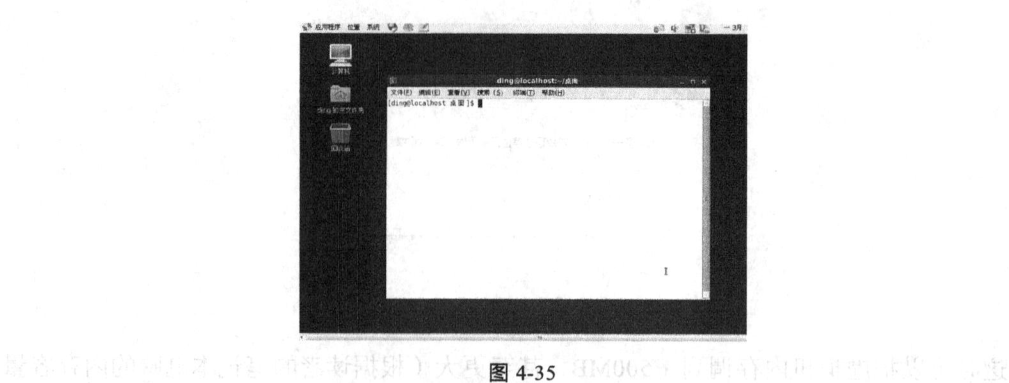

图 4-35

（25）安装完成后，单击“系统”菜单，选择“关机”，把内存再调回 1 000MB。注意：一定要把系统做一个备份，如图 4-36 所示。

图 4-36

（26）以后每做完一个实验，不需要重装系统，只需要单击按钮，把系统恢复到一开始备份的状态即可，如图 4-37 所示。

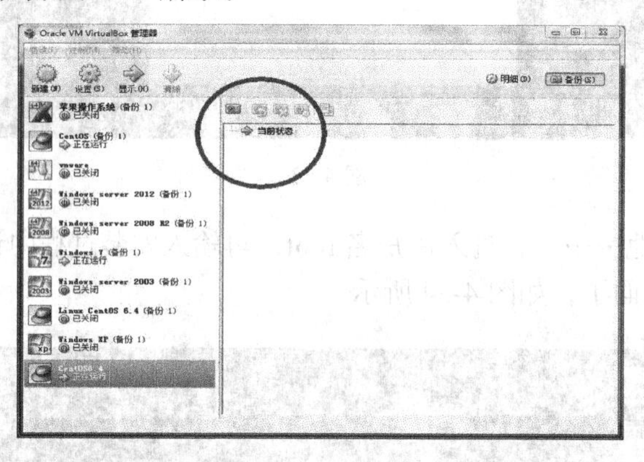

图 4-37

下次做好各种网络服务器实验后，可以直接单击按钮恢复到这个备份状态，如图 4-38 所示。至此，CentOS 系统安装完毕。

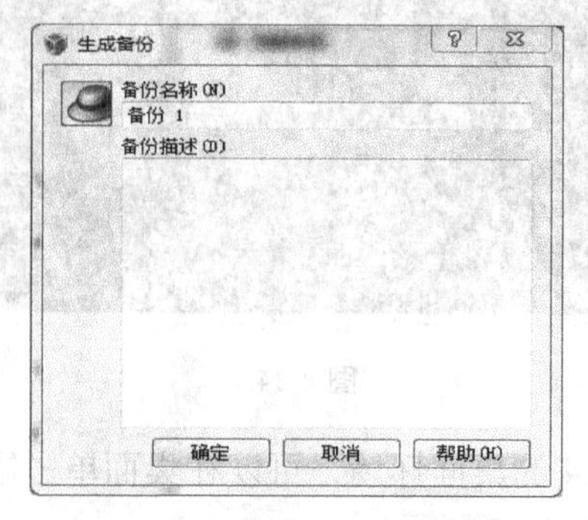

图 4-38

四、总结

通过这个项目的练习，可以了解 Linux 的发行版本，学会使用 VirtualBox 安装 Linux 和 VirtualBox 的快照备份功能。

五、实训思考题与作业

1. 在自己的电脑上用 VirtualBox 虚拟机安装 CentOS 6.4。
2. 降低内存到 500MB，尝试用字符界面安装 Linux。
3. 尝试安装不同的 Linux 发行版本，说出与 CentOS 的区别之处。

PART 5 项目 5 CentOS 6.4 的基本操作命令

一、学习目标

1. 知识目标

了解 Linux 的目录结构。

2. 能力目标

能够进行文件和文件夹的处理。

能够进行用户和组的管理。

能够进行系统基本配置与管理。

二、理论基础

1. 目录结构

当读者打开 Windows 资源管理器的时候，出现在眼前的是类似于“C: ”、“D:”、E : ”之类的本地磁盘，打开磁盘后会发现一些常见的文件夹。而登录 Linux 执行“ls”命令后，也会发现在“/”下面有很多的文件夹，如 boot、etc、usr、var 等目录。进入任意一个目录下，可能会看到更多的目录或者文件。Linux 目录类似树形结构，如图 5-1 所示。

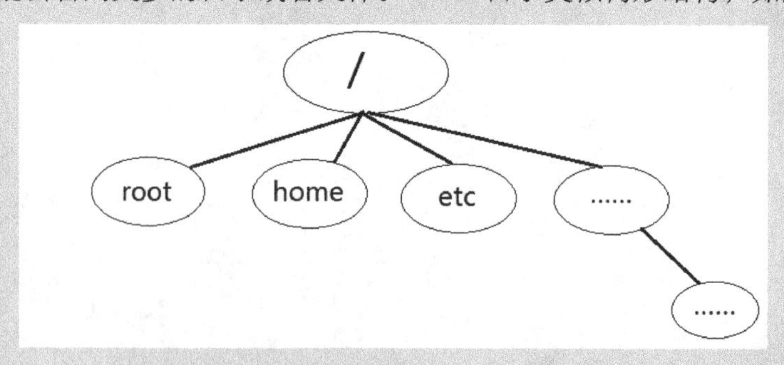

图 5-1

在 Linux 中，目录结构最顶端是“/”，任何目录、文件、设备等都要在“/”目录之下，所以在 Linux 中不存在磁盘盘符的说法，分区也是文件。Linux 和 Windows 的路径表示也不一样，类似于“/etc/named.conf”，Linux 目录分隔符向左“/”，而 Windows 目录分隔符向右“\”。Linux 常用目录表如表 5-1 所示。

表 5-1

目 录	说 明
/	根目录，最高级别，/etc、/bin、/dev、/lib、/sbin 应该和根目录放置在一个分区中
/boot	放置 Linux 系统启动时用到的一些文件。如/boot/vmlinuz 为 Linux 的内核文件，以及/boot/gurb
/home	系统默认的用户家目录，新增用户账号时，用户的家目录都存放在此目录下
/etc	系统配置文件存放的目录，存放系统配置文件（如用户账号密码、服务器配置文件等）
/var	放置系统执行过程中经常变化的文件，如/var/log 用于存放系统日志，/var/spool/mail 用于存放邮件
/usr	系统存放程序的目录，如命令、帮助文件、DCHP 的配置范例文件等

2. Linux 命令行（shell）

（1）shell 简介

shell 是用户和 Linux 操作系统之间的接口，Linux 系统的 shell 作为操作系统的外壳，为用户提供使用操作系统的接口，它是一个命令语言解释器，它拥有自己内建的 shell 命令集。shell 也能被系统中其他应用程序所调用，用户在提示符下输入的命令都由 shell 先解释然后传给 Linux 核心。

Linux 命令是对 Linux 系统进行管理的命令。对于 Linux 系统来说，无论是中央处理器、内存、磁盘驱动器、键盘、鼠标，还是用户等都是文件，Linux 系统管理的命令是它正常运行的核心，与 Windows 的命令提示符类似，如图 5-2 和图 5-3 所示。Linux 命令在系统中有两种类型：内置 shell 命令和外部命令（Linux 应用程序）。

图 5-2 Windows 的命令提示符

图 5-3 Linux 控制台命令

Linux 中的 shell 有多种类型，Linux 默认的 shell 是 Bourne Again shell，它是 Bourne shell 的扩展，简称 bash。Bourne shell 是 UNIX 最初使用的 shell，并且在每种 UNIX 上都可以使用。

（2）shell 控制台使用方法

首先介绍一个名词“控制台（console）”，它就是一般通常见到的使用字符操作界面的人机接口，如 dos。控制台命令就是指通过字符界面输入的可以操作系统的命令，如 dos 命令就是控制台命令，现在要了解的是基于 Linux 操作系统的基本控制台命令。有一点一定要注意，和 dos 命令不同的是，Linux 的命令（也包括文件名等）对大小写是敏感的，也就是说，如果输入的命令大小写不对的话，系统是不会做出用户所期望的响应的。

Linux 是一个真正的多用户操作系统，这表示它可以同时接受多个用户登录。Linux 还允许一个用户进行多次登录，这是因为 Linux 和许多版本的 UNIX 一样提供了虚拟控制台的访问方式，允许用户在同一时间从控制台（系统的控制台是与系统直接相连的监视器和键盘）进行多次登录。虚拟控制台的选择可以通过按下 Alt 键和一个功能键来实现，通常使用 F1 ~ F6 键。例如，用户登录后，按一下 Al+F2 组合键，就可以看到“login:”提示符，说明用户看到了第 2 个虚拟控制台；然后只需按 Alt+F1 组合键就可以回到第 1 个虚拟控制台。一个新安装的 Linux 系统允许用户使用 Alt+F1 ~ Alt+F6 六种组合键来访问前 6 个虚拟控制台。

（3）登录和退出 Linux 系统

超级用户的用户名为 root，密码在安装系统时已设定。系统启动成功后屏幕显示提示：“localhost login:”，这时输入超级用户名“root”，然后回车，此时用户会在屏幕上看到输入口令的提示如下：

```
localhost login:  root
Password:
```

这时需要输入口令，输入的口令不会在屏幕上显示出来。如果用户输入了错误的口令，就会在屏幕上看到下列信息：

```
login incorrect.
```

这时需要重新输入，当用户正确地输入用户名和口令后，就能合法地进入系统，屏幕显示：

```
[root@loclhost ~ ] #
```

此时说明用户已经登录到系统，可以进行操作了。这里的“#”是超级用户的系统提示符，普通用户登录系统后，提示符是“$”。

用户登录 Linux 操作系统后执行 reboot 命令可以重新启动 Linux 系统，例如：

```
[root@loclhost ~ ] # reboot
```

shutdown 命令可以安全地关闭或重启 Linux 系统，它在系统关闭之前给系统上的所有登录用户提示一条警告信息，该命令还允许用户指定一个时间参数（可以是一个精确的时间，也可以是从现在开始的一个时间段），精确时间的格式是 hh:mm，h 表示小时，m 表示分钟。时间段用“+”和分钟数表示。系统执行该命令后会自动进行数据同步的工作，该命令的一般格式为 shutdown [选项] [时间] [警告信息]

命令中各选项的含义如表 5-2 所示。

表 5-2

选　项	说　明
-k	并不真正关机而只是发出警告信息给所有用户
-r	关机后立即重新启动
-h	关机后不重新启动
-f	快速关机重启动时跳过 fsck
-n	快速关机不经过 init 程序
-c	取消一个已经运行的 shutdown 需要特别说明的是，该命令只能由超级用户使用

【例 1】系统在 10 分钟后关机并且马上重新启动。

格式：# shutdown - r +10

【例 2 】系统马上关机并且不重新启动。

格式：# shutdown - h now

三、项目实施

Linux 中命令的格式如下：

命令名 [选项] [参数 1] [参数 2] …

选项：对命令的特别定义，以“-”开始，多个选项可用一个“-”，如 ls -l，ls -al。

参数：命令的操作对象，可以是目录，也可以是文件，有些命令不带参数，有些命令带 1 个参数，有些命令带多个参数。

命令名、选项、各个参数都作为命令的输入项，都是独立的项，它们之间必须用空格隔开。

1. 定位及操作命令

（1）pwd 命令

pwd 命令：用于显示当前目录的路径，如图 5-4 所示。

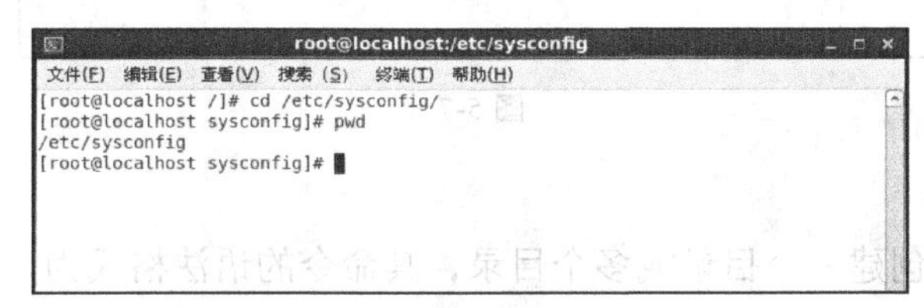

图 5-4

（2）cd 命令

cd 命令：用于改变当前工作目录，cd 命令只带一个参数，其命令的语法格式为 cd .. ：，表示返回上一层目录，如图 5-5 所示。

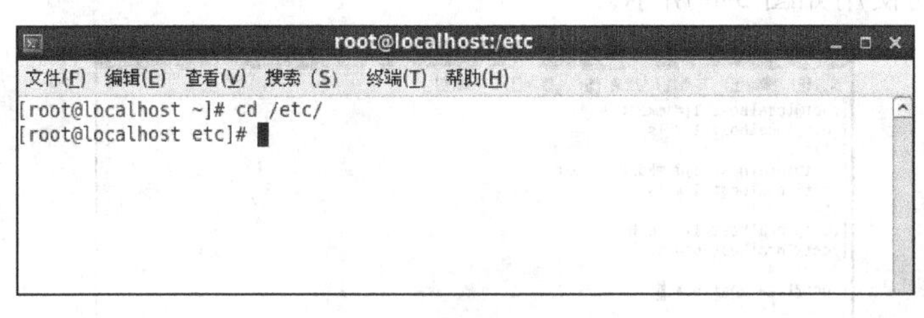

图 5-5

（3）ls 命令

ls 命令用于浏览目录的内容，命令的语法格式为

ls [选项] [目录]

ls 命令有多个命令行选项，各选项及其意义如下。

-a：列出所有文件，包括那些以“.”开头的隐藏文件。

-l：使用长格式显示文件条目，包括连接数目、所有者、大小、最后修改时间、权限等。

-t：按文件修改时间进行排序，而不是按文件名排序，如图 5-6 所示。

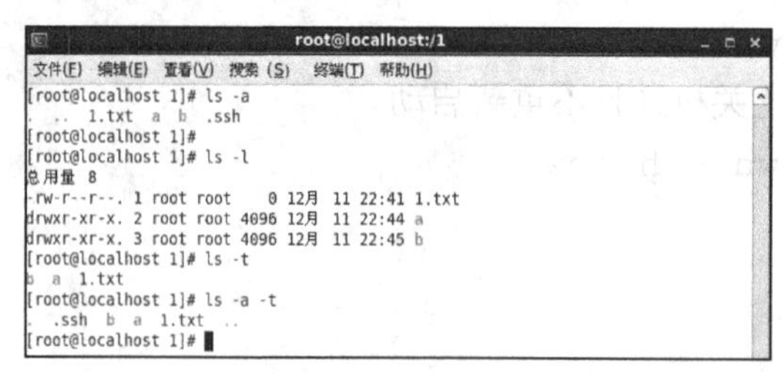

图 5-6

（4）touch 命令

Linux 系统提供 touch 命令来创建空文件，其命令格式如下：

touch 文件名

不存在的文件名被当作空文件创建，如图 5-7 所示。

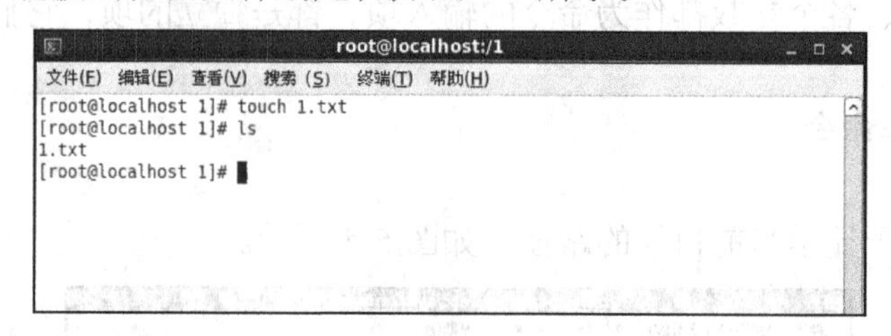

图 5-7

（5）mkdir 命令

使用 mkdir 命令创建一个目录或多个目录，其命令的语法格式为

mkdir [选项] 目录名

其中，选项及其意义如下。

-p 选项：可同时创建目录和它的子目录，即

mkdir -p 目录名/子目录名

mkdir 命令的使用如图 5-8 所示。

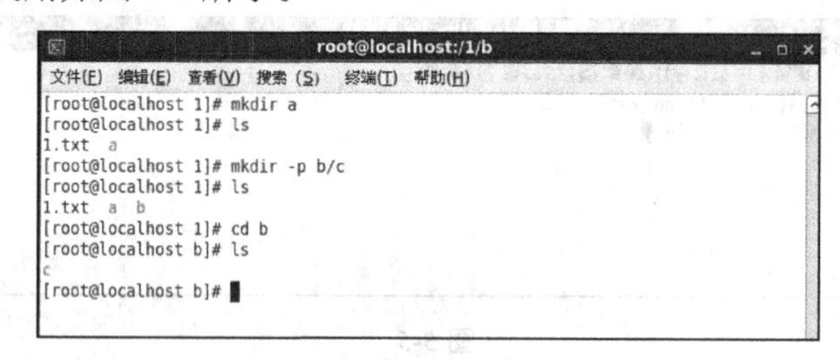

图 5-8

（6）cp 命令

使用 cp 命令可以做文件的备份，或者其他用户文件的个人备份。可以使用 cp 命令把一个源文件复制到一个目标文件，或者把一系列文件复制到一个目标目录中。命令格式如下：

cp 源文件 目标文件夹 目标文件

cp 源文件 1 [源文件 2…] 目标文件夹　目标文件

其中，选项及其意义如下。

-p 选项：复制时保留文件的属主和属组的属性不变。

cp 命令的使用如图 5-9 所示。

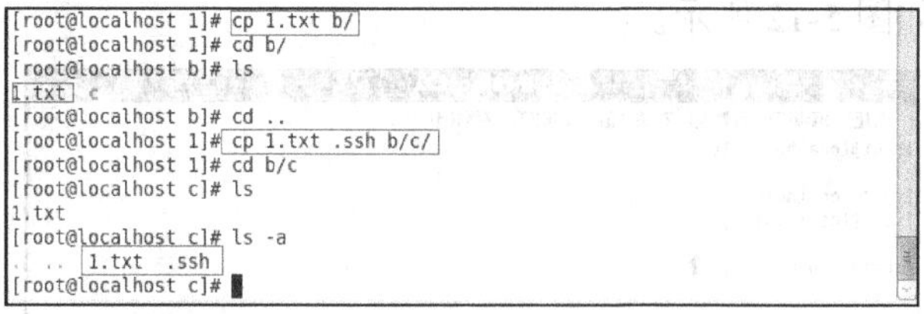

```
[root@localhost 1]# cp 1.txt b/
[root@localhost 1]# cd b/
[root@localhost b]# ls
1.txt  c
[root@localhost b]# cd ..
[root@localhost 1]# cp 1.txt .ssh b/c/
[root@localhost 1]# cd b/c
[root@localhost c]# ls
1.txt
[root@localhost c]# ls -a
.  ..  1.txt  .ssh
[root@localhost c]#
```

图 5-9

（7）mv 命令

mv 命令用来移动文件或对文件重命名，该命令的格式为

mv 源文件 目标文件夹

mv 源文件 1 [源文件 2…] 目标文件夹

mv 原文件名 新文件名

mv 命令的使用如图 5-10 所示。

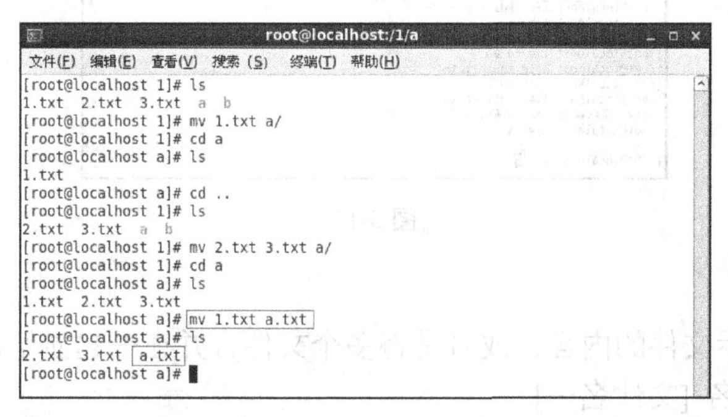

图 5-10

（8）rm 命令

rm 命令可删除文件和目录，该命令的格式为

rm [选项] 文件名 1 [文件名 2…]

其中，选项及其意义如下。

-r：递归删除所有文件。

-f：强制删除；忽略不存在的文件，不提示确认。

注意，rm 的“-r”和“-f”这两个参数非常危险，一般不要使用，因为使用这两个参数会强制删除指定文件，并且无法恢复。

rm 命令的使用如图 5-11 所示。

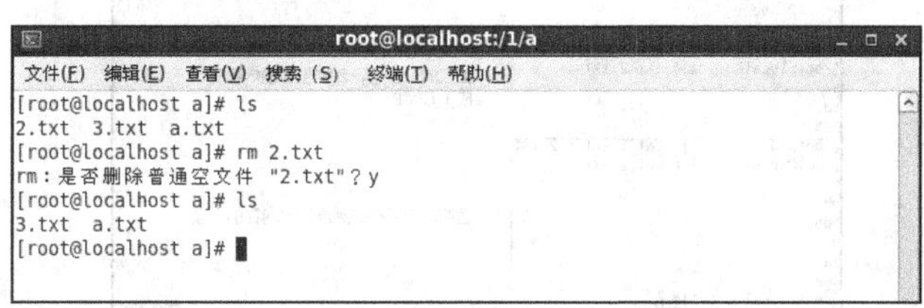

图 5-11

（9）rmdir 命令

rmdir 用于删除子目录。与创建目录类似，加上-p 参数表示如果删除一个目录后其父目录为空，则将其父目录一同删除。若目录里面有文件，则无法删除。

① 删除目录，如图 5-12 所示。

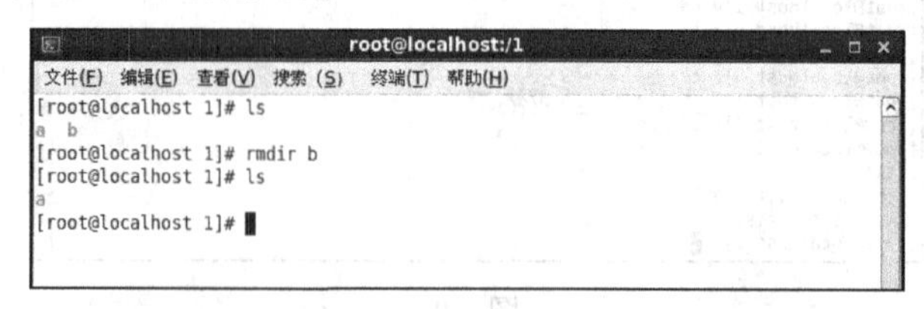

图 5-12

② 删除当前目录下的 aa/bb 子目录，如果 aa 目录为空，也删除该目录。若 aa 文件夹下面有文件，则保留 aa 文件夹，如图 5-13 所示。

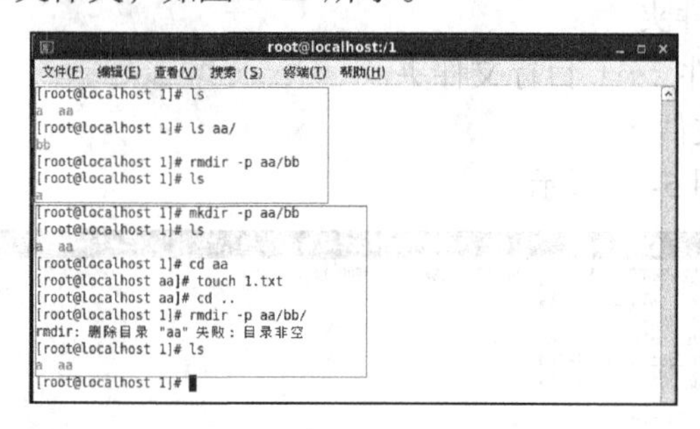

图 5-13

（10）cat 命令

cat 命令可以显示文件的内容，或者是将多个文件合并在一起显示。cat 命令的格式为

cat [选项] 文件名 [文件名…]

其中，选项及其意义如下。

-v：用一种特殊形式显示控制字符，除去 LFO 与 TAB。

-n：显示输出行的编号。

-b：显示非空输出行的编号。

cat 文件 1 > 文件 2：将文件 1 的内容重定向到文件 2，会覆盖文件 2 的内容。

cat 文件 1 >> 文件 2：将文件 1 的内容追加到文件 2，在文件 2 内容的最下面追加。

cat 命令的使用如图 5-14 所示。

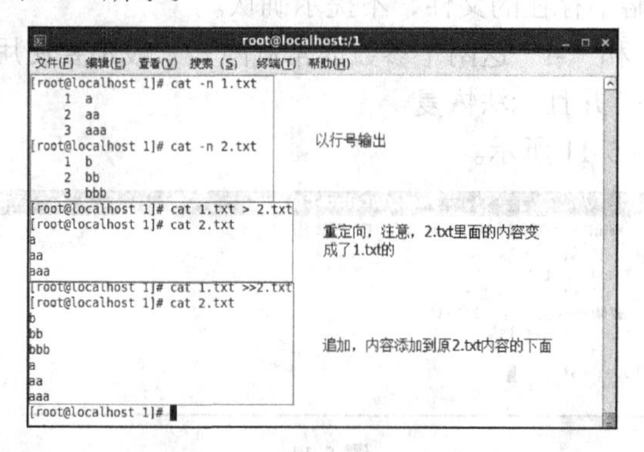

图 5-14

（11）more 命令

more 命令一般用于要显示的内容会超过一个屏幕页面的情况下。为了避免画面显示时瞬间切换，可以使用 more 命令，让画面在显示满一页时暂停，单击空格键可继续显示下一个画面，单击 b 键就会返回（back）上一页显示，单击 q 键停止显示。其语法格式为

more [选项] 文件名 [文件名]

more 还可结合“ | ”管道，来把前者命令的输出分屏显示。例如：# ifconfig | more 在有多网卡时不能显示所有网卡信息时，可以通过管道加 more 进行分屏显示。

（12）grep 命令

grep 命令用来在文本文件中查找指定模式的词或短语，并在标准输出上显示包括给定字符串的所有行。grep 命令的语法为

grep [选项] 查找模式 文件名 [文件名…]

其中，选项及其意义如下。

-v：查找与之不匹配的字符。

默认情况下，grep 在查找模式时是区分大小写的；如果不想区别大小写，可以用选项-i。

grep 命令的使用如图 5-15 所示。

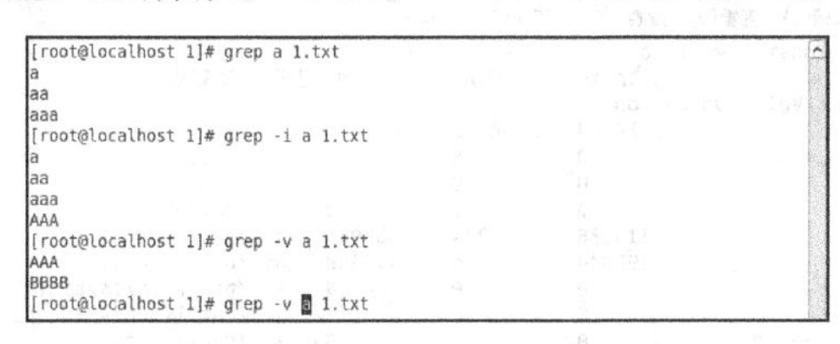

图 5-15

2. **系统命令**

（1）ifconfig

此命令通常用来查看系统网络配置信息或者临时配置 IP 用，计算机重新启动后，IP 地址的配置将自动失效。具体用法如下：

```
Ifconfig  ethx  ipadd  [netmask]  [x.x.x.x]
```

其中，ethx 中的 x 代表第几块以太网卡，默认第 1 块为 0。ipadd 代表 IP 地址。x.x.x..x 为子网掩码。例如：

```
ifconfig  eth0  192.168.18.100  netmask  255.255.255.0
                                         //将 eth0 配置为 192.168.18.100
  ifconfig  eth0                         //查看 eth0 网卡的网络信息
  ifconfig                               //查看所有网卡的网络信息
```

ifconfig 命令的用法如图 5-16 所示。

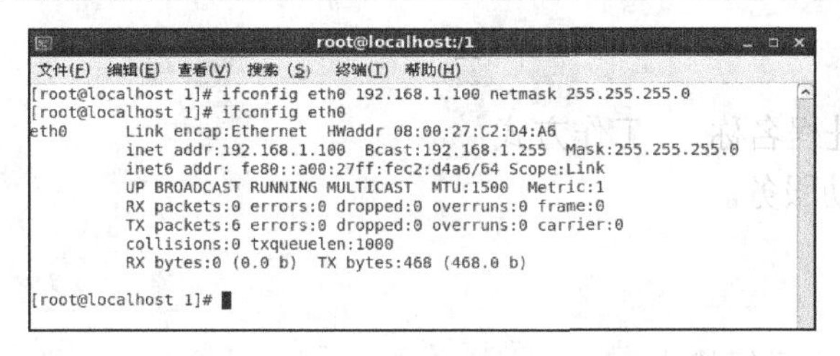

图 5-16

（2）mount

此命令用来挂载文件夹、光盘等，格式为

mount[选项]

其中，选项及其意义如下。

-t: type，挂载的类型，如 nfs，iso9660（光盘）等。

mount /dev/cdrom   /mnt   // 把光驱挂载到/mnt 目录下

mount 192.168.1.100:/123/share // 把 NFS 的共享挂载到/share 下。

（3）df

此命令用来检查文件系统的分区、挂载、空间占用情况。

df[选项]

其中，选项及其意义如下。

-a：显示所有文件系统的磁盘使用情况。

-h：以容易理解的格式输出文件系统大小。

df 命令的使用如图 5-17 所示。

```
root@localhost:/1
文件(F) 编辑(E) 查看(V) 搜索(S) 终端(T) 帮助(H)
[root@localhost 1]# df -a
文件系统                    1K-块       已用       可用 已用% 挂载点
/dev/mapper/VolGroup-lv_root
                          5716804    2946772    2479628  55% /
proc                            0          0          0    -  /proc
sysfs                           0          0          0    -  /sys
devpts                          0          0          0    -  /dev/pts
tmpfs                      510188        224     509964   1% /dev/shm
/dev/sda1                  495844      33756     436488   8% /boot
none                            0          0          0    -  /proc/sys/fs/binfmt_misc
sunrpc                          0          0          0    -  /var/lib/nfs/rpc_pipefs
gvfs-fuse-daemon                0          0          0    -  /root/.gvfs
/dev/sr0                  3632776    3632776          0 100% /media/RHEL_6.4 x86_64 D
isc 1
[root@localhost 1]# df -h
文件系统              容量  已用  可用 已用%% 挂载点
/dev/mapper/VolGroup-lv_root
                      5.5G  2.9G  2.4G  55% /
tmpfs                 499M  224K  499M   1% /dev/shm
/dev/sda1             485M   33M  427M   8% /boot
/dev/sr0              3.5G  3.5G     0 100% /media/RHEL_6.4 x86_64 Disc 1
[root@localhost 1]#
```

图 5-17

（4）service

service 命令用于启动各种服务进程，其用法如图 5-18 所示，其格式及其意义如下。

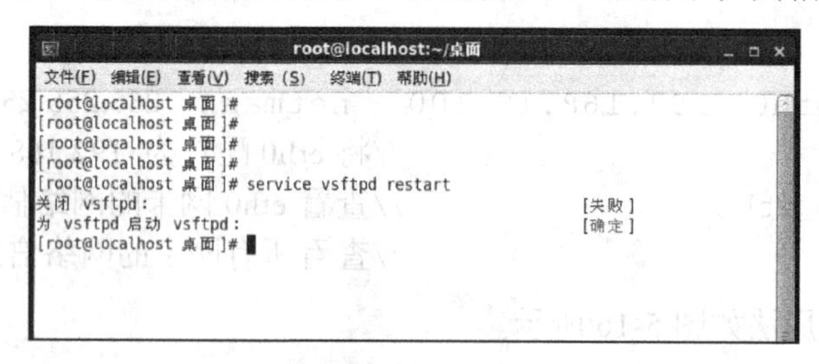

图 5-18

Service   服务进程名称   工作方式

Restart: 重新启动服务。

start ：启动服务。

stop ：停止服务。

status: 查看服务的运行状态。

（5）chkconfig

chkconfig 功能说明：检查，设置系统的各种服务。

chkconfig 命令的格式如下。

```
chkconfig  --list [name]
chkconfig --add name
chkconfig --del name
chkconfig [--level levels] name <on|off|reset>
chkconfig [--level levels] name
```

chkconfig 没有参数运行时，显示用法。如果在服务名后面指定了 on、off 或者 reset，那么 chkconfig 会改变指定服务的启动信息。on 和 off 分别指服务被启动和停止，reset 指重置服务的启动信息，无论有问题的初始化脚本指定了什么，对于 on 和 off 开关，系统默认只对运行级 3、4、5 有效，但是 reset 可以对所有运行级有效。

四、总结

通过这个项目的练习，可以了解 Linux 的目录结构，学会在命令行模式下，用一般命令进行操作，学会挂载硬件设备。

五、实训思考题与作业

1. 在自己的虚拟 Linux 系统上运行上面的命令，并加强练习。
2. 尝试同时使用一个命令的多个参数（选项）。
3. 尝试使用“命令 | 命令”的方式来运行，并说说“ | ”管道的用处是什么。

PART 6 项目 6 VIM 编辑器与 GCC 编译器

一、学习目标

1. 知识目标

了解 VIM 与 GCC 的背景。

了解 VIM 与 GCC 的工作模式。

2. 能力目标

学会使用 VIM 编辑器。

学会使用 GCC 编译器。

二、理论基础

1. VIM 介绍

VIM 是一个类似于 Vi 的文本编辑器，不过在 Vi 的基础上增加了很多新的特性，VIM 普遍被推崇为类 Vi 编辑器中最好的一个。文本编辑器是 Linux 操作系统中的重要工具。其中，VIM 是使用最广泛的文本编辑器，VIM 的全称是“Visual interface IMproved”，即“改良的视觉交互界面”。使用 VIM 编辑器能够在任何 shell、字符终端或基于字符的网络连接中使用，无需 GUI，就能够高效地在文件中进行编辑、删除、替换、移动等操作。VIM 是一个基于 shell 的全屏幕文本编辑器，没有菜单，全部操作都基于命令，如图 6-1 所示。

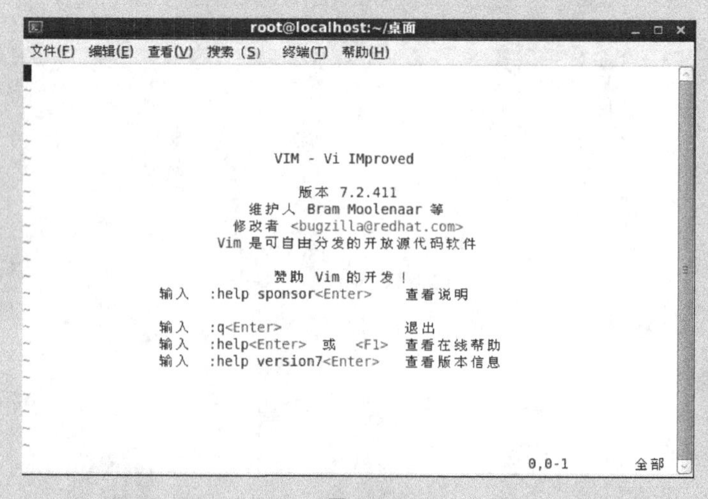

图 6-1

（1）VIM 工作模式

VIM 有 3 种工作模式，分别是命令模式、编辑模式和末行模式。3 种工作模式之间的转换方式如图 6-2 所示。

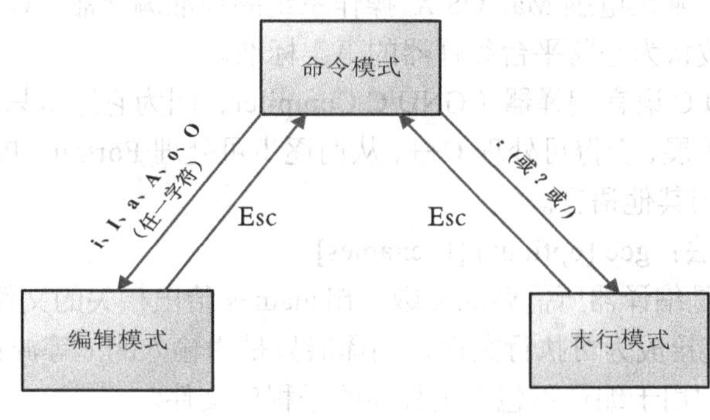

图 6-2

（2）常见的 VIM 命令

命令模式下的命令及其含义如表 6-1 所示。

表 6-1

命　令	含　义
Page Down	屏幕向下移动一页
Page Up	屏幕向上移动一页
0	数字“0”：光标移动到这一行最前面的字符处
$	光标移动到这一行的最后面的字符处
H	光标移动到屏幕的最上方一行
L	光标移动到屏幕的最下方一行
G	光标移动到文件的最后一行
gg	光标移动到文件的第一行
/word	在文本文件中搜索名为 word 的字符串
dd	删除光标所在的整行
yy	复制光标所在的整行
p	将已复制的数据粘贴到光标的下一行
u	撤销前一个操作
v	以块模式选中想要的字符

末行模式下的命令如表 6-2 所示。

表 6-2

命　令	含　义
:w 文件名	将编辑的数据另存为另一个文件
:wq	存盘后退出
:q	退出 Vi
:w	将编辑的数据写入磁盘文件
:q!	若曾修改过文件，又不想保存，使用“!”表示强制退出且不保存文件
:set nu	显示文件的行号，设置之后，会在每一行的前缀显示该行的行号
:set nonu	与 set nu 相反，为取消行号

2. GCC 介绍

GCC（GNU Compiler Collection，GNU 编译器套装），是一套由 GNU 开发的编程语言编译器。它是一套以 GPL 及 LGPL 许可证所发布的自由软件，是 GNU 项目的关键部分，也是自由的类 UNIX 及苹果电脑 Mac OS X 操作系统的标准编译器。GCC（特别是其中的 C 语言编译器）也常被认为是跨平台编译器的事实标准。

GCC 原名为 GNU C 语言编译器（GNU C Compiler，因为它原本只能处理 C 语言），之后，GCC 很快地被扩展，变得可处理 C++，从而逐步可处理 Fortran、Pascal、Objective-C、Java、Ada，以及 Go 与其他语言。

GCC 最基本的用法：gcc [options] [filenames]

其中，options 就是编译器所需要的参数，filenames 给出相关的文件名称。

-c：只编译，不链接成为可执行文件，编译器只是由输入的.c 等源代码文件生成.o 为后缀的目标文件，通常用于编译不包含主程序的子程序文件。

-o output_filename：确定输出文件的名称为 output_filename，同时这个名称不能和源文件同名。如果不给出这个选项，gcc 就给出预设的可执行文件 a.out。

-g：产生符号调试工具(GNU 的 gdb)所必要的符号资讯，要想对源代码进行调试，就必须加入这个选项。

-O：对程序进行优化编译、链接，采用这个选项，整个源代码会在编译、链接过程中进行优化处理，这样产生的可执行文件的执行效率可以提高，但是，编译、链接的速度就相应地要慢一些。

-O2：比-O 更好地优化编译、链接，当然，整个编译、链接过程会更慢。

三、项目实施

1. VIM 实验

在根目录下新建一个文件，名称为 a.txt，内容为“Welcome！”。将“Welcome！”复制一遍，粘贴到该文本内容后面。

（1）切换到根目录下：cd /。

（2）vim a.txt，如图 6-3 所示。

图 6-3

（3）按键盘上的 I 键或者 A 键，进入输入模式后屏幕左下角会显示“INSERT”，如图 6-4 所示。

-- INSERT --
All

图 6-4

（4）输入“Welcome!”，然后按“Esc”键，输入“: wq”，回车，即可保存，如图 6-5 所示。

Welcome!
:wq_

图 6-5

（5）用 cat 命令查看根目录下的 a.txt 是否有刚才输入的内容，如图 6-6 所示。

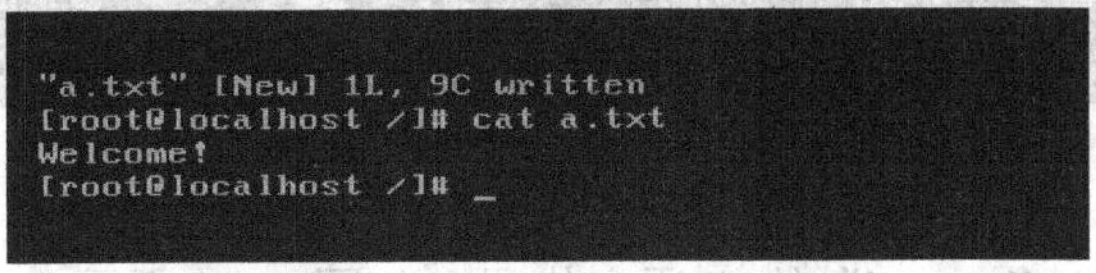

"a.txt" [New] 1L, 9C written
[root@localhost /]# cat a.txt
Welcome!
[root@localhost /]# _

图 6-6

（6）复制“Welcome!”。然后按 V 键，进入可视模式，屏幕左下角会显示 VISUAL，如图 6-7 所示。

Welcome!
-- VISUAL --
1,1
All

图 6-7

（7）移动光标，选中“Welcome!”，按 Y 键，如图 6-8 所示。

图 6-8

（8）光标移动到第一行的最后，按 P 键，将刚才复制的内容粘贴到原语句后面，如图 6-9 所示。

图 6-9

2. GCC 实验

（1）先安装 GCC 编译器。默认情况下系统没有安装，可以通过 yum 命令来安装，如图 6-10 所示。

（yum 的具体操作方法请读者参阅项目 9：软件包安装与管理。）

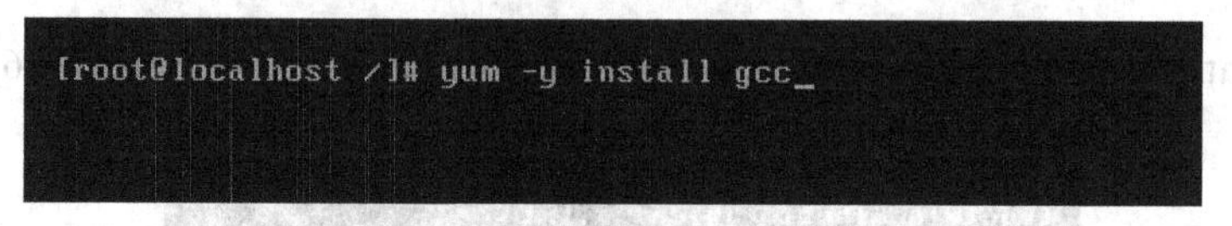

图 6-10

（2）用 VIM 写“helloword”的 C 语言代码，如图 6-11 所示。

```
#include <stdio.h>
int main()
{
printf("helloworld\n");
}
```

图 6-11

（3）用 GCC 将该文件编译为可执行文件 hello.run，如图 6-12 所示。

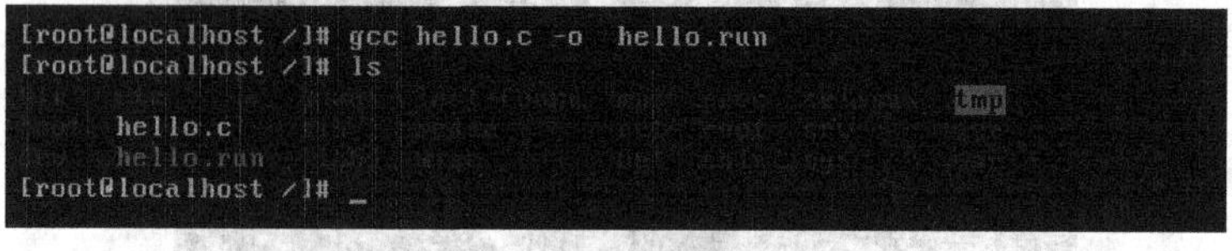

```
[root@localhost /]# gcc hello.c -o  hello.run
[root@localhost /]# ls
                                                        tmp
       hello.c
       hello.run
[root@localhost /]# _
```

图 6-12

（4）运行 hello.run，如图 6-13 所示。

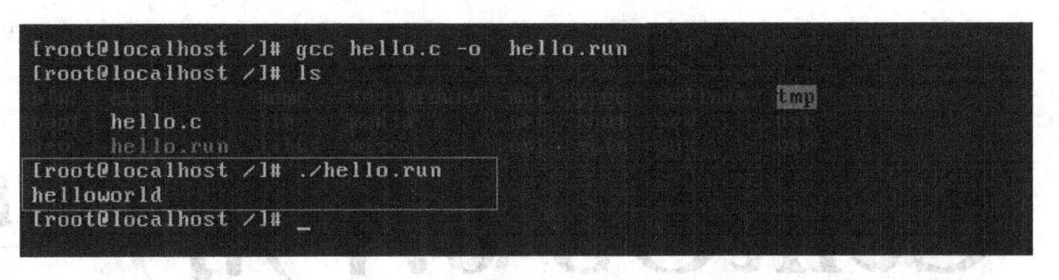

图 6-13

四、总结

通过这个项目的练习，可以了解 VIM 编辑器和 GCC 编译器的工作模式和用法，学会使用 VIM 编辑文件然后用 GCC 编译成可执行文件来执行。

五、实训思考题与作业

1. 用 VIM 编辑器写一个内容为“helloword”的 C 语言文件 hello.o。
2. 用 GCC 编译器将 hello.o 编译成 hello.c，然后执行。

PART 7 项目 7 CentOS 6.4 用户与组的管理

一、学习目标

1. 知识目标

了解 CentOS 用户账号管理。
了解 CentOS 用户口令管理。
了解 CentOS 组管理。

2. 能力目标

熟练掌握用户和组的命令。
熟练掌握文件权限的命令。

二、理论基础

Linux 是个多用户、多任务的分时操作系统，任何一个要使用系统资源的用户都必须先向系统管理员申请一个账号，然后以这个账号的身份进入系统。用户的账号一方面能帮助系统管理员对使用系统的用户进行跟踪，并控制他们对系统资源的访问；另一方面，也能帮助用户组织文件，并为用户提供安全性保护。每个用户账号都拥有一个唯一的用户名和用户口令，用户在登录时键入正确的用户名和口令后，才能进入系统和自己的主目录。

实现用户账号的管理，要完成的工作主要有如下几个方面。

（1）用户账号的添加、删除和修改。

（2）用户口令的管理。

（3）用户组的管理。

三、项目实施

1. 用户及用户组管理命令

（1）useradd

useradd 命令可以创建一个新的用户账号，其最基本用法为

useradd　用户名

如输入以下命令：

useradd newuser

系统将创建一个新用户 newuser，该用户的 Home 目录为/home/newuser。

useradd 命令的参数较多，常用的组合为

useradd 用户名 -g 组名 –G 组名 –u 用户 id -d Home 目录名 -p 密码

其中，-g 指定该用户的首要组，-G 指定该用户的次要组，-u 指定用户的 id，-d 指定该用户的 Home 目录。

如输入以下命令：

useradd liu –g oa –G gongzuo –u 100 –d /home/liu

系统将创建一个用户 liu，liu 用户的首要组为 oa，次要组为 gongzuo，用户 id 为 100，用户 Home 目录为/home/liu

（2）userdel

userdel 命令用于删除一个已存在的账号，其用法为 userdel 用户名

（3）usermod

usermod 命令可以修改用户账号的信息，与 useradd 用法类似，不过 usermod 是修改用户的选项，useradd 是创建用户及选项。其用法为 usermod 用户名。

如输入以下命令：

usermod -g share liu

系统将修改 liu 这个用户的首要组为 share。

（4）groupadd

groupadd 命令可以创建一个新的用户组，其最基本用法为 groupadd 组名。

如输入以下命令：groupadd newgroup 系统将创建一个新的用户组 newgroup。

使用方式：groupadd -g [id] [groupname]

如 groupadd -g 200 newgroup 为新建一个 newgroup 的用户组，组的 id 为 200。

（5）groupdel

groupdel 命令用于删除一个已存在的用户组，其用法为 groupdel 组名。

（6）passwd

出于系统安全考虑，Linux 系统中的每一个用户除了有其用户名外，还有其对应的用户口令，用户可以随时用 passwd 命令改变自己的口令，该命令的一般格式为 passwd。

输入该命令后，按系统提示依次输入密码并再次确认后，即可完成用户密码的修改。

此外，超级用户还可以修改其他用户的口令，命令格式为 passwd 用户名。

（7）su

su 这个命令非常重要，它可以让一个普通用户拥有超级用户或其他用户的权限，也可以让超级用户以普通用户的身份做一些事情，普通用户使用这个命令时必须有超级用户或其他用户的口令，如要离开当前用户的身份，可以键入 exit 命令。su 命令的一般形式为

su - 用户名。

（8）chmod

chmod 命令是非常重要的，用于改变文件或目录的访问权限。该命令有两种用法：一种是包含字母和操作符表达式的文字设定法，另一种是包含数字的数字设定法。

使用方式：chmod [-cfvR] [--help] [--version] mode file...

说明：Linux/UNIX 的档案调用权限分为 3 级，档案拥有者、群组、其他。利用 chmod 命令可以控制档案如何被他人所调用。

参数：mode，权限设定字串，

格式如下：[ugoa...][[+-=][rwxX]...][,...]

其中，u 表示该档案的拥有者，g 表示与该档案的拥有者属于同一个群体(group)者，o 表示其他的人，a 表示这三者皆是。

+ 表示增加权限，- 表示取消权限，= 表示唯一设定权限。

r 表示可读取，w 表示可写入，x 表示可执行。

命令中各选项的含义如表 7-1 所示。

表 7-1

选 项	说 明
-c	若该档案权限确实已经更改，才显示其更改动作
-f	若该档案权限无法被更改，也不要显示错误讯息
-v	显示权限变更的详细资料
-R	对目前目录下的所有档案与子目录进行相同的权限变更（即以递回的方式逐个变更）
--help	显示辅助说明
--version	显示版本

【范例】将档案 file1.txt 设为所有人皆可读取，格式如下：

```
chmod ugo+r file1.txt
```

将档案 file1.txt 设为所有人皆可读取，格式如下：

```
chmod a+r file1.txt
```

将档案 file1.txt 与 file2.txt 设为该档案拥有者，与其所属同一个群体者可写入，但其他的人则不可写入：

```
chmod ug+w,o-w file1.txt file2.txt
```

将 ex1.py 设定为只有该档案拥有者可以执行：

```
chmod u+x ex1.py
```

将目前目录下的所有档案与子目录皆设为任何人可读取：

```
chmod -R a+r *
```

此外，chmod 也可以用数字来表示权限，如 chmod 777 file，语法为 chmod abc file。其中，a、b、c 各为一个数字，分别表示 user、group 及 other 的权限。

r=4，w=2，x=1

若要具有 rwx 属性则 4+2+1=7;

若要具有 rw-属性则 4+2=6;

若要具有 r-x 属性则 4+1=7。

文件权限及说明如表 7-2 所示。

表 7-2

权限表示	数字表示	操 作	说 明
r	4	读取	读取文件或目录内容
w	2	写入	创建、修改、删除文件或目录
x	1	执行	可以执行
-	0	无	无权限

【范例】

chmod a=rwx file 和 chmod 777 file 效果相同。

chmod ug=rwx,o=x file 和 chmod 771 file 效果相同。

若用 chmod 4755 filename，可使程序具有 root 的权限。

（9）chown

chown 用于更改某个文件或目录的属主和属组，这个命令也很常用。例如，root 用户把自己的一个文件拷贝给用户 oracle，为了让用户 oracle 能够存取这个文件，root 用户应该把这个文件的属主设为 oracle，否则用户 oracle 无法存取这个文件。chown 的基本用法为 chown[用户:组]文件。

【范例】chown **oracle:dba** text

该命令将 text 文件的属主和属组分别改为 oracle 和 dba。

【范例】chown **oracle** text

该命令将 text 文件的属主改为 oracle。

（10）chgrp

在 Lunix 系统里，文件或目录的权限以拥有者及所属群组来管理。可以使用 chgrp 指令去变更文件与目录所属群组，这种方式采用群组名称或群组识别码都可以。chgrp 命令就是 change group 的缩写，被改变的组名必须要在/etc/group 文件内存在才可执行。命令格式为 chgrp[组]文件

【范例】chgrp **dba** text

该命令将 text 文件的属组改为 dba。

四、总结

通过这个项目的练习，可以了解用户和组在系统中的重要性，学会用户和组的管理，掌握文件权限的管理以及文件属性的设置。

五、实训思考题与作业

1. 新建一个用户，用户名为 xiaoming，指定该用户的 id 为 200，目录为/user/xiaoming。
2. 创建用户组，组名为 share，id 为 888，将 xiaoming 添加到 share 组里面。
3. 创建一个 a.txt 的文件，将文件的属主修改为 xiaoming，属组修改为 share。

PART 8

项目 8 CentOS 6.4 的基础网络配置

一、学习目标

1. 知识目标

了解 TCP/IP。

2. 能力目标

学会配置 Linux 的网卡信息。

学会配置多网卡信息。

二、理论基础

TCP/IP 是 Transmission Control Protocol/Internet Protocol 的简写，中文译名为传输控制协议/因特网互联协议，又名网络通信协议，是 Internet 最基本的协议、Internet 国际互联网络的基础，由网络层的 IP 协议和传输层的 TCP 协议组成。TCP/IP 定义了电子设备如何连入因特网，以及数据如何在它们之间传输的标准。协议采用了 4 层的层级结构，每一层都呼叫它的下一层所提供的协议来完成自己的需求。通俗而言，TCP 负责发现传输的问题，一有问题就发出信号，要求重新传输，直到所有数据安全正确地传输到目的地，而 IP 则是给因特网的每一台联网设备规定一个地址。TCP/IP 配置经常需配置的网络参数包括主机的 IP 址、子网掩码、网关、DNS 服务器地址、主机名等。

三、项目实施

1. 单网卡的配置方法

（1）打开 Linux 虚拟——把 VirtualBox 虚拟机的网络模式设为“内部网络”模式，VirtualBox 各个网络模式的含义请参看项目 2 VirutalBox 虚拟机简介。（平时一般做网络实验都是采用“内部网络”模式，可以不受物理电脑和网络的干扰，如图 8-1 所示。）

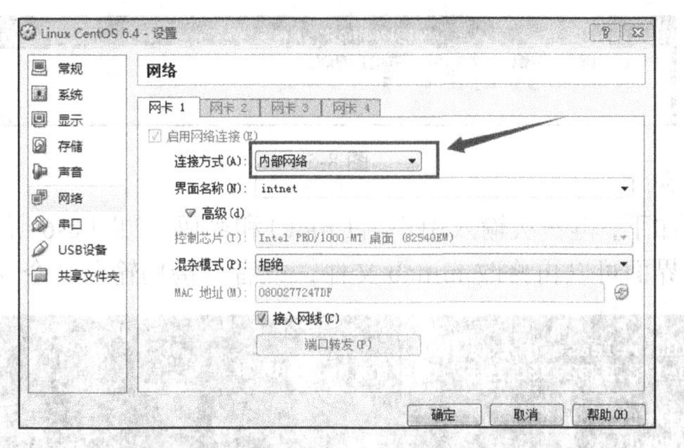

图 8-1

（2）登录系统，设置直接进入字符界面

刚打开 Linux 主机是进入图形界面，一般操作 Linux 是在字符界面下进行的，可以设置让 Linux 开机就进入字符界面。在纯字符模式工作还有一个最大的好处是节省系统资源，这样可以打开更多的 Linux 虚拟机做更多的网络实验。

输入用户名：root，如图 8-2 所示，再输入安装系统时设定的密码，进入字符界面，如图 8-3 所示。

图 8-2

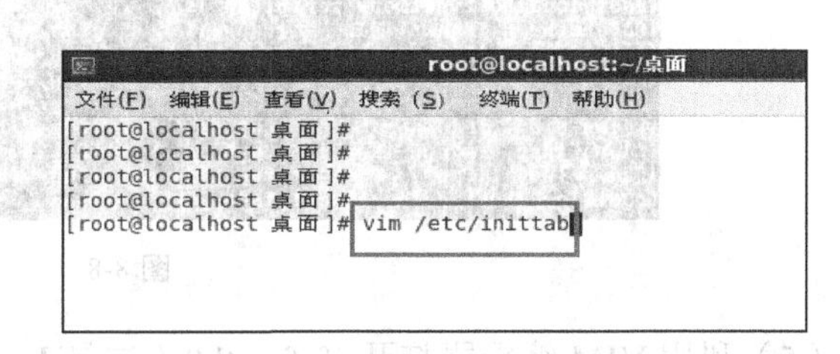

图 8-3

系统默认值为 5，把 5 改为 3 可以使 Linux 开机直接进入字符模式，如图 8-4 所示。

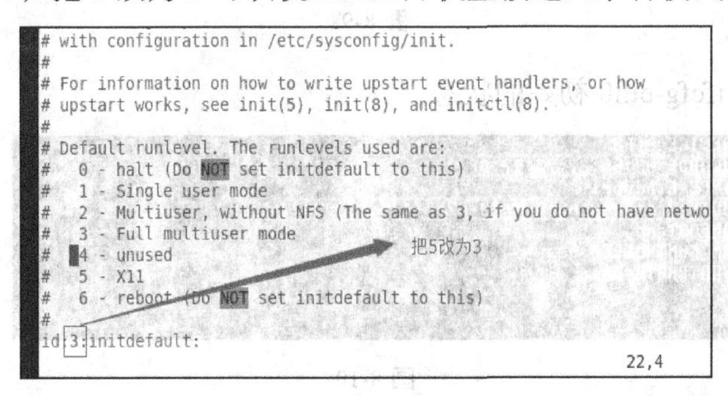

图 8-4

（Linux 系统有 6 个运行级别：等级 0 表示关机；等级 1 表示单用户模式；等级 2 表示无网络连接的多用户命令行模式；等级 3 表示有网络连接的多用户命令行模式；等级 4 表示不可用；等级 5 表示带图形界面的多用户模式；等级 6 表示重新启动。）

设置完成后，在命令行中输入：init 6 重启 Linux，如图 8-5 所示。

root@localhost:~/桌面
文件(F) 编辑(E) 查看(V) 搜索(S) 终端(T) 帮助(H)
[root@localhost 桌面]# init 6

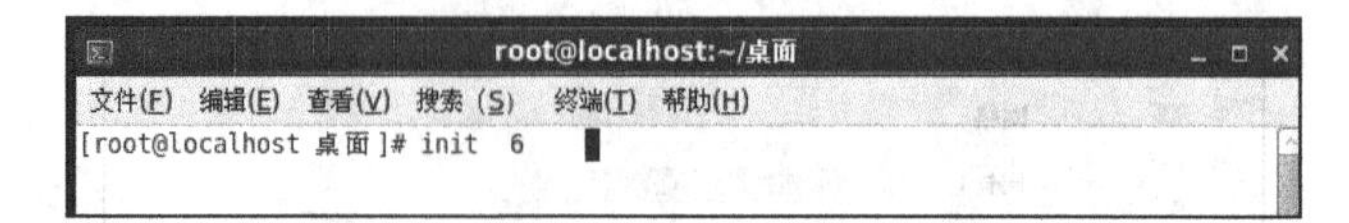

图 8-5

进入字符界面如下，再一次输入用户名（root）和密码，如图 8-6 所示，进入系统。（如果想重新进入图形界面可以再修改 inittab 文件，或者直接用输入命令 init 5。）

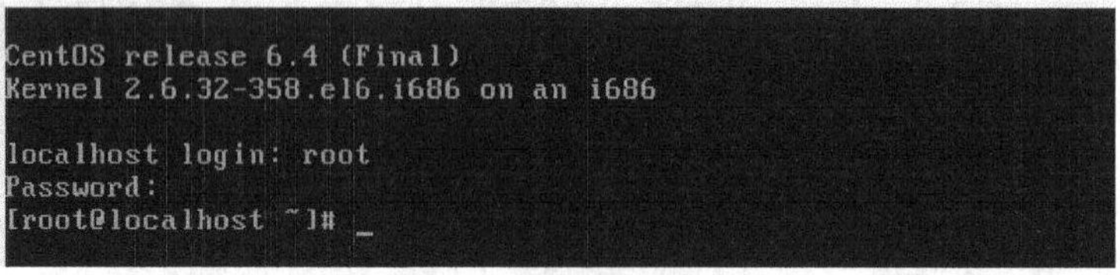

CentOS release 6.4 (Final)
Kernel 2.6.32-358.el6.i686 on an i686
localhost login: root
Password:
[root@localhost ~]# _

图 8-6

（3）在#号后面输入 cd /etc/sysconfig/network-scripts/，如图 8-7 所示。

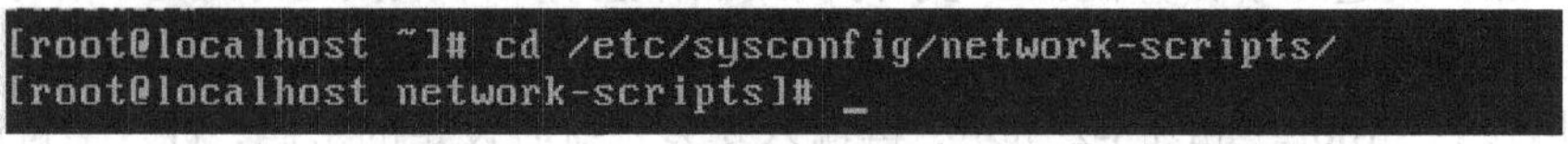

[root@localhost ~]# cd /etc/sysconfig/network-scripts/
[root@localhost network-scripts]# _

图 8-7

（4）利用 ls 命令查看一下这个目录下面的文件，如图 8-8 所示。

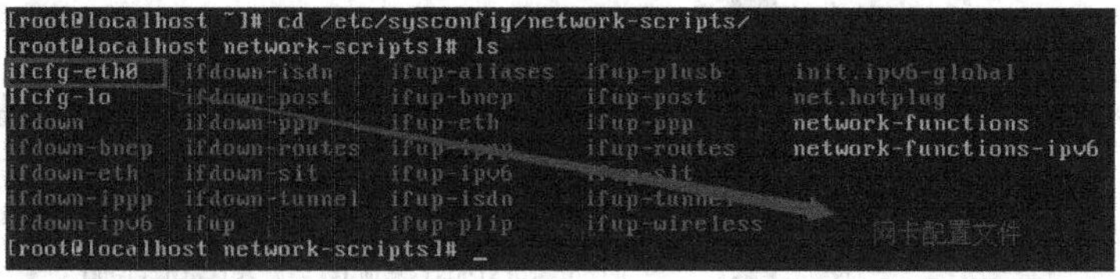

[root@localhost ~]# cd /etc/sysconfig/network-scripts/
[root@localhost network-scripts]# ls
ifcfg-eth0 ifdown-isdn ifup-aliases ifup-plusb init.ipv6-global
ifcfg-lo ifdown-post ifup-bnep ifup-post net.hotplug
ifdown ifdown-ppp ifup-eth ifup-ppp network-functions
ifdown-bnep ifdown-routes ifup-ippp ifup-routes network-functions-ipv6
ifdown-eth ifdown-sit ifup-ipv6 ifup-sit
ifdown-ippp ifdown-tunnel ifup-isdn ifup-tunnel
ifdown-ipv6 ifup ifup-plip ifup-wireless
[root@localhost network-scripts]# _
网卡配置文件

图 8-8

（5）利用 VIM 编辑器打开 ifcfg-eth0（这是 Linux 网卡配置文件），如图 8-9 所示。

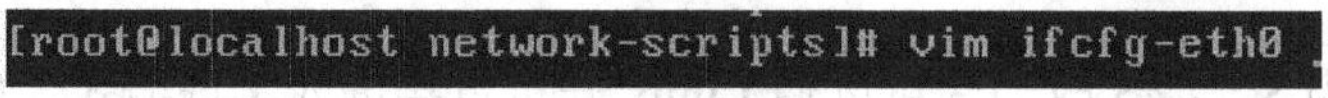

[root@localhost network-scripts]# vim ifcfg-eth0

图 8-9

图 8-10 所示是 ifcfg-eth0 初始的状态。

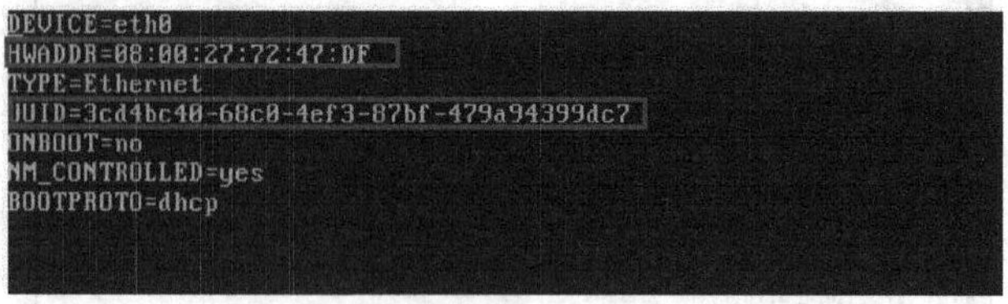

DEVICE=eth0
HWADDR=08:00:27:72:47:DF
TYPE=Ethernet
UUID=3cd4bc40-68c0-4ef3-87bf-479a94399dc7
ONBOOT=no
NM_CONTROLLED=yes
BOOTPROTO=dhcp

图 8-10

在 VIM 命令模式下，用 dd 命令删掉配置文件的第 2 行和第 4 行。这两行是网卡的 MAC 地址和 UUID 号，在单网卡时没有影响；如果做多网卡，复制配置文件时，就要有影响，所以可以删除。网卡重启后，系统发现在配置文件没有 MAC 和 UUID 项时，会自动加上。

（6）接下来，对这个配置文件进行修改，首先按一下键盘上的 I 键，进入“insert”插入状态。然后修改配置文件，如图 8-11 所示。

```
DEVICE=eth0
TYPE=Ethernet
ONBOOT=yes
NM_CONTROLLED=no
BOOTPROTO=static
IPADDR=192.168.1.100
NETMASK=255.255.255.0_
```

图 8-11

（7）关掉大写状态（CapsLock），再按一下 Esc 键退出 vim 的编辑状态，输入 ：wq（表示 vim 存盘并退出）。

（8）关掉 seLinux 功能（seLinux 是 Linux 的一个安全机制），如图 8-12 所示。

```
[root@localhost /]# vim /etc/sysconfig/selinux _
```

图 8-12

把这个文件中的 SELINUX=enforcing 这一行修改为 SELINUX=disabled，如图 8-13 所示，最后输入:wq 保存并退出。

```
# This file controls the state of SELinux on the system.
# SELINUX= can take one of these three values:
#     enforcing - SELinux security policy is enforced.
#     permissive - SELinux prints warnings instead of enforcing.
#     disabled - No SELinux policy is loaded.
SELINUX=disabled                         修改这里！
# SELINUXTYPE= can take one of these two values:
#     targeted - Targeted processes are protected,
#     mls - Multi Level Security protection.
SELINUXTYPE=targeted
```

图 8-13

（9）Linux 开机启动时不启动防火墙功能（使用 chkconfig 命令），如图 8-14 所示。

```
[root@localhost /]# chkconfig iptables off
[root@localhost /]# _
```

图 8-14

（10）Linux 开机启动时不启动网络管理功能，如图 8-15 所示。

```
[root@localhost ~]# chkconfig  NetworkManager  off
[root@localhost ~]# _
```

图 8-15

（11）重新启动系统，输入命令：init6。

（12）打开一台 Windows XP 虚拟机，网络模式也设置为“**内部网络**”模式，给 XP 设置固定 IP 地址为 192.168.1.200/24。

（13）让 XP 去 ping Linux 虚拟机 ping 192.168.1.100

（14）如果能正常 ping 通，Linux 的基础准备工作则全部完成。

以上步骤是整本项目教程中绝大数服务都要做的过程，除了 DHCP 实验不需要配置客户端，一般实验都要打开两台虚拟机，只有按以上步骤配置好基本网络参数后，先让两台虚拟机 ping 通，确保网路畅通，才能继续做下面的实验，所以请读者一定要反复练习，直至熟悉掌握。

2. TCP/IP 网络常用参数配置

（1）修改主机名

首先，查看下本机的主机名，如图 8-16 所示。

```
[root@localhost ~]# hostname
localhost.localdomain
[root@localhost ~]# _
```

图 8-16

把主机名修改成 qq.com 有以下两种方法。

① 临时修改，只在当前系统下有效，重启后便消失。具体方法：在命令模式下，输入 hostname 主机名，如修改成 qq.com，输入 hostname qq.com 即可，如图 8-17 所示。

```
[root@localhost etc]# hostname
localhost.localdomain
[root@localhost etc]# hostname qq.com
[root@localhost etc]# hostname
qq.com
[root@localhost etc]# _
```

图 8-17

②永久修改法。进入/etc/sysconfig 文件夹，然后用 vim 编辑 network 文件，如图 8-18 所示。

```
[root@localhost /]# cd /etc/sysconfig/
[root@localhost sysconfig]# ls
atd           ip6tables         nfs              selinux
auditd        ip6tables-config  nspluginwrapper  smartmontools
authconfig    ip6tables.old     ntpd             snmpd
autofs        iptables          ntpdate          snmptrapd
              iptables-config   prelink          sshd
clock         iptables.old      quota_nld        sysstat
              irqbalance        raid-check       sysstat.ioconf
cpuspeed      kdump             readahead        system-config-firewall
crond         kernel            readonly-root    system-config-firewall.old
firstboot     keyboard                           system-config-users
grub                            rngd             udev
htcacheclean  netconsole        rsyslog          wpa_supplicant
httpd         network           samba
i18n                            sandbox
init                            saslauthd
[root@localhost sysconfig]# vim network_
```

图 8-18

将 hostname=localhost.localdimain 修改成 hostname=qq.com，如图 8-19 所示。

```
NETWORKING=yes
HOSTNAME=qq.com
```

图 8-19

修改完后，保存重启即可生效。

（2）修改 hosts 文件

hosts 是一个没有扩展名的系统文件，其作用就是将一些常用的网址域名与其对应的 IP 地址建立一个关联"数据库"，当用户在浏览器中输入一个需要登录的网址时，系统会首先自动从 hosts 文件中寻找对应的 IP 地址，一旦找到，系统会立即打开对应网页；如果没有找到，则系统会将网址提交 DNS 域名解析服务器进行 IP 地址的解析。（在 Windows 操作系统中也有 hosts 文件， 在 C:\Windows\System32\drivers\etc 目录下。）

① 在 hosts 里面添加对本机的解析，进入/etc 文件夹，然后用 VIM 编辑 hosts 文件，如图 8-20 所示。

```
[root@localhost /]# cd /etc/
[root@localhost etc]# vim hosts
hosts          hosts.allow  hosts.deny
[root@localhost etc]# vim hosts _
```

图 8-20

② 在 127.0.0.1 后面，添加“qq.com”，如图 8-21 所示。

```
127.0.0.1 qq.com  localhost localhost.localdomain localhost4 localhost4.localdom
ain4
::1         localhost localhost.localdomain localhost6 localhost6.localdomain6
```

图 8-21

（3）修改 DNS 服务器

网络中的 DNS 服务器有时可能瘫痪以致无法用域名的方式浏览网页就访问不了，但是用 IP 地址却可以，可以通过修改默认的 DNS 服务器来对域名解析。resolv.conf 是 DNS 客户机配置文件，用于设置 DNS 服务器的 IP 地址及 DNS 域名，还包含了主机的域名搜索顺序。该文件是由域名解析器（resolver，一个根据主机名解析 IP 地址的库）使用的配置文件。它的格式很简单：每行以一个关键字开头，后接一个或多个由空格隔开的参数。

resolv.conf 的关键字主要有 4 个，分别如下。

```
Nameserver     //定义 DNS 服务器的 IP 地址
Domain         //定义本地域名
Search         //定义域名的搜索列表
Sortlist       //对返回的域名进行排序
```

其中，最关键的是 nameserver，其他都是可选的。

以下以自定义 DNS 服务器为 61.177.7.1 为例进行讲解。

① 进入/etc 文件夹，然后用 vim 编辑 resolv.conf 文件，如图 8-22 所示。

```
[root@localhost /]# cd /etc/
[root@localhost etc]# vim resolv.conf _
```

图 8-22

② 默认的 DNS 服务器如图 8-23 所示。

```
# Generated by NetworkManager
domain lan
search lan com
nameserver 192.168.1.1
```

图 8-23

③ 将 nameserver 后的地址改成 61.177.7.1，如图 8-24 所示。

```
# Generated by NetworkManager
domain lan
search lan com
nameserver 61.177.7.1
```

图 8-24

保存后退出即可。

3. **多网卡的配置方法**

（1）Linux 主机只有一块网卡，给这一单一网卡绑定多个 IP 地址。

① 开机进入系统，查看目录 /etc/sysconfig/network-scripts/下的文件，如图 8-25 所示。

```
[root@localhost /]# cd /etc/sysconfig/network-scripts/
[root@localhost network-scripts]# ls
ifcfg-eth0     ifdown-isdn     ifup-aliases  ifup-plusb      init.ipv6-global
ifcfg-lo       ifdown-post     ifup-bnep     ifup-post       net.hotplug
ifdown         ifdown-ppp      ifup-eth      ifup-ppp        network-functions
ifdown-bnep    ifdown-routes   ifup-ippp     ifup-routes     network-functions-ipv6
ifdown-eth     ifdown-sit      ifup-ipv6     ifup-sit
ifdown-ippp    ifdown-tunnel   ifup-isdn     ifup-tunnel
ifdown-ipv6    ifup            ifup-plip     ifup-wireless
```

图 8-25

② 用 ifconfig 查看当前系统，可知只有一块网卡 eth0，如图 8-26 所示。

```
[root@localhost network-scripts]# ifconfig
eth0      Link encap:Ethernet  HWaddr 00:00:27:72:47:DF
          inet6 addr: fe80::a00:27ff:fe72:47df/64 Scope:Link
          UP BROADCAST RUNNING MULTICAST  MTU:1500  Metric:1
          RX packets:0 errors:0 dropped:0 overruns:0 frame:0
          TX packets:6 errors:0 dropped:0 overruns:0 carrier:0
          collisions:0 txqueuelen:1000
          RX bytes:0 (0.0 b)  TX bytes:468 (468.0 b)

lo        Link encap:Local Loopback
          inet addr:127.0.0.1  Mask:255.0.0.0
          inet6 addr: ::1/128 Scope:Host
          UP LOOPBACK RUNNING  MTU:16436  Metric:1
          RX packets:0 errors:0 dropped:0 overruns:0 frame:0
          TX packets:0 errors:0 dropped:0 overruns:0 carrier:0
          collisions:0 txqueuelen:0
          RX bytes:0 (0.0 b)  TX bytes:0 (0.0 b)
```

图 8-26

③ 把 eth0 这块网卡绑定多个 IP 地址：

网卡的名称为　　　　　　　ifcfg-eth0

网卡的第一个虚拟端口名称为 ifcfg-eth0:0

网卡的第二个虚拟端口名称为 ifcfg-eth0:1

依此类推……

用 vim 编辑第一块网卡文件 ifcfg-eth0，内容如图 8-27 所示。

```
DEVICE=eth0
TYPE=Ethernet
ONBOOT=yes
NM_CONTROLLED=no
BOOTPROTO=static
IPADDR=192.168.1.100
NETMASK=255.255.255.0
```

图 8-27

④ 利用 cp 命令复制出其他虚拟的 ifcfg-eth0:0、ifcfg-eth0:1 ……如图 8-28 所示。

```
[root@localhost network-scripts]# cp -p  ifcfg-eth0  ifcfg-eth0:0
[root@localhost network-scripts]#
[root@localhost network-scripts]# cp -p  ifcfg-eth0  ifcfg-eth0:1
[root@localhost network-scripts]#
```

图 8-28

逐一配置这些网络参数。图 8-29 所示是 ifcfg-eth0:0 文档内容。

```
DEVICE=eth0:0
TYPE=Ethernet
ONBOOT=yes
NM_CONTROLLED=no
BOOTPROTO=static
IPADDR=192.168.1.101
NETMASK=255.255.255.0
```

图 8-29

图 8-30 所示是 ifcfg-eth0:1 文档内容。

```
DEVICE=eth0:1
TYPE=Ethernet
ONBOOT=yes
NM_CONTROLLED=no
BOOTPROTO=static
IPADDR=192.168.1.102
NETMASK=255.255.255.0
```

图 8-30

启动网卡，如图 8-31 所示。

```
[root@localhost network-scripts]#
[root@localhost network-scripts]#
[root@localhost network-scripts]# service network restart
Shutting down interface eth0:                              [  OK  ]
Shutting down loopback interface:                          [  OK  ]
Bringing up loopback interface:                            [  OK  ]
Bringing up interface eth0:                                [  OK  ]
[root@localhost network-scripts]# _
```

图 8-31

利用 ifconfig 查看，发现在 eth0 这块网卡，绑定了 3 个 ip 地址，它们分别是 192.168.1.100、192.168.1.101、192.168.1.102，如图 8-32 所示。

```
eth0      Link encap:Ethernet  HWaddr 08:00:27:72:47:DF
          inet addr:192.168.1.100  Bcast:192.168.1.255  Mask:255.255.255.0
          inet6 addr: fe80::a00:27ff:fe72:47df/64 Scope:Link
          UP BROADCAST RUNNING MULTICAST  MTU:1500  Metric:1
          RX packets:0 errors:0 dropped:0 overruns:0 frame:0
          TX packets:22 errors:0 dropped:0 overruns:0 carrier:0
          collisions:0 txqueuelen:1000
          RX bytes:0 (0.0 b)  TX bytes:1356 (1.3 KiB)

eth0:0    Link encap:Ethernet  HWaddr 08:00:27:72:47:DF
          inet addr:192.168.1.101  Bcast:192.168.1.255  Mask:255.255.255.0
          UP BROADCAST RUNNING MULTICAST  MTU:1500  Metric:1

eth0:1    Link encap:Ethernet  HWaddr 08:00:27:72:47:DF
          inet addr:192.168.1.102  Bcast:192.168.1.255  Mask:255.255.255.0
          UP BROADCAST RUNNING MULTICAST  MTU:1500  Metric:1

lo        Link encap:Local Loopback
          inet addr:127.0.0.1  Mask:255.0.0.0
          inet6 addr: ::1/128 Scope:Host
          UP LOOPBACK RUNNING  MTU:16436  Metric:1
          RX packets:0 errors:0 dropped:0 overruns:0 frame:0
          TX packets:0 errors:0 dropped:0 overruns:0 carrier:0
          collisions:0 txqueuelen:0
```

图 8-32

（2）主机有多块物理网卡，给这些物理网卡分别设置不同的 IP 地址。

① 把 Linux 系统在关闭状态下安装多块物理网卡，如图 8-33 所示。

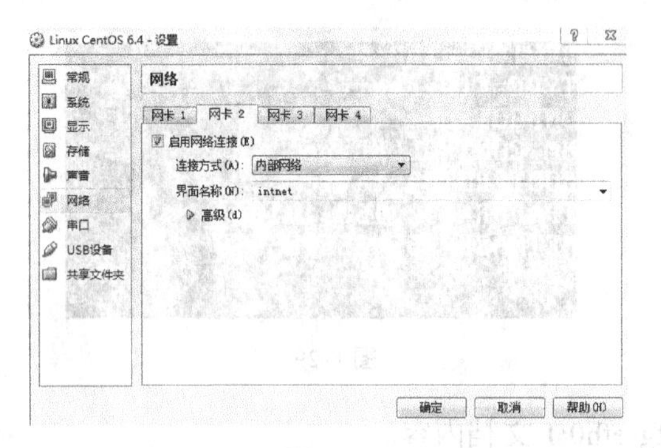

图 8-33

② 启动 Linux 主机进入系统，用 ifconfig ｜ more 命令查看，发现主机有多块网卡，名称为 eth0、eth1、eth2、eth3……如图 8-34 和图 8-35 所示。

```
eth0      Link encap:Ethernet  HWaddr 08:00:27:72:47:DF
          inet6 addr: fe80::a00:27ff:fe72:47df/64 Scope:Link
          UP BROADCAST RUNNING MULTICAST  MTU:1500  Metric:1
          RX packets:25 errors:0 dropped:0 overruns:0 frame:0
          TX packets:6 errors:0 dropped:0 overruns:0 carrier:0
          collisions:0 txqueuelen:1000
          RX bytes:8550 (8.3 KiB)  TX bytes:468 (468.0 b)

eth1      Link encap:Ethernet  HWaddr 08:00:27:91:BF:C8
          inet6 addr: fe80::a00:27ff:fe91:bfc8/64 Scope:Link
          UP BROADCAST RUNNING MULTICAST  MTU:1500  Metric:1
          RX packets:16 errors:0 dropped:0 overruns:0 frame:0
          TX packets:15 errors:0 dropped:0 overruns:0 carrier:0
          collisions:0 txqueuelen:1000
          RX bytes:5472 (5.3 KiB)  TX bytes:3546 (3.4 KiB)

eth2      Link encap:Ethernet  HWaddr 08:00:27:23:7C:F8
          inet6 addr: fe80::a00:27ff:fe23:7cf8/64 Scope:Link
          UP BROADCAST RUNNING MULTICAST  MTU:1500  Metric:1
          RX packets:17 errors:0 dropped:0 overruns:0 frame:0
          TX packets:14 errors:0 dropped:0 overruns:0 carrier:0
          collisions:0 txqueuelen:1000
          RX bytes:5814 (5.6 KiB)  TX bytes:3204 (3.1 KiB)

--More--
```

图 8-34

```
eth3      Link encap:Ethernet  HWaddr 08:00:27:68:7B:AC
          inet6 addr: fe80::a00:27ff:fe68:7bac/64 Scope:Link
          UP BROADCAST RUNNING MULTICAST  MTU:1500  Metric:1
          RX packets:17 errors:0 dropped:0 overruns:0 frame:0
          TX packets:14 errors:0 dropped:0 overruns:0 carrier:0
          collisions:0 txqueuelen:1000
          RX bytes:5814 (5.6 KiB)  TX bytes:3204 (3.1 KiB)

lo        Link encap:Local Loopback
          inet addr:127.0.0.1  Mask:255.0.0.0
          inet6 addr: ::1/128 Scope:Host
          UP LOOPBACK RUNNING  MTU:16436  Metric:1
          RX packets:0 errors:0 dropped:0 overruns:0 frame:0
          TX packets:0 errors:0 dropped:0 overruns:0 carrier:0
          collisions:0 txqueuelen:0
          RX bytes:0 (0.0 b)  TX bytes:0 (0.0 b)
```

图 8-35

最下面的 lo 是本地回环网卡地址：127.0.0.1。

③ 进入网卡配置目录 /etc/sysconfig/network-scripts/查看，如图 8-36 所示，可以看到，只有 eth0 这一块网卡的配置文件。

```
[root@localhost /]# cd /etc/sysconfig/network-scripts/
[root@localhost network-scripts]# ls
ifcfg-eth0   ifdown-isdn    ifup-aliases  ifup-plusb     init.ipv6-global
ifcfg-lo     ifdown-post    ifup-bnep     ifup-post      net.hotplug
ifdown       ifdown-ppp     ifup-eth      ifup-ppp       network-functions
ifdown-bnep  ifdown-routes  ifup-ippp     ifup-routes    network-functions-ipv6
ifdown-eth   ifdown-sit     ifup-ipv6     ifup-sit
ifdown-ippp  ifdown-tunnel  ifup-isdn     ifup-tunnel
ifdown-ipv6  ifup           ifup-plip     ifup-wireless
```

图 8-36

④ 利用 cp 命令复制出其他网卡的配置文件 ifcfg-eth1、ifcfg-eth2、ifcfg-eth3，如图 8-37 所示。

```
[root@localhost network-scripts]# cp ifcfg-eth0  ifcfg-eth1
[root@localhost network-scripts]# cp ifcfg-eth0  ifcfg-eth2
[root@localhost network-scripts]# cp ifcfg-eth0  ifcfg-eth3
[root@localhost network-scripts]# _
```

图 8-37

用 VIM 编辑第 1 块网卡文件 ifcfg-eth0，内容如图 8-38 所示。

```
DEVICE=eth0
TYPE=Ethernet
ONBOOT=yes
NM_CONTROLLED=no
BOOTPROTO=static
IPADDR=192.168.1.100
NETMASK=255.255.255.0
```

图 8-38

用 VIM 编辑第 2 块网卡文件 ifcfg-eth1，内容如图 8-39 所示。

```
DEVICE=eth1
TYPE=Ethernet
ONBOOT=yes
NM_CONTROLLED=no
BOOTPROTO=static
IPADDR=192.168.1.101
NETMASK=255.255.255.0
```

图 8-39

用 VIM 编辑第 3 块网卡文件 ifcfg-eth2，内容如图 8-40 所示。

```
DEVICE=eth2
TYPE=Ethernet
ONBOOT=yes
NM_CONTROLLED=no
BOOTPROTO=static
IPADDR=192.168.1.102
NETMASK=255.255.255.0
```

图 8-40

用 VIM 编辑第 4 块网卡文件 ifcfg-eth3，内容如图 8-41 所示。

```
DEVICE=eth3
TYPE=Ethernet
ONBOOT=yes
NM_CONTROLLED=no
BOOTPROTO=static
IPADDR=192.168.1.103
NETMASK=255.255.255.0
```

图 8-41

在启动网卡前必须还要做一步，就是关闭 NetworkManager 功能，如图 8-42 所示。

```
[root@localhost network-scripts]#
[root@localhost network-scripts]# service NetworkManager stop
Stopping NetworkManager daemon:                            [  OK  ]
[root@localhost network-scripts]# service network restart
Shutting down interface eth0:                              [  OK  ]
Shutting down interface eth1:                              [  OK  ]
Shutting down interface eth2:                              [  OK  ]
Shutting down interface eth3:                              [  OK  ]
Shutting down loopback interface:                          [  OK  ]
Bringing up loopback interface:                            [  OK  ]
Bringing up interface eth0:                                [  OK  ]
Bringing up interface eth1:                                [  OK  ]
Bringing up interface eth2:                                [  OK  ]
Bringing up interface eth3:                                [  OK  ]
[root@localhost network-scripts]# _
```

图 8-42

⑤ 利用 ifconfig | more 来查看，如图 8-43 和图 8-44 所示。

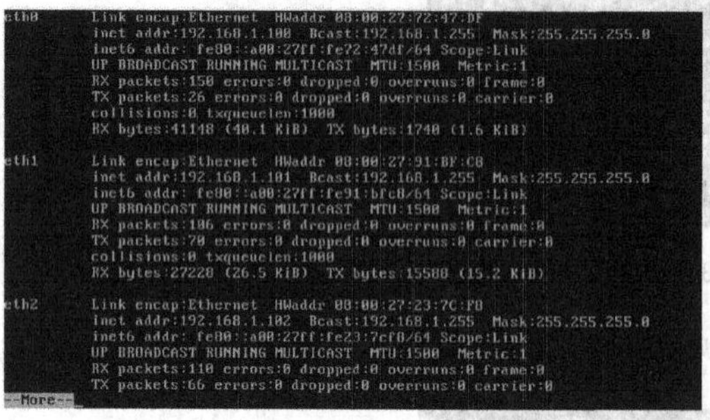

图 8-43

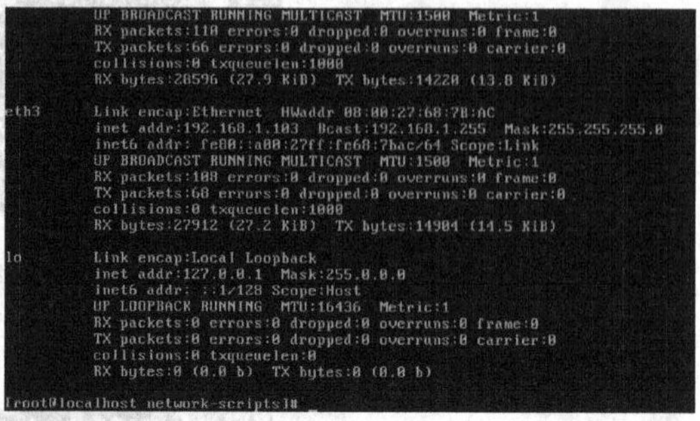

图 8-44

可以发现，eth0 对应 192.168.1.100，eth1 对应 192.168.1.101，eth2 对应 192.168.1.102，eth3 对应 192.168.1.103。

四、总结

通过这个项目的练习，可以了解 Linux 网络配置的基本情况，学会配置 Linux 的网络需求。

五、实训思考题与作业

1. 打开两台 Linux，设置相关网络参数，使它们彼此能够 ping 通。
2. 设置两台 Linux 主机的主机名，使彼此能够 ping 通。
3. 设置相关网络参数，能够访问百度。

PART 9

项目 9 CentOS 6.4 软件包的安装与管理

一、学习目标

1. 知识目标

了解 Linux 软件包的各种安装方法。

2. 能力目标

学会 RPM、YUM 和源码的安装方式。

二、理论基础

1. RPM 简介

RPM 是"Redhat Package Manager" 软件包管理器的缩写，该管理器由 Redhat 公司开发。RPM 是以数据库记录的方式来将所需要的套件安装到 Linux 主机的一套管理程序。也就是说，Linux 系统中存在着一个关于 RPM 的数据库，它记录了安装的包以及包与包之间的依赖相关性。RPM 包是预先在 Linux 机器上编译并打包好的文件，安装起来非常快捷。但是也有一些缺点，如安装的环境必须与编译时的环境一致或者相当；包与包之间存在着相互依赖的情况；卸载包时需要先把依赖的包卸载掉，如果依赖的包是系统所必需的，那就不能卸载这个包，否则会造成系统崩溃。

2. YUM 简介

YUM（Yellow dog Updater Modified）是一个在 Fedora 和 RedHat 以及 CentOS 中的 shell 前端软件包管理器。YUM 基于 RPM 包管理，能够从指定的服务器自动下载 RPM 包并且安装，可以自动处理依赖性关系，并且一次安装所有依赖的软件包，无需烦琐地一次次下载、安装。

3. 源码安装

在早期的 Linux 系统中，许多软件都是通过编译安装的。安装一个源码包，同时也需要自己把源代码编译成二进制的可执行文件，如果读得懂这些源代码，就可以去修改这些源代码自定义功能，然后再去编译成想要的成果。使用源码包除了可以自定义修改源代码外，还可以定制相关的功能，因为源码包在编译的时候是可以附加额外选项的。

三、项目实施

1. RPM 方式安装软件

为了测试的方便，首先安装一个最小化的 Linux（minimal Linux），时间为 10～15 分钟就可以了，具体视电脑的性能而定。下面以 vsftp 软件包为例来说明。

（1）查看系统中是否安装了 vsftp，如图 9-1 所示。

```
[root@server /]# rpm -qa|grep vsftp
vsftpd-2.2.2-11.el6_3.1.i686
[root@server /]# _
```

图 9-1

其中，参数-q 表示查询 query；-a 表示全部 all；｜表示管道。

表示把前面查询的所有软件包再通过管道由 grep 再一次查找 vsftp。

（2）查询并列表与软件包相关的所有文件，如图 9-2 所示。

```
[root@server /]# rpm -ql dhcp
```

图 9-2

其中，参数 q 表示查询 query；l 表示列出 list。这个命令的好处是把与该软件包相关的文件全部列出，特别是一些模板文件。

（3）查询已安装软件包中的配置信息 rpm -qc，如图 9-3 所示。

```
[root@server /]# rpm -qc bind
/etc/logrotate.d/named
/etc/named.conf
/etc/named.iscdlv.key
/etc/named.rfc1912.zones
/etc/named.root.key
/etc/rndc.conf
/etc/rndc.key
/etc/sysconfig/named
/var/named/named.ca
/var/named/named.empty
/var/named/named.localhost
/var/named/named.loopback
[root@server /]#
```

图 9-3

（4）挂载光盘到虚拟机里，如图 9-4 所示。

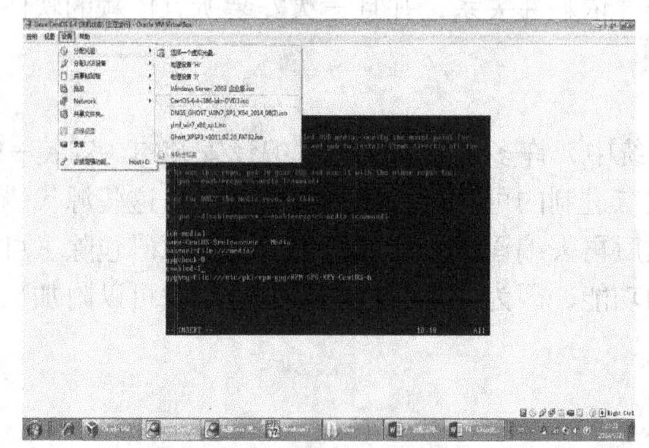

图 9-4

运用命令 mount　/dev/cdrom　/media 把光盘挂载到系统的 media 目录中，如图 9-5 所示。

```
[root@localhost /]# mount /dev/cdrom  /media
mount: block device /dev/sr0 is write-protected, mounting read-only
[root@localhost /]# _
```

图 9-5

（5）进入/media/Packages 目录，安装 rpm 软件包，如图 9-6 所示。

```
[root@server Packages]# rpm -ivh vsftpd-2.2.2-11.el6_3.1.i686.rpm
```

图 9-6

其中，参数 i 表示安装 install；v 表示显示详细安装信息；h 表示安装时输出"#"显示安装进度。

（6）卸载 rpm 软件包，如图 9-7 所示。

```
[root@server /]# rpm -e  bind_
```

图 9-7

2. YUM 方式安装软件

YUM 安装软件有一个最大弊端，就是软件包之间有一定的依赖关系，这是一个比较麻烦的事情。而 YUM 源安装就可以解决这个问题。

这里只用光盘作为 YUM 源为例讲解软件的安装，这是平时安装软件用得最多的。

（1）YUM 光盘源的配置文件在 /etc/yum.repo.d 目录中。

（2）由于只要光盘 YUM 源，所以可以用命令 rm　*.* 把这个目录里面的*.repo 文件删掉 3 个，只保留一个文件 CentOS_Media.repo 作为模板，如图 9-8 所示。

```
[root@localhost ssh]# cd /etc/yum.repos.d/
[root@localhost yum.repos.d]# ll
total 16
-rw-r--r--. 1 root root 1926 Feb 25  2013 CentOS-Base.repo
-rw-r--r--. 1 root root  638 Feb 25  2013 CentOS-Debuginfo.repo
-rw-r--r--. 1 root root  638 Feb 25  2013 CentOS-Media.repo
-rw-r--r--. 1 root root 3664 Feb 25  2013 CentOS-Vault.repo
[root@localhost yum.repos.d]# rm *.*
rm: remove regular file `CentOS-Base.repo'? y
rm: remove regular file `CentOS-Debuginfo.repo'? y
rm: remove regular file `CentOS-Media.repo'? n
rm: remove regular file `CentOS-Vault.repo'? y
[root@localhost yum.repos.d]# _
```

图 9-8

打开 CentOS-Media.repo 文件，内容如图 9-9 所示。

```
# CentOS-Media.repo
#
#  This repo can be used with mounted DVD media, verify the mount point for
#  CentOS-6.  You can use this repo and yum to install items directly off the
#  DVD ISO that we release.
#
# To use this repo, put in your DVD and use it with the other repos too:
#  yum --enablerepo=c6-media [command]
#
# or for ONLY the media repo, do this:
#
#  yum --disablerepo=\* --enablerepo=c6-media [command]

[c6-media]
name=CentOS-$releasever - Media
baseurl=file:///media/CentOS/
        file:///media/cdrom/
        file:///media/cdrecorder/
gpgcheck=1
enabled=0
gpgkey=file:///etc/pki/rpm-gpg/RPM-GPG-KEY-CentOS-6

"CentOS-Media.repo" 21L, 630C                          1,1           All
```

图 9-9

其中，“[ ]”中的“c6-media”是用于区别不同的源，必须有一个独一无二的名称。

Name：对 YUM 源的描述。

Baseurl：服务器设置中最重要的部分，只有设置正确，才能从上面获取软件。它的格式：

file:///路径

http://yum 源的地址

ftp://yum 源的地址

修改里面中间的内容，如图 9-10 所示。

```
baseurl=file:///media/
gpgcheck=0
enabled=1_
```

图 9-10

（3）在虚拟机中挂载光盘镜像文件，并挂载到 /media 目录下，如图 9-11 所示。

```
[root@localhost /]# mount /dev/cdrom  /media
mount: block device /dev/sr0 is write-protected, mounting read-only
[root@localhost /]# _
```

图 9-11

（4）以后就可以使用这种方法安装软件了（这里以安装 DHCP 软件包为例），如图 9-12 所示。

```
[root@server /]# yum -y install  dhcp
```

图 9-12

而不必考虑软件包之间的依赖关系。其中，-y 表示在安装过程不需要回答问题；如输入 y，则全自动安装。

3. 源代码包方式安装软件

（1）从 www.apache.org 开源网站上下载新的 httpd 软件包 httpd-2.2.9.tar.gz（Httpd 软件包会不断地更新，读者上网查看时也许版本已经更高了，不过安装的原理是一样的）。

（2）将下载的压缩包解压到/usr/src 目录下，如图 9-13 所示。

```
[root@localhost LNS-SG4]# tar zxvf httpd-2.2.9.tar.gz -C /usr/src/_
```

图 9-13

进入/usr/src/httpd-2.2.9 这个目录中，可以看到解压后的代码文件，如图 9-14 所示。

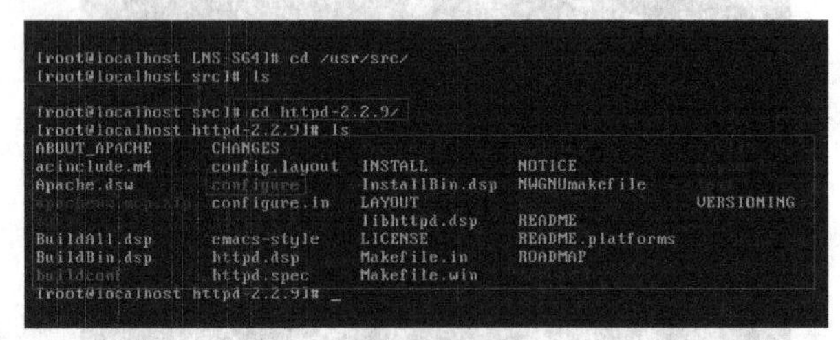

图 9-14

运行./configure 命令进行编译源代码，如图 9-15 所示，其中，--prefix=/usr/local/apach2 是设置编译安装到的系统目录。--enable-s 参数使 httpd 服务能够动态加载模块功能。--enable-rewrite 使 Httpd 服务具有网页地址重写功能。

```
[root@localhost httpd-2.2.9]# ./configure --prefix=/usr/local/apache2 --enable-s
o --enable-rewrite_
```

图 9-15

如图 9-16 所示，提示出错，没有 gcc 编译环境，需要安装 gcc 软件包。

```
checking for APR... reconfig
configuring package in srclib/apr now
configure: WARNING: Unrecognized options: --enable-so, --enable-rewrite
checking build system type... i686-pc-linux-gnu
checking host system type... i686-pc-linux-gnu
checking target system type... i686-pc-linux-gnu
Configuring APR library
Platform: i686-pc-linux-gnu
checking for working mkdir -p... yes
APR Version: 1.3.0
checking for chosen layout... apr
checking for gcc... no
checking for cc... no
checking for cl.exe... no
configure: error: no acceptable C compiler found in $PATH
See `config.log' for more details.
configure failed for srclib/apr
[root@localhost httpd-2.2.9]# _
```

图 9-16

因为安装 gcc 环境使用 YUM 库安装会非常方便，故使用 YUM 安装，在虚拟机中挂载光盘镜像文件，并挂载到 /media 目录下，然后配置好 YUM，即可用于 YUM 来安装。

安装 gcc 环境如图 9-17 所示。

```
[root@localhost ~]# yum install gcc_
```

图 9-17

安装图 9-18 所示的几个软件包。

```
Installed:
  gcc.i386 0:4.1.2-46.el5

Dependency Installed:
  glibc-devel.i386 0:2.5-42                    glibc-headers.i386 0:2.5-42
  kernel-headers.i386 0:2.6.18-164.el5         libgomp.i386 0:4.4.0-6.el5
```

图 9-18

将 gcc 软件包安装好后，再次进入/usr/src/httpd-2-2.9 目录下，可以再次进行编译安装，如图 9-19 所示。

```
[root@localhost httpd-2.2.9]# ./configure --prefix=/usr/local/apache2 --enable-s
o --enable-rewrite_
```

图 9-19

如果没有提示错误，就运行 make && make install 命令进行代码转换和安装，时间会比较长些，需耐心等待。图 9-20 所示就是编译安装时，进行的一系列操作的屏幕输出。

```
/usr/src/httpd-2.2.9/modules/ssl -I/usr/src/httpd-2.2.9/modules/dav/main  -prefe
r-non-pic -static -c http_protocol.c && touch http_protocol.lo
/usr/src/httpd-2.2.9/srclib/apr/libtool --silent --mode=compile gcc -g -O2 -pthr
ead     -DLINUX=2 -D_REENTRANT -D_GNU_SOURCE -D_LARGEFILE64_SOURCE     -I/usr/src/
httpd-2.2.9/srclib/pcre -I. -I/usr/src/httpd-2.2.9/os/unix -I/usr/src/httpd-2.2.
9/server/mpm/prefork -I/usr/src/httpd-2.2.9/modules/http -I/usr/src/httpd-2.2.9/
modules/filters -I/usr/src/httpd-2.2.9/modules/proxy -I/usr/src/httpd-2.2.9/incl
ude -I/usr/src/httpd-2.2.9/modules/generators -I/usr/src/httpd-2.2.9/modules/map
pers -I/usr/src/httpd-2.2.9/modules/database -I/usr/src/httpd-2.2.9/srclib/apr/i
nclude -I/usr/src/httpd-2.2.9/srclib/apr-util/include -I/usr/src/httpd-2.2.9/src
lib/apr-util/xml/expat/lib -I/usr/src/httpd-2.2.9/modules/proxy/../generators -I
/usr/src/httpd-2.2.9/modules/ssl -I/usr/src/httpd-2.2.9/modules/dav/main  -prefe
r-non-pic -static -c http_request.c && touch http_request.lo
/usr/src/httpd-2.2.9/srclib/apr/libtool --silent --mode=compile gcc -g -O2 -pthr
ead     -DLINUX=2 -D_REENTRANT -D_GNU_SOURCE -D_LARGEFILE64_SOURCE     -I/usr/src/
httpd-2.2.9/srclib/pcre -I. -I/usr/src/httpd-2.2.9/os/unix -I/usr/src/httpd-2.2.
9/server/mpm/prefork -I/usr/src/httpd-2.2.9/modules/http -I/usr/src/httpd-2.2.9/
modules/filters -I/usr/src/httpd-2.2.9/modules/proxy -I/usr/src/httpd-2.2.9/incl
ude -I/usr/src/httpd-2.2.9/modules/generators -I/usr/src/httpd-2.2.9/modules/map
pers -I/usr/src/httpd-2.2.9/modules/database -I/usr/src/httpd-2.2.9/srclib/apr/i
nclude -I/usr/src/httpd-2.2.9/srclib/apr-util/include -I/usr/src/httpd-2.2.9/src
lib/apr-util/xml/expat/lib -I/usr/src/httpd-2.2.9/modules/proxy/../generators -I
/usr/src/httpd-2.2.9/modules/ssl -I/usr/src/httpd-2.2.9/modules/dav/main  -prefe
r-non-pic -static -c http_filters.c && touch http_filters.lo
_
```

图 9-20

安装完成后，进入到/usr/local/apache2 目录中，查看生成的目录，该目录是 Apache 服务的根目录，所有文件都放在这里，如图 9-21 所示。

```
[root@localhost httpd-2.2.9]# cd /usr/local/apache2/
[root@localhost apache2]# ls

[root@localhost apache2]# _
```

图 9-21

其中，conf 目录用于保存 Apache 服务器的配置文件，httpd.conf 就是主配置文件，如图 9-22 所示。

```
[root@localhost apache2]# cd conf
[root@localhost conf]# ls
        httpd.conf  magic  mime.types
[root@localhost conf]# _
```

图 9-22

htdocs 目录是 Apache 服务器的文档根目录，作为 Web 站点网页文件存放的根目录，如图 9-23 所示。

```
[root@localhost apache2]# cd htdocs/
[root@localhost htdocs]# ls
apache_pb22_ani.gif  apache_pb22.png  apache_pb.png
apache_pb22.gif      apache_pb.gif    index.html
[root@localhost htdocs]# _
```

图 9-23

其他目录的作用如下。

Bin：保存了用于 Apache 服务器的命令文件。

Manual：保存了 Apache 服务器的完整配置指南文档。

Man：保存了 httpd　apachectl 程序的帮助文件。

Lib：保存了运行 Apache 服务器所需的库文件。

Modules：保存了提供给 Apache 服务器动态加载的模块文件。

Logs：保存了 Apache 服务器的日志文件。

（3）启动源码安装的 Apache，如图 9-24 所示。

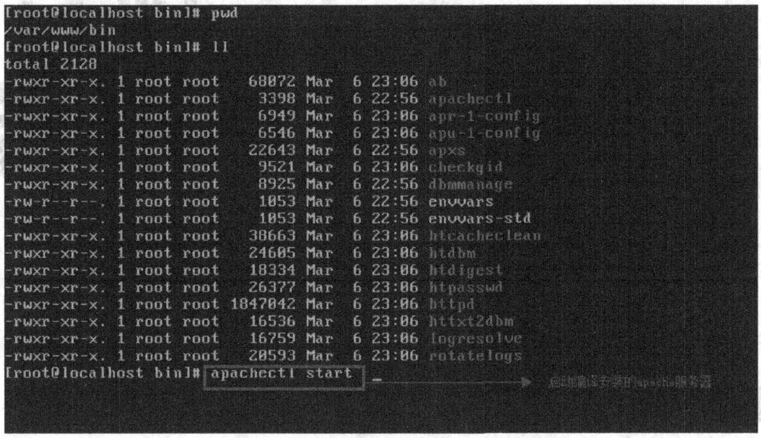

```
[root@localhost bin]# pwd
/var/www/bin
[root@localhost bin]# ll
total 2128
-rwxr-xr-x. 1 root root   68072 Mar  6 23:06 ab
-rwxr-xr-x. 1 root root    3398 Mar  6 22:56 apachectl
-rwxr-xr-x. 1 root root    6949 Mar  6 23:06 apr-1-config
-rwxr-xr-x. 1 root root    6546 Mar  6 23:06 apu-1-config
-rwxr-xr-x. 1 root root   22643 Mar  6 22:56 apxs
-rwxr-xr-x. 1 root root    9521 Mar  6 23:06 checkgid
-rwxr-xr-x. 1 root root    8925 Mar  6 22:56 dbmmanage
-rw-r--r--. 1 root root    1053 Mar  6 22:56 envvars
-rw-r--r--. 1 root root    1053 Mar  6 22:56 envvars-std
-rwxr-xr-x. 1 root root   38663 Mar  6 23:06 htcacheclean
-rwxr-xr-x. 1 root root   24605 Mar  6 23:06 htdbm
-rwxr-xr-x. 1 root root   18334 Mar  6 23:06 htdigest
-rwxr-xr-x. 1 root root   26377 Mar  6 23:06 htpasswd
-rwxr-xr-x. 1 root root 1847042 Mar  6 23:06 httpd
-rwxr-xr-x. 1 root root   16536 Mar  6 23:06 httxt2dbm
-rwxr-xr-x. 1 root root   16759 Mar  6 23:06 logresolve
-rwxr-xr-x. 1 root root   20593 Mar  6 23:06 rotatelogs
[root@localhost bin]# apachectl start _
```

图 9-24

四、总结

通过这个项目的练习，可以了解 Linux 软件的不同安装方式，学会使用 RPM、YUM 以及源代码方式安装软件。

五、实训思考题与作业

1. 分别使用 3 种方式安装 apache，并成功启动。
2. 与 RPM 相比，YUM 有哪些优点？
3. 尝试使用编译的方式安装 MySQL。

PART 10

项目 10 DHCP 服务器

一、学习目标

1. 知识目标

了解 DHCP 的基本原理。

2. 能力目标

掌握 DHCP 服务器的各个选项的意思。

学会配置 DHCP 服务器。

二、理论基础

1. DHCP 简介

DHCP（Dynamic Host Configuration Protocol，动态主机配置协议）为互联网上主机提供地址和配置参数。DHCP 基于 Client/Server 的工作模式，DHCP 服务器需要为主机分配 IP 地址和提供主机配置参数，如图 10-1 所示。

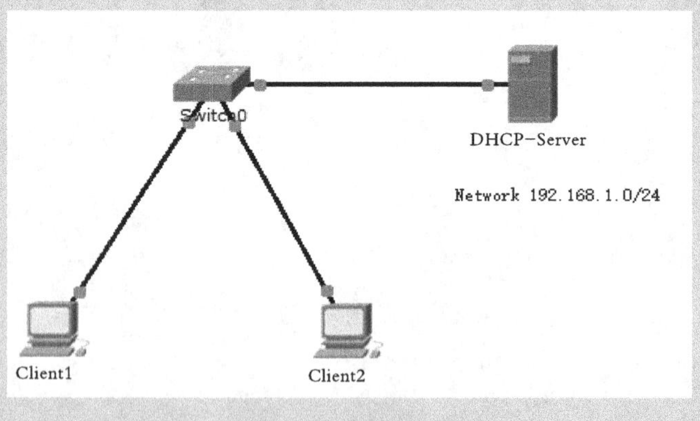

图 10-1

IP 地址有以下两种分配机制。

（1）手工配置（Manual Allocation），由网络管理员给客户端指定 IP 地址。管理员可以通过 DHCP 将指定的 IP 地址发给客户端。

（2）动态分配（Dynamic Allocation），DHCP 给客户端分配过一段时间将过期的 IP 地址（或者客户端可以主动释放该地址）。

2. DHCP 的工作原理

DHCP 请求 IP 地址的过程如图 10-2 所示。

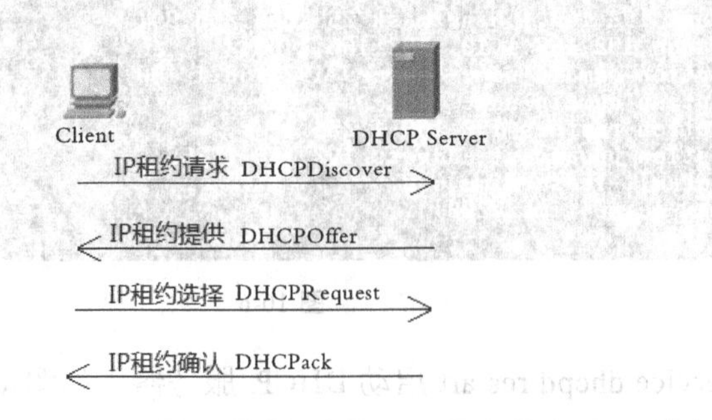

图 10-2

（1）主机发送 DHCPDiscover 广播包，在网络上寻找 DHCP 服务器。

（2）DHCP 服务器向本网络发送 DHCPOffer 广播数据包，包含 IP 地址及地址租期等。

（3）主机发送 DHCPRequest 广播包，正式向服务器请求分配已提供的 IP 地址。

（4）DHCP 服务器向主机发送 DHCPack 单播包，确认主机的请求。

三、项目实施

（1）打开一台 Linux CentOS 6.4 虚拟机，再打开一台 Windows XP 作为测试用的客户机，网络模式都设为“内部网络”。

（2）给 Linux 配置静态 IP 地址，Linux 的 IP 为 **192.168.1.100**，子网掩码为 **255.255.255.0** DNS 服务器 **192.168.1.100。**

（3）把/usr/share/doc/dhcp-4.1.1/dhcpd.conf.sample 复制到 /etc/dhcp/dhcpd.conf，覆盖原来的 dhcpd.conf，如图 10-3 所示。

```
[root@localhost /]# cp /usr/share/doc/dhcp-4.1.1/dhcpd.conf.sample  /etc/dhcp/dh
cpd.conf
cp: overwrite `/etc/dhcp/dhcpd.conf'? y
[root@localhost /]# _
```

图 10-3

（4）打开 dhcpd.conf，如图 10-4 所示。

```
[root@localhost /]# vim /etc/dhcp/dhcpd.conf_
```

图 10-4

找到如图 10-5 所示这段文字。

```
# A slightly different configuration for an internal subnet.
subnet 10.5.5.0 netmask 255.255.255.224 {
  range 10.5.5.26 10.5.5.30;
  option domain-name-servers ns1.internal.example.org;
  option domain-name "internal.example.org";
  option routers 10.5.5.1;
  option broadcast-address 10.5.5.31;
  default-lease-time 600;
  max-lease-time 7200;
}
```

图 10-5

把这段文字修改为如图 10-6 所示。

```
# A slightly different configuration for an internal subnet.
subnet 192.168.1.0 netmask 255.255.255.0 {
  range 192.168.1.10  192.168.1.50;
  option domain-name-servers 192.168.1.100;
  option domain-name "internal.example.org";
  option routers 192.168.1.254;
  option broadcast-address 192.168.1.255;
  default-lease-time 600;
  max-lease-time 7200;
}
```

图 10-6

（5）使用 service dhcpd restart 启动 DHCP 服务器，如图 10-7 所示。

```
[root@localhost ~]# service  dhcpd  restart
Starting dhcpd:                                            [  OK  ]
[root@localhost ~]# _
```

图 10-7

（注意：如果出现红色的 fail，就表示有错误，需要重新修改。）

（6）在 Windows XP 客户端进行测试。设置网卡为自动获取 IP 地址，并用 ipconfig /release 和 ipconfig /renew 重新获取地址。

（7）如果想让某一台电脑固定获得指定的 IP 地址，就要采用下面的方法。

把如图 10-8 所示这段文字做一定的修改。

```
host fantasia {
  hardware ethernet 08:00:07:26:c0:a5;
  fixed-address fantasia.fugue.com;
}
```

图 10-8

修改后如图 10-9 所示。

图 10-9

即 hardware ethernet 后面修改为指定电脑的 MAC 地址（需要到那台电脑里查看记下 MAC 地址）；fixed-address 后面修改为指定的 IP 地址。

（8）在 Linux 客户端测试。

① 将 DHCP 服务器和客户端桥接在同一块网卡上，或者同时使用内部网络模式，如图 10-10 所示。

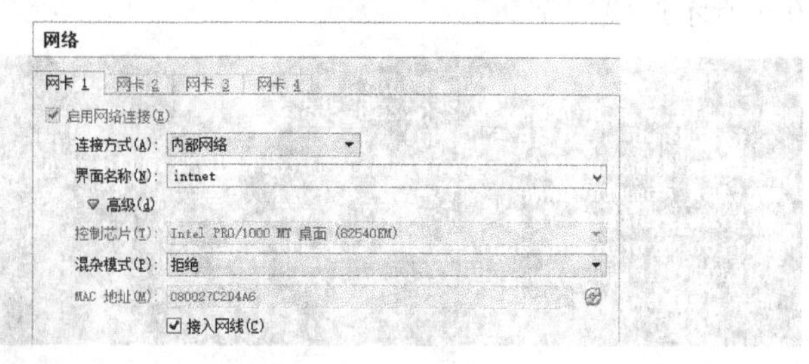

图 10-10

②在#号后面输入 cd /etc/sysconfig/network-scripts/，如图 10-11 所示。

```
[root@localhost ~]# cd /etc/sysconfig/network-scripts/
[root@localhost network-scripts]# _
```

图 10-11

③利用 VIM 编辑器打开 **ifcfg-eth0**（这是 Linux 的网卡配置文件），如图 10-12 所示。

```
[root@localhost network-scripts]# vim ifcfg-eth0 _
```

图 10-12

④修改配置文件如图 10-13 所示。

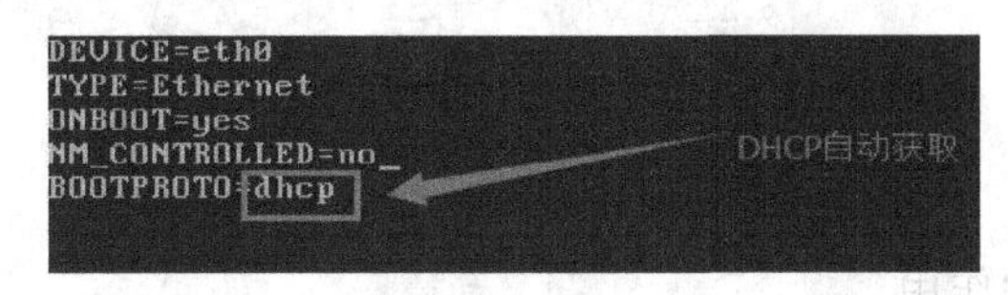

图 10-13

⑤保存后，要关闭 NetworkManager，然后重启网络就可以从 DHCP 服务器获取 IP 地址了，如图 10-14 所示。

```
[root@localhost ~]# service NetworkManager stop
Stopping NetworkManager daemon:                            [  OK  ]
[root@localhost ~]# service network restart
Shutting down interface eth0:                              [  OK  ]
Shutting down loopback interface:                          [  OK  ]
Bringing up loopback interface:                            [  OK  ]
Bringing up interface eth0:
Determining IP information for eth0... done.
                                                           [  OK  ]
[root@localhost ~]# ifconfig eth0
eth0      Link encap:Ethernet  HWaddr 08:00:27:C2:D4:A6
          inet addr:192.168.1.50  Bcast:192.168.1.255  Mask:255.255.255.0
          inet6 addr: fe80::a00:27ff:fec2:d4a6/64 Scope:Link
          UP BROADCAST RUNNING MULTICAST  MTU:1500  Metric:1
          RX packets:142 errors:0 dropped:0 overruns:0 frame:0
          TX packets:65 errors:0 dropped:0 overruns:0 carrier:0
          collisions:0 txqueuelen:1000
          RX bytes:16231 (15.8 KiB)  TX bytes:8827 (8.6 KiB)

[root@localhost ~]# _
```

图 10-14

四、总结

通过这个项目的练习，可以了解 DHCP 的工作原理，学会在 Linux 的环境下，配置 DHCP 服务器。

五、实训思考题与作业

1. 为什么要用 DHCP 服务器呢？DHCP 有哪些优点？
2. 正确配置 DHCP 服务器，网段为 172.30.10.0/24，地址池为 172.30.10.100 到 200，默认租约为 1 天，为 MAC 地址为 AA:BB:CC:DD:EE:FF 的主机保留 IP172.30.10.150。（注意：Linux 中 DHCP 服务器的默认租约是以秒来计算的。）

PART 11 项目 11 远程访问与连接

一、学习目标

1. 知识目标

了解远程连接的作用。

了解 3 个远程方式的区别。

2. 能力目标

学会使用 3 种远程连接配置的方法。

二、理论基础

多用户系统允许多个用户同时使用一台计算机，为了保证系统的安全并使记账方便，要求每个用户有单独的账号作为登录标识，系统还为每个用户指定了一个口令。用户在使用该系统之前要输入标识和口令，这个过程称为登录。用户使用远程登录的过程，是使自己的计算机暂时成为远程主机的一个仿真终端的过程。仿真终端等效于一个非智能的机器，它只负责把用户输入的每个字符传递给主机，再将主机输出的每个信息回显在屏幕上。

Linux 作为服务器，管理员不可能一直在服务器旁边，很多时候需要远程去操作和访问，所以远程访问和连接 Linux 服务器就显得很重要。远程访问和连接 Linux 服务器有很多的方法。

1. Telnet

Telnet 协议是 TCP/IP 协议簇中的一员，终端使用者可以输入 Telnet 命令，远程登录服务器。但由于 Telnet 传输的数据未加密，容易被窃听，所以近年来被更加安全的 SSH 取代。从 Windows 7 以后，Telnet 客户端不再是预先安装，需要手动安装才能使用。

2. SSH

SSH 的全称是 Secure Shell（安全外壳协议）。由于 Telnet 远程登录服务器。密码是以明文方式传输的，所以现在越来越多地使用安全的 SSH 来远程登录服务器。SSH 是目前较可靠的、专为远程登录会话和其他网络服务提供安全性的协议。利用 SSH 协议可以有效防止远程管理过程中的信息泄露问题。SSH 最初是 UNIX 系统上的一个程序，后来又迅速扩展到其他操作平台。SSH 在正确使用时可弥补网络中的漏洞。

3. 远程桌面

（1）TigerVNC

TigerVNC 是一款高性能、跨平台的虚拟网络计算机（Virtual Network Computer，VNC）。TigerVNC 是一款优秀的远程控制工具软件，远程控制能力强大，高效实用，其性能可以和 Windows 和 MAC 中的任何远程控制软件媲美。

（2）rdesktop

rdesktop 是 Linux 下支持 Windows 远程桌面连接的客户端程序，在 Linux 系统下可通过它远程访问 Windows 桌面，支持多种版本。rdesktop 是 sourceforge 下支持 GPL 协议的一个开源项目，采用远程桌面协议（Remote Desktop Protocol，RDP），几乎可以连接 Windows 的所有版本，诸如 NT 4 Terminal Server, 2000, XP, 2003, 2003 R2, Vista, 2008, 7 和 2008 R2 等。

三、项目实施

1. Telnet

（1）安装 Telnet，使用 rpm 命令检查系统中有没有安装 Telnet 组件，如图 11-1 所示。

```
[root@localhost /]# rpm -qa|grep telnet
[root@localhost /]# _
```

图 11-1

没有任何显示表明系统中未安装 Telnet 组件，这时需要在系统中配置光盘作为 YUM 源来安装 Telnet 服务，如图 11-2 所示，具体的配置方法请参看项目 9 CentOS 6.4 软件包的安装与管理。

```
[root@localhost /]# yum install  telnet*
```

图 11-2

（2）使用“vim /etc/xinetd.d/telnet”命令编辑 Telnet 服务配置文件，如图 11-3 和图 11-4 所示。

```
[root@localhost /]# vim /etc/xinetd.d/telnet
```

图 11-3

```
# default: on
# description: The telnet server serves telnet sessions; it uses \
#       unencrypted username/password pairs for authentication.
service telnet
{
        flags           = REUSE
        socket_type     = stream
        wait            = no
        user            = root
        server          = /usr/sbin/in.telnetd
        log_on_failure  += USERID
        disable         = no          把yes改为no
        instances       = 10          设置最大连接数
}
```

图 11-4

```
Only_from=IP                //设置允许登录的客户端 IP 地址;
No_access = IP              //设置禁止登录的 IP 地址;
Access_times = (时间段)     //设置允许登录的时间段。
```

（3）启动 Telnet 服务，实质是启动守护进程 xinetd，如图 11-5 所示。

```
[root@localhost /]# service xinetd restart
Stopping xinetd:                                           [  OK  ]
Starting xinetd:                                           [  OK  ]
[root@localhost /]# _
```

图 11-5

（4）在 Windows XP 客户端测试，如图 11-6 所示。

```
Telnet 192.168.1.100
CentOS release 6.4 (Final)
Kernel 2.6.32-358.el6.i686 on an i686
login: root
Password:
Login incorrect

login: ding
Password:
[ding@localhost ~]$ ls
[ding@localhost ~]$ _
```

图 11-6

发现在 root 用户不能登录，而普通用户 ding 可以登录。

（5）需要把/etc/securetty 文件改名后，才能让 root 登录，如图 11-7 所示。

```
[root@localhost /]# cd /etc
[root@localhost etc]# mv securetty  securetty.bak
[root@localhost etc]# _
```

图 11-7

（6）在 Windows 7 客户端测试。

由于 Windows 7 默认没有安装 Telnet，需要手动添加，如图 11-8～图 11-10 所示。

```
C:\Users\ding>telnet
'telnet' 不是内部或外部命令，也不是可运行的程序
或批处理文件。
```

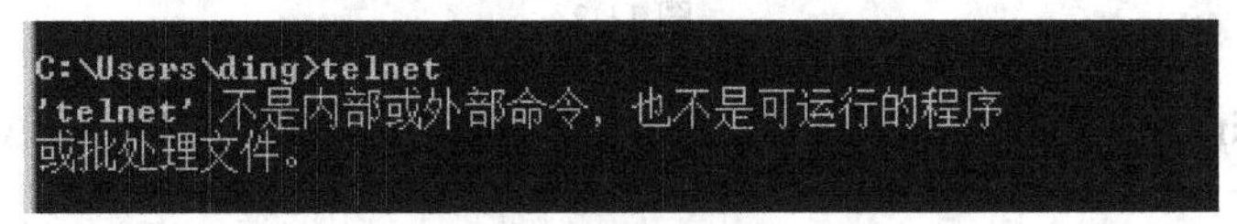

图 11-8

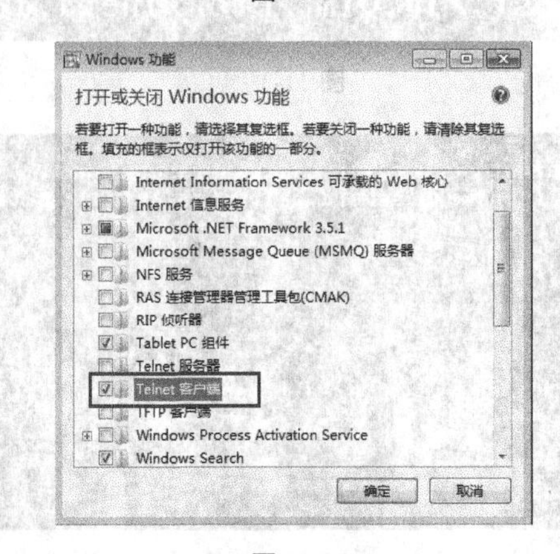

图 11-9

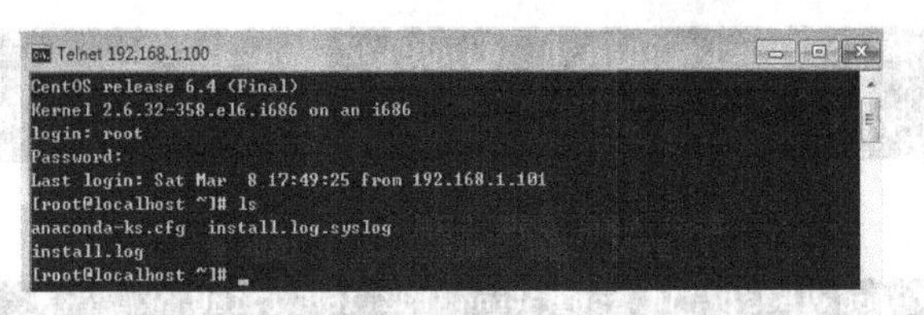

图 11-10

（7）在 Linux 客户端测试，如图 11-11 所示。

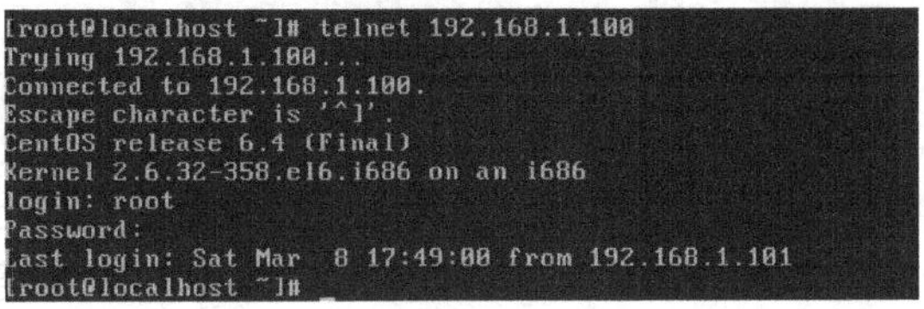

```
[root@localhost ~]# telnet 192.168.1.100
Trying 192.168.1.100...
Connected to 192.168.1.100.
Escape character is '^]'.
CentOS release 6.4 (Final)
Kernel 2.6.32-358.el6.i686 on an i686
login: root
Password:
Last login: Sat Mar  8 17:49:00 from 192.168.1.101
[root@localhost ~]#
```

图 11-11

2. SSH 方式访问

SSH 服务在 Linux 中默认是安装并启动的。如果 Linux 系统中没有 SSH，可以通过 yum install -y openssh* 来进行安装。系统默认 SSH 是启动的，如果没有启动，可以通过 service sshd restart 来启动 SSH 服务。SSH 认证有两种方法：一是口令认证；二是密钥认证。

（1）口令认证

在默认情况下，SSH 使用传统的口令验证，传输数据会被加密。在使用这种认证方式时，不需要进行任务配置，用户就可以使用 SSH 服务。但是，口令验证不能保证连接的服务器就是真正的目的服务器。如果有其他服务器在冒充，客户端很有可能会受到“中间人”攻击。

① Windows 客户端访问。

在 Windows 客户端需要下载 Putty 这个软件，如图 11-12 所示。

图 11-12

双击打开这个软件，如图 11-13 和图 11-4 所示。

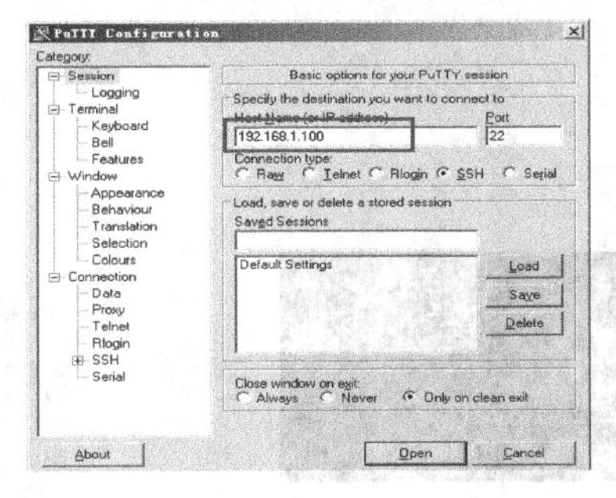

图 11-13

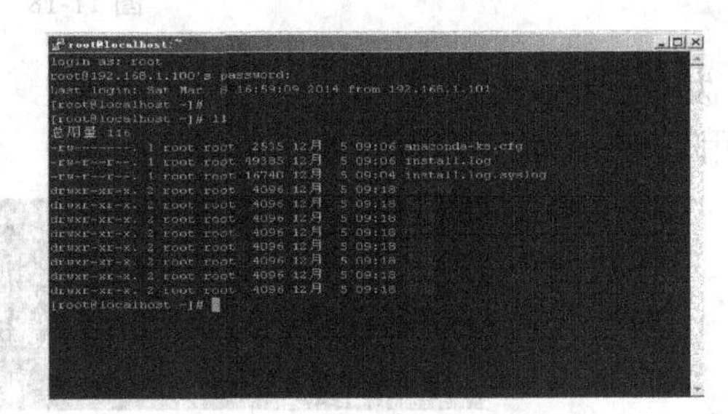

图 11-14

② Linux 客户端访问远程主机，如图 11-15 和图 11-16 所示。

```
[root@localhost ~]# ssh  ding@192.168.1.100
```

图 11-15

```
[root@localhost ~]# ssh  ding@192.168.1.100
ding@192.168.1.100's password:
Last login: Sat Mar  8 17:48:10 2014 from 192.168.1.101
[ding@localhost ~]$
[ding@localhost ~]$ _
```

图 11-16

（2）密钥认证

密钥认证首先要创建一对密钥，并把公钥保存在远程服务器。当登录远程主机时，客户端软件就会向服务器发出请求，请求用自己的密钥进行认证。服务器收到请求之后，首先在该服务器的用户主目录下寻找公钥，然后检查此公钥是否合法；如果合法，就用公钥加密随机数，并返回给客户端。客户端软件收到服务器的响应后，使用私钥将数据解密并发送给服务器。因为公钥解密的数据只能用私钥解密，服务器经过比较就可以知道该客户连接的合法性。

① 在客户端生成密钥。

使用普通账户 ding 登录 Linux 系统，在客户端上执行 ssh-keygen 生成密钥，密钥分为公钥（public key）id_rsa 和私钥（private key） id_rsa.pub，如图 11-17 和图 11-18 所示。

```
[ding@localhost .ssh]$ ssh-keygen
Generating public/private rsa key pair.
Enter file in which to save the key (/home/ding/.ssh/id_rsa):
/home/ding/.ssh/id_rsa already exists.
Overwrite (y/n)? y
Enter passphrase (empty for no passphrase):
Enter same passphrase again:
Your identification has been saved in /home/ding/.ssh/id_rsa.
Your public key has been saved in /home/ding/.ssh/id_rsa.pub.
The key fingerprint is:
24:91:8b:7c:ce:14:cb:5e:66:25:2a:22:a1:fd:59:17 ding@localhost.localdomain
The key's randomart image is:
+--[ RSA 2048]----+
|       ..        |
|.      o.E .     |
|.o . o.=.+       |
|o o + Oo=        |
| . o X =S        |
|    o +          |
|                 |
|                 |
|                 |
+-----------------+
[ding@localhost .ssh]$ _
```

图 11-17

```
[ding@localhost .ssh]$ ll
total 16
-rw------- 1 ding ding 1675 Sep 23 22:46 id_rsa
-rw-r--r-- 1 ding ding  408 Sep 23 22:46 id_rsa.pub
-rw-r--r-- 1 ding ding  395 Sep 23 22:29 known_hosts
-rw-r--r-- 1 ding ding  408 Sep 23 22:37 root@192.168.1.100
[ding@localhost .ssh]$ _
```

图 11-18

② 发布公钥。

使用 scp 命令发布公钥，如图 11-19 所示。

```
[ding@localhost .ssh]$ ll
total 16
-rw------- 1 ding ding 1675 Sep 23 22:32 id_rsa
-rw-r--r-- 1 ding ding  408 Sep 23 22:32 id_rsa.pub
-rw-r--r-- 1 ding ding  395 Sep 23 22:29 known_hosts
-rw-r--r-- 1 ding ding  408 Sep 23 22:37 root@192.168.1.100
[ding@localhost .ssh]$ scp id_rsa.pub   root@192.168.1.100:~/
root@192.168.1.100's password:
id_rsa.pub                                   100%  408     0.4KB/s   00:00
[ding@localhost .ssh]$
```

图 11-19

在远程服务器端将公钥转存到 authorized_key 文件中，如图 11-20 所示。

```
[root@localhost ~]#
[root@localhost ~]# ll
total 120
-rw-------. 1 root root  2535 Dec  5  2013 anaconda-ks.cfg
-rw-r--r--  1 root root   408 Sep 22 22:50 id_rsa.pub
-rw-r--r--. 1 root root 49385 Dec  5  2013 install.log
-rw-r--r--. 1 root root 16740 Dec  5  2013 install.log.syslog
drwxr-xr-x. 2 root root  4096 Dec  5  2013
drwxr-xr-x. 2 root root  4096 Dec  5  2013
drwxr-xr-x. 2 root root  4096 Dec  5  2013
drwxr-xr-x. 2 root root  4096 Dec  5  2013
drwxr-xr-x. 2 root root  4096 Dec  5  2013
drwxr-xr-x. 2 root root  4096 Dec  5  2013
drwxr-xr-x. 2 root root  4096 Dec  5  2013
drwxr-xr-x. 2 root root  4096 Dec  5  2013
[root@localhost ~]# cd .ssh
[root@localhost .ssh]# cat ../id_rsa.pub  >>  authorized_keys
[root@localhost .ssh]# _
```

图 11-20

重启服务器端 openssh 程序，如图 11-21 所示。

```
[root@localhost .ssh]# service sshd restart
Stopping sshd:                                             [  OK  ]
Starting sshd:                                             [  OK  ]
[root@localhost .ssh]#
```

图 11-21

在 Linux 客户端访问，如图 11-22 所示。

```
[ding@localhost .ssh]$ ssh root@192.168.1.100
Last login: Tue Sep 23 22:29:46 2014 from 192.168.1.101
[root@localhost ~]# _
```

图 11-22

这时发现不需要输入任何密码，直接进入系统。因为私钥和公钥已经自动认证通过了。

③ 配置远程服务器，禁止口令认证。

通过编辑/etc/ssh/sshd_config 文件，修改 PasswordAuthentication 字段的值来提高安全性，把 yes 改为 no ，禁止口令认证，只允许使用密钥认证。如图 11-23 和图 11-24 所示。

```
[root@localhost /]# vim /etc/ssh/sshd_config_
```

图 11-23

```
# To disable tunneled clear text passwords, change to no here!
#PasswordAuthentication yes
#PermitEmptyPasswords no
PasswordAuthentication yes

# Change to no to disable s/key passwords
#ChallengeResponseAuthentication yes
ChallengeResponseAuthentication no

# Kerberos options
#KerberosAuthentication no
```

图 11-24

在 Windows 客户端使用 putty 连接远程服务器，就会出现以下错误表示被拒绝，如图 11-25 所示。

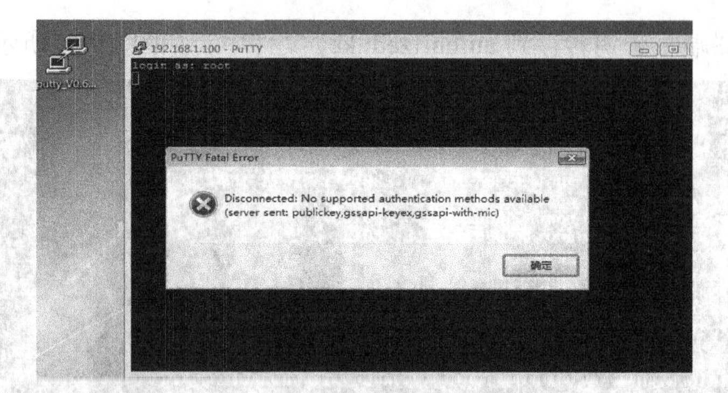

图 11-25

如何再通过编辑 /etc/ssh/sshd_config 文件，修改 PasswordAuthentication 字段的值，把 no 重新改为 yes，表示允许口令认证的方法访问 ssh 服务器，如图 11-26 所示。

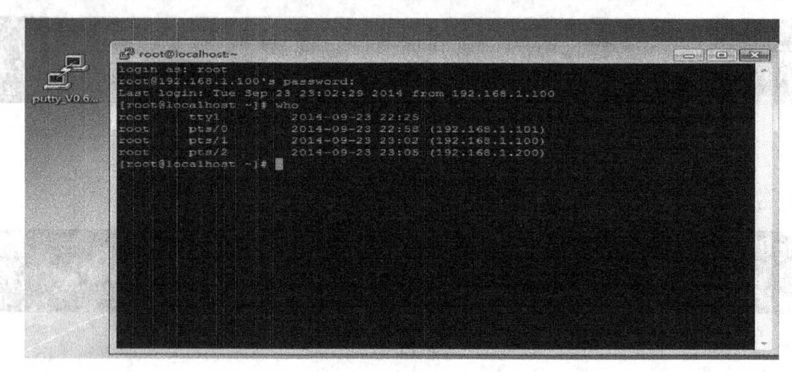

图 11-26

3. 远程桌面方式访问

（1）Windows 客户端远程访问 Windows 主机的桌面

在 Windows 中有一个远程桌面的功能，可以让一台本地主机连接到远程主机的桌面。如图 11-27 和图 11-28 所示。

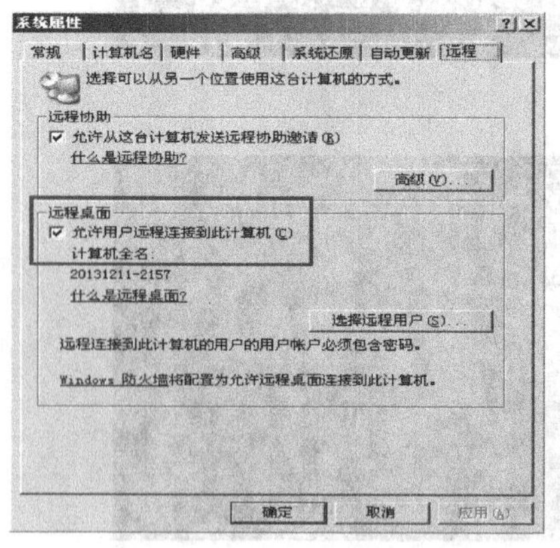

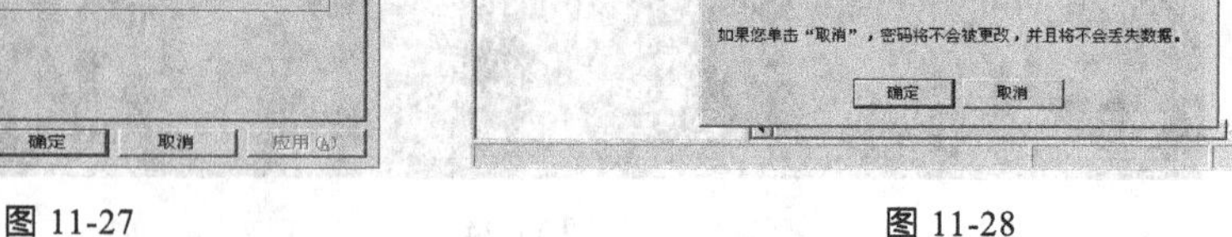

图 11-27

图 11-28

本机 Windows 经过以上两步的设置，就可以使一台本地主机连接到远程主机的桌面。在运行栏中输入 mstsc，如图 11-29 所示。

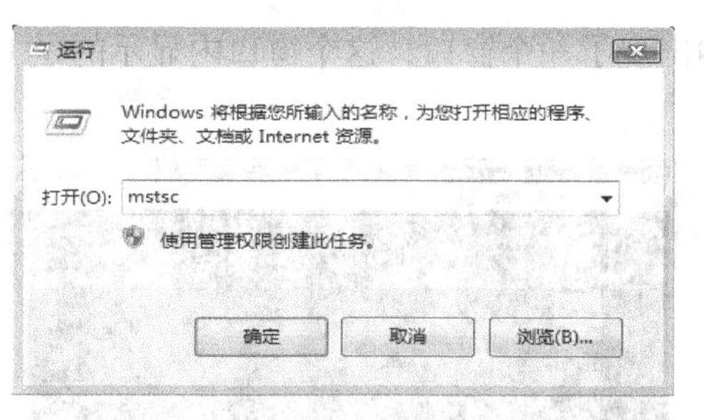

图 11-29

打开远程桌面连接的程序，输入远程主机的地址，回车，如图 11-30 和图 11-31 所示。

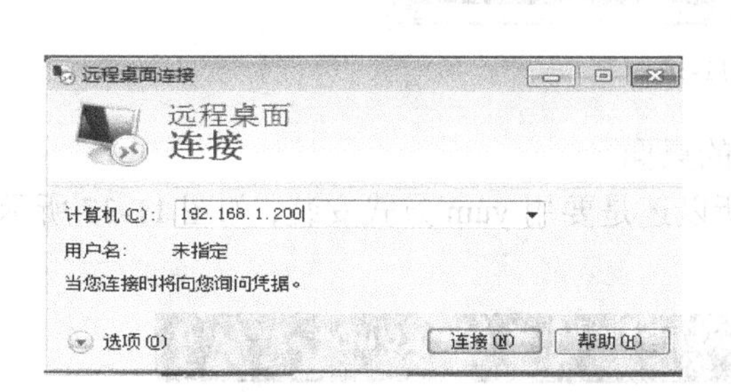

图 11-30

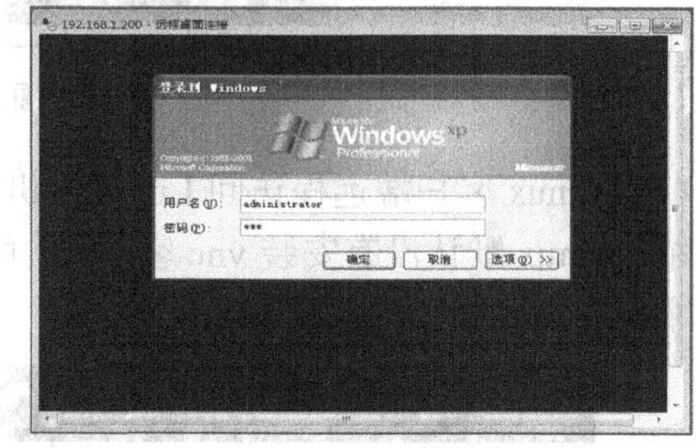

图 11-31

（2）Windows 客户端远程访问 Linux 主机的桌面

使用 vncviewer 可以让 Windows 客户端远程访问 Linux 主机的桌面。首先要在 Linux 服务器端安装 VNC Server，如图 11-32 所示。

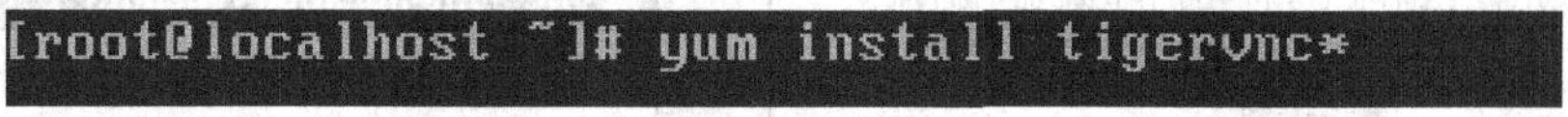

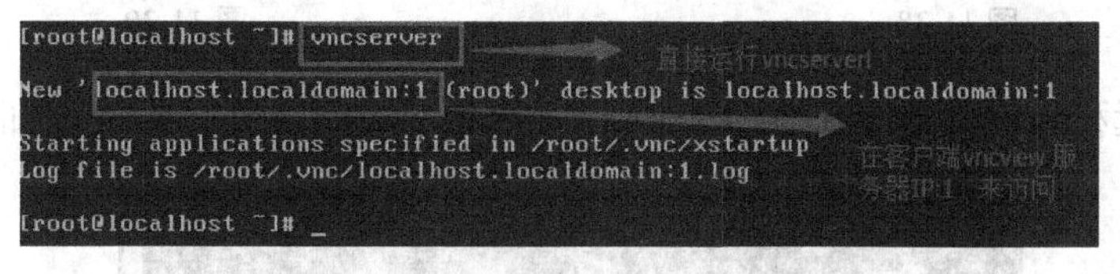

图 11-32

启动 vncserver，如图 11-33 所示。

```
[root@localhost ~]# vncserver

New 'localhost.localdomain:1 (root)' desktop is localhost.localdomain:1

Starting applications specified in /root/.vnc/xstartup
Log file is /root/.vnc/localhost.localdomain:1.log

[root@localhost ~]# _
```

图 11-33

在 Windows 客户端下载 ，安装在桌面，生成 图标，打开 VNC Viewer，输入 Linux Server 的 IP，根据提示输入密码，如图 11-34 和图 11-35 所示。

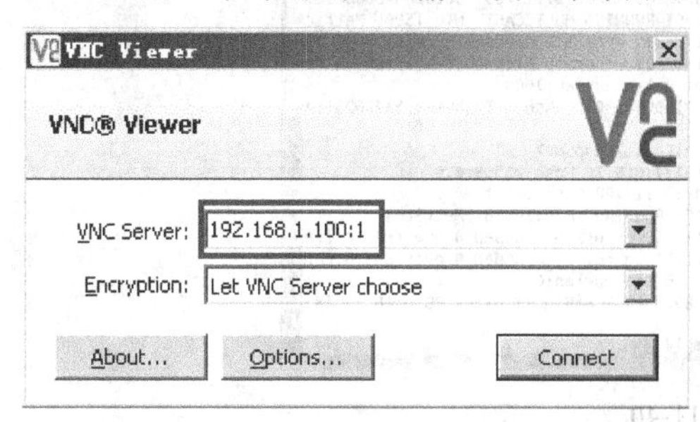

图 11-34

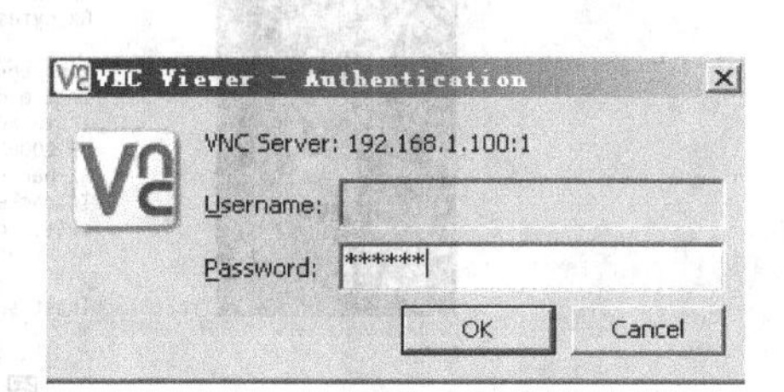

图 11-35

这时在 Windows 中出现了一个窗口，这个窗口内显示的是 Linux 的远程桌面，如图 11-36 所示。

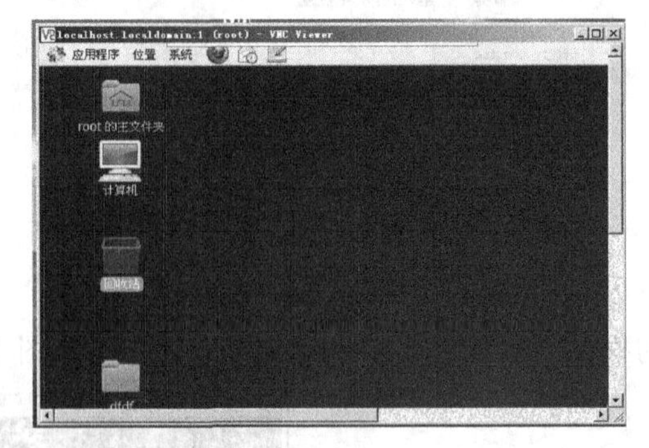

图 11-36

（3）Linux 客户端远程访问 Linux 主机的桌面

由于 Linux 默认没有安装 vnc 客户端，所以还是要用 yum 方式安装，如图 11-37 所示，方法同上。

```
[root@localhost ~]# yum install tigervnc*
```

图 11-37

运行 vncviewer，如图 11-38 和图 11-39 所示。

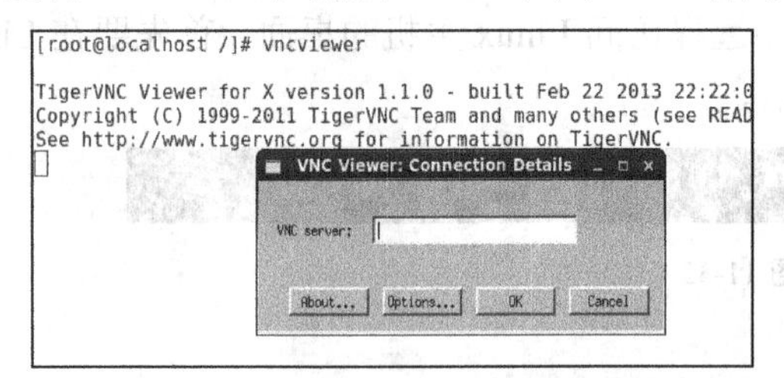

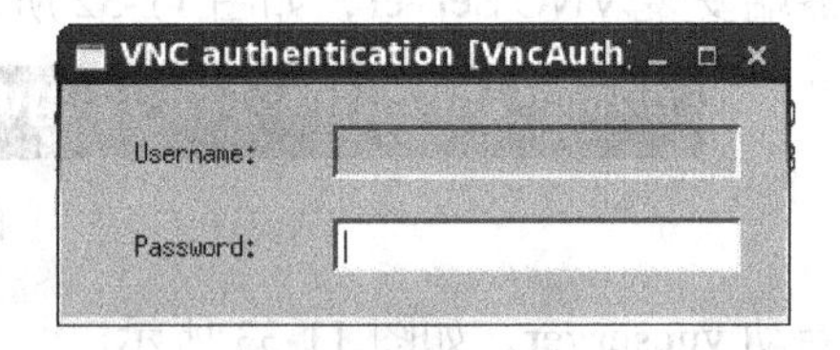

图 11-38　　　　图 11-39

这样，就远程访问了 IP 地址为 192.168.1.100 的 Linux 主机的桌面，如图 11-40 所示。

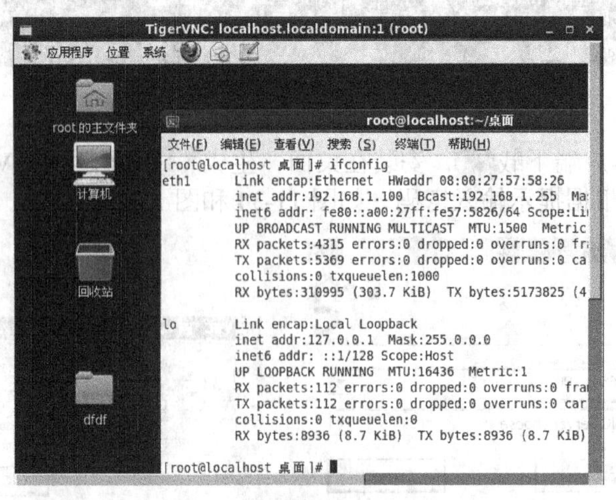

图 11-40

（4）Linux 客户端远程访问 Windows 主机的桌面

Linux 要远程访问 Windows 主机的桌面，需要安装一个 rdesktop 程序，如图 11-41 所示。

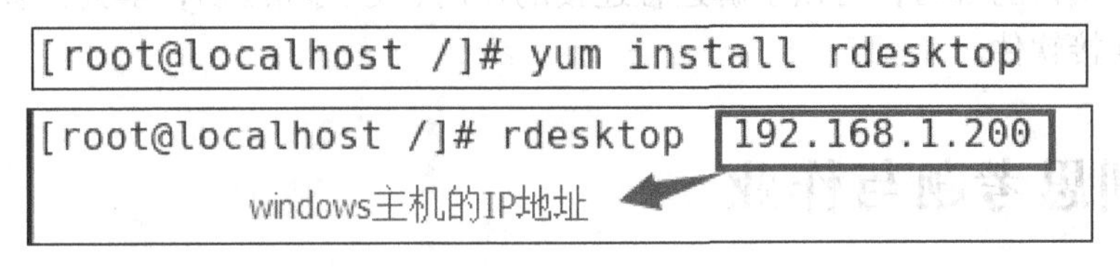

图 11-41

这样，Linux 客户就可以通过 rdesktop 远程访问 Windows 主机的桌面了，如图 11-42 所示。

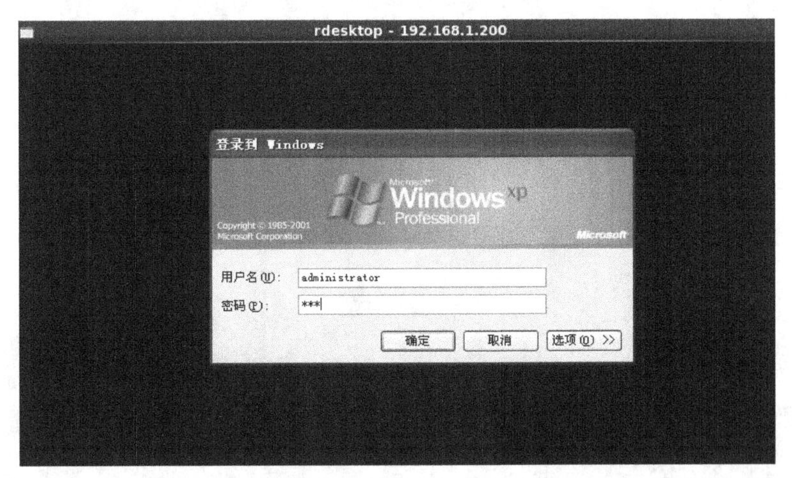

图 11-42

注：有时候会出现不能访问的情况，原因是 Windows 中的远程终端访问服务没有打开，需要到 services.msc 里面的把 Terminal Services 开启，如图 11-43 所示。

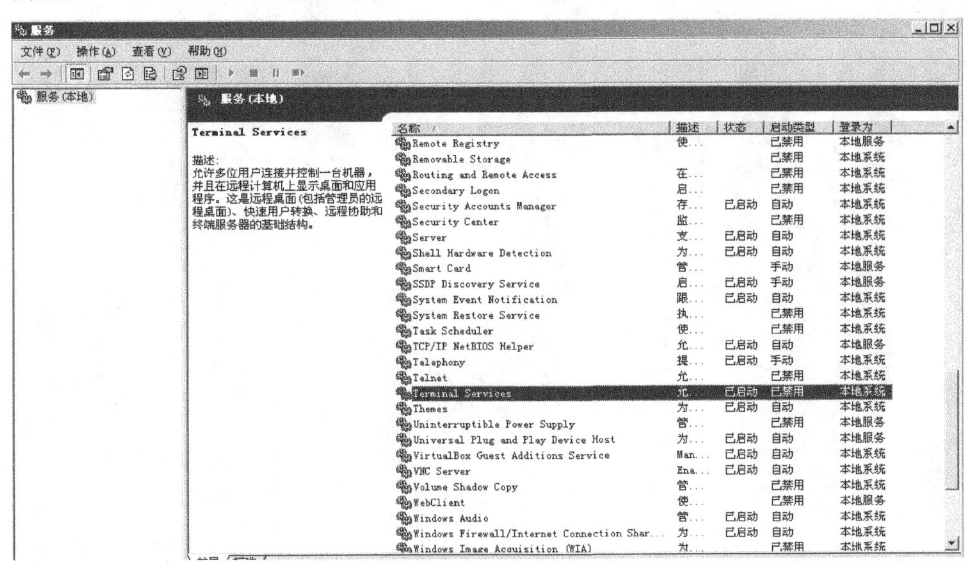

图 11-43

四、总结

通过这个项目的练习，可以了解远程连接的作用、方式和区别，学会在多种平台安装并使用远程连接软件。

五、实训思考题与作业

1. 为什么要使用远程访问和连接？
2. SSH 与 Telnet 相比较，SSH 有哪些优点？
3. 在自己的 Linux Server 上学会使用这几种远程连接的方式。

PART 12 项目 12 Samba 和 NFS 服务器

一、学习目标

1. 知识目标

了解 Samba 和 NFS 服务的基本原理。

2. 能力目标

掌握 Samba 和 NFS 服务器的配置。

掌握 NFS 客户端的配置方法。

掌握 Linux 和 Windows 客户端共享 Samba 服务器资源的方法。

二、理论基础

1. Samba

Samba 是在类 UNIX、Linux 和 Windows 系统上实现 SMB 协议的一个免费软件，由服务器及客户端程序构成。信息服务块（Server Messages Block，SMB）是一种在局域网上共享文件和打印机的一种通信协议，它为局域网内的不同计算机之间提供文件及打印机等资源的共享服务。SMB 协议是客户机/服务器型协议，客户机通过该协议可以访问服务器上的共享文件系统、打印机及其他资源。Samba 常常用在类 UNIX 系统和 Windows 系统之间的资源共享。

2. NFS

网络文件系统（Network File System，NFS）允许一个系统在网络上与他人共享目录和文件。通过使用 NFS，用户和程序可以像访问本地文件一样访问远端系统上的文件。NFS 常常用在两台类 UNIX 服务器之间资源的快速共享访问。

三、项目实施

1. Samba 服务

（1）打开一台 Linux 虚拟机，再打开一台 Windows XP 作为测试用的客户机。

（2）两台虚拟机都设置成“内网模式”，再给 Linux 配置静态 IP 地址，Linux 的 IP 为 192.168.1.100，子网掩码为 255.255.255.0，DNS 服务器 192.168.1.100；给 Windows XP 虚拟机配置静态 IP 为 192.168.1.200，子网掩码为 255.255.255.0。

（3）在 Linux 服务器中创建一个本地用户 chen，并设置密码，如图 12-1 所示。

```
[root@localhost ~]# useradd  chen
[root@localhost ~]# passwd chen
Changing password for user chen.
New password:
BAD PASSWORD: it is too simplistic/systematic
BAD PASSWORD: is too simple
Retype new password:
passwd: all authentication tokens updated successfully.
[root@localhost ~]#
```

图 12-1

把本地用户转变为 Samba 用户，使用命令 pdbedit -a chen，如图 12-2 和图 12-3 所示。

```
[root@localhost ~]# pdbedit -a chen
new password:_
```

图 12-2

```
retype new password:
Unix username:        chen
NT username:
Account Flags:        [U          ]
User SID:             S-1-5-21-4239770469-630313256-2032488240-1000
Primary Group SID:    S-1-5-21-4239770469-630313256-2032488240-513
Full Name:
Home Directory:       \\localhost\chen
HomeDir Drive:
Logon Script:
Profile Path:         \\localhost\chen\profile
Domain:               LOCALHOST
Account desc:
Workstations:
Munged dial:
Logon time:           0
Logoff time:          never
Kickoff time:         never
Password last set:    Mon, 15 Dec 2014 21:45:33 CST
Password can change:  Mon, 15 Dec 2014 21:45:33 CST
Password must change: never
Last bad password   : 0
Bad password count  : 0
Logon hours         : FFFFFFFFFFFFFFFFFFFFFFFFFFFFFFFFFFFFFFFFFF
[root@localhost ~]#
```

图 12-3

（4）创建一个共享名为 test，共享目录指向服务器的 /123 目录，并且客户端可以读写文件。首先需要在 Linux 上创建一个共享目录 123，并将这个目录设为任何人可读写，如图 12-4 所示。

```
[root@localhost /]# mkdir /123
[root@localhost /]# chmod 777  123_
```

图 12-4

（5）修改 Samba 服务器的配置文件 vim /etc/samba/smb.conf，如图 12-5 所示。

```
[root@localhost ~]# vim /etc/samba/smb.conf_
```

图 12-5

（6）将 74 行 workgroup = MYGROUP 修改为 WORKGROUP，如图 12-6 所示。

```
# Hosts Allow/Hosts Deny lets you restrict who can connect, and you
# specifiy it as a per share option as well
#
        workgroup = WORKGROUP_
        server string = Samba Server Version
;       netbios name = MYSERVER
;       interfaces = lo eth0 192.168.12.2/24 192.168.13.2/24
;       hosts allow = 127. 192.168.12. 192.168.13.
# --------------------------- Logging Options ------------------------
#
# Log File let you specify where to put logs and how to split them u
#
-- INSERT --                                                    74,23-
```


图 12-6

在配置文件的最下面添加如图 12-7 所示几行代码。

```
[test]
comment = test
path = /123
writable = yes
browseable = yes
valid users = chen
```

图 12-7

代码说明如下。

```
[test]
Comment = test                              //名称说明
Path = /123                                 //共享目录
Writeable = yes                             //用户对目录具有写权限
Browseable = yes                            //是否可浏览目录列表
Valid users = chen                          //表示用户 chen 可以访问
Valid users = user1  user2  @group          //不同的用户中间用空格隔开，如
```

果是指定组，可以在组名前加上@

（7）启动 Samba 服务器 service smb restart，如图 12-8 所示。

```
[root@localhost /]# service smb  restart
Shutting down SMB services:                              [FAILED]
Starting SMB services:                                   [  OK  ]
```

图 12-8

Windows 访问 Samba 服务器有如下 3 种方法。

① 网上邻居法（UNC 路径法）：打开网上邻居，看有无 Samba 服务器。如果有，直接打开；如果无，在“运行”中输入\\192.168.1.100 进行访问。

② 映射网络驱动器法：在 Windows XP 客户端中通过“映射网络驱动器”把 test 共享挂载到 Z 盘上。

③ 命令行法：在 cmd 中用命令 net use z: \\ 192.168.1.100\test。

Linux 访问 Samba 服务器有以下两种方法。

① 使用 smbclient 命令。

```
# smbclient  //192.168.1.100/test  -U  chen
```

② 使用 mount 命令。

```
#mount  -o  username=chen  //192.168.1.100/test  /123
```

上面命令的意思是把共享目录挂载到本地/123 目录中去。

以上是 Windows 访问 Linux 的 Samba 服务器的共享资源，其实也可以反过来，把 Windows 中的目录或文件共享，让 Linux 系统访问。

① 在 Windows XP 中把 D 盘共享出来，共享名为 d。

② 在 Linux 的桌面环境中，选择“位置”→“网络服务”菜单命令，打开“Windows 网络”可以查看 Windows 中的共享资源。

③ 也可以用挂载的方法让 Linux 访问 Windows 的共享资源。在 Linux 中使用 mount 命令把 D 盘挂载到/1 当中。

```
# mount  -t  cifs  -o  username=administrator  //192.168.1.200/d  /1
```

其中，-t　cifs　指定文件类型，CIFS (Common Internet File System)是一种通用 Internet 文件系统，在用 Windows 主机之间进行网络文件共享，它是通过使用微软公司自己的 CIFS 服务实现的。

-o username　指定 Windows 系统的用户名。

④ 可以让 Linux 共享 Windows 的打印机，在 Windows 安装打印机，并设置共享。在 Linux 中，选择“系统”→“管理”下面的“正在打印”菜单，添加打印机，选择“Windows printer via samba”这一项可以让 Linux 共享 Windows 打印机。

（8）共享无密码访问。

如何不要用户和密码认证就能直接访问 Samba 服务器，可以把 security = share 设为共享。如果下面有共享目录，要加上代码 public = yes。

（9）访问控制。

hosts allow = 192.168.1.　except　192.168.1.110

表示允许 192.168.1.0 网段主机访问，除去 192.168.1.110 这台主机。

（10）文件和目录的权限问题。

在 Linux 系统的目录中使用 ll 命令可以列出当前目录中所有文件和目录的详细信息，如图 12-9 所示。

```
[root@localhost ~]# ll
total 144
-rw-------. 1 root root  4278 Oct 25 11:04 anaconda-ks.cfg
-rw-r--r--. 1 root root 73830 Oct 25 11:04 install.log
-rw-r--r--. 1 root root 18083 Oct 25 11:03 install.log.syslog
drwxr-xr-x. 2 root root  4096 Oct 25 11:27
drwxr-xr-x. 2 root root  4096 Oct 25 11:27
drwxr-xr-x. 2 root root  4096 Oct 25 11:27
drwxr-xr-x. 2 root root  4096 Oct 25 11:27
drwxr-xr-x. 2 root root  4096 Oct 25 11:27
drwxr-xr-x. 2 root root  4096 Oct 25 11:27
drwxr-xr-x. 2 root root  4096 Oct 25 11:27
drwxr-xr-x. 2 root root  4096 Oct 25 11:27
[root@localhost ~]# _
```

图 12-9

其中：最前面的代码表示文件的类型：-表示文件，d 表示这一个目录。

下面是 3 个一组的　rwx　rwx　rwx

第一组表示文件主权限（user）；第二组表示用户组权限（group）；第三组表示其他用户权限（others）简写成　u　g　o　a 代表所有用户 all：

r 表示可读 read，对应数值 4；

w 表示可写 write，对应数值 2；

x 表示可执行 execute，对应数值 1。

用 chmod 修改文件或目录的权限。

【例】chmod 777 /home 表示让根目录下的 home 目录具有所有用户的可读、可写、可执行的权限。

chmod 640 /123 表示让根目录下的 123 目录具有用户可读写权限，组具有可读权限，其他用户没有权限。

2. NFS 服务

（1）打开两台 Linux 虚拟机（另外一台 Linux 虚拟机可以复制）。

（2）由于两台 Linux 虚拟机系统资源消耗太大，电脑会死机。因此，不要让 Linux 运行于图形界面，要开机直接进入字符界面。

（3）两台虚拟机都设置成“内部网络”，给这两台虚拟机设置 IP 地址（NFS 服务器的 IP：192.168.1.100，另外一台 Linux 客户机的 IP:192.168.1.101）。

（4）建立共享目录 #mkdir /123， 可以在/123 里面 touch 一个空的文件 456.txt。

（5）给一台虚拟机配置 NFS 服务器，配置文件为 exports，如图 12-10 所示。

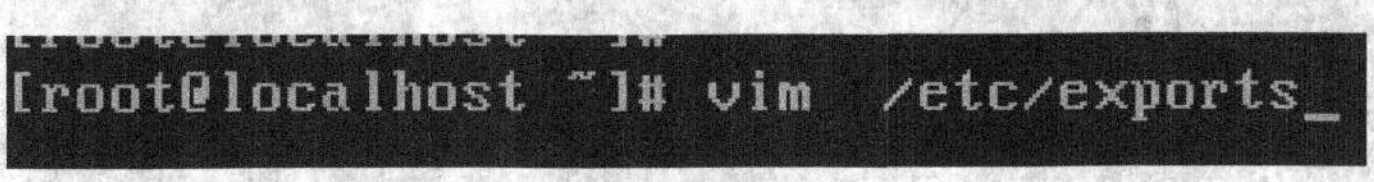

```
[root@localhost ~]# vim  /etc/exports_
```

图 12-10

这个配置文件默认是空，需要添加以下内容（红字部分），如图 12-11 所示。

```
/123     192.168.1.101(rw,sync)
```

图 12-11

<输出目录> 客户端 IP 选项

（6）启动 NFS 服务器： #service nfs restart。

（7）在另外一台虚拟机创建挂载点# mkdir /1，把共享目录/123 挂载过来。

#mount 192.168.1.100:/123 /1

（8）使用命令

#cd /1

#ls 查看一下目录里面有没有 456.txt 这个文件。

（9）打开 Windows 7 虚拟机，设置网络模式为“内部网络”，设置 IP 地址为 192.168.1.200。

（10）安装 NFS 客户端（“控制面板”→“程序和功能”）。

（11）打开 cmd 终端把 Linux 共享目录挂载到本地 G 盘上：mount \\192.168.1.100\123 g:。

（12）打开计算机，看看有没有多一个 G 盘的盘符。如果有的话，就是成功的。

（13）设置用户镜像及权限。

root_squash：根用户被映射到 nobody 用户访问共有资源。

no_root_squash：根用户不映射，在服务器上拥有根权限。

all_squash：所有用户映射到 nobody 上，以匿名身份访问。

sync：根据请求进行同步。

async：数据暂时存放在内存中，而非直接写入磁盘。

ro：只读权限。

rw：读写权限。

（14）让客户端开机自动挂载 NFS 服务器的共享资源，需要修改 /etc/fstab 文件，如图 12-12 所示。

```
[root@qq /]# vim /etc/fstab _
```

图 12-12

在这个配置文件最下面加上一段代码，如图 12-13 所示。

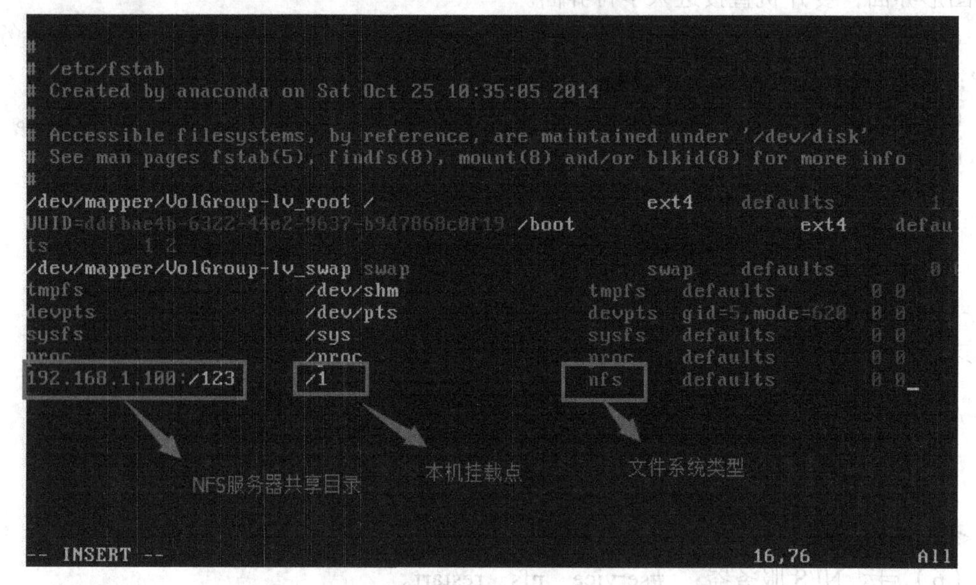

图 12-13

保存配置文件退出。重启 Linux，这样，客户端就可以自动挂载 NFS 服务器的共享资源了。

四、总结

通过这个项目的练习，可以了解 Linux Samba 和 NFS 服务的基本原理，学会配置 Samba 和 NFS 服务端、客户端的方法，以及在其他平台客户端的使用方法。

五、实训思考题与作业

1. Samba 综合题

打开两台虚拟机，一台 Linux，一台 Windows XP。Linux 服务器的 IP 为 192.168.1.100/24，网关为 192.168.1.254，DNS 为 192.168.1.100；Windows 的 IP 为 192.168.1.200/24。在 Linux

上安装 Samba 服务，要求如下：Linux 服务器中创建一个本地用户（用自己的名字）；给用户添加密码，修改 Samba 服务器的配置文件；创建一个共享名为 test，共享目录指向服务器的 /123 目录，并且客户端可以读写文件。让 Windows XP 可以访问 Linux。从 XP 中看到共享目录 test，双击打开 test，并在里面新建一个文件夹 456。

2. NFS 综合题

（1）共享/media 目录，允许所有客户端访问该目录并只有只读权限。

（2）共享/nfs/public 目录，允许 192.168.1.0/24 和 192.168.2.0/24 网段的客户端访问，并且对此目录只有只读权限。

（3）共享/nfs/works 目录，192.168.1.0/24 网段的客户端具有只读权限，并且将 root 用户映射成匿名用户。

（4）共享/nfs/security 目录，仅允许 192.168.1.01 客户端访问并具有读写权限。

PART 13

项目 13 VSFTP 服务器

一、学习目标

1. 知识目标

掌握 FTP 服务的工作原理。

2. 能力目标

学会配置 VSFTP 服务器。

掌握配置基于虚拟用户的 FTP 服务器的方法。

实践典型的 FTP 服务器配置案例。

二、理论基础

VSFTP 是“very secure FTP”的缩写，安全性是它的一个最大的特点。VSFTP 是一个 UNIX 类操作系统上运行的服务器的名字，它可以运行在诸如 Linux、BSD、Solaris、HP-UNIX 等系统上面，是一个完全免费的、开发源代码的 FTP 服务器软件，支持很多其他的 FTP 服务器所不支持的特征，比如，非常高的安全性需求、带宽限制、良好的可伸缩性、可创建虚拟用户、支持 IPv6、速率高等。VSFTP 是一款在 Linux 发行版中最受推崇的 FTP 服务器程序。特点是小巧轻快、安全易用。在开源操作系统中常用的 FTP 套件主要还有 ProFTP、PureFTP 和 wuFTP 等。

3 个文件共享资源软件相较，Samba 用于 Windows 和 Linux 之间跨平台进行访问；NFS 主要应用于类 UNIX 主机之间快速访问；VSFTP 用于文件传输，也就是各种平台共享资源需要下载时才能访问。

三、项目实施

Linux 的 FTP 服务器名称为 vsftpd，只有一个主配置文件/etc/vsftpd/vsftpd.conf，通过修改这个主配置文件达到配置 FTP 的目的，修改完保存退出。

首先先安装 vsftpd：# yum -y install vsftpd

注意，安装 vsftpd 时需要系统拥有 root 权限。

当安装好 vsftpd 后，在/etc/vsftpd 中有 4 个文件：

① ftpusers　　　　　　　//文件中包含的用户不可以登录

② user_list　　　　　　//可以实现 ftpusers 的功能，通过配置还可以实现使该列表里面的用户可以登录

③ vsftpd.conf　　　　　//主配置文件

④ sftpd_conf_migrate.sh　//程序的一些变量等，不必理会，可以使用如下命令将服务开启或者关闭：

```
service vsftpd start      //开启服务
service vsftpd stop       //关闭服务
service vsftpd restart    //重启服务
```

Linux 的 vsftp 服务支持 3 种用户：一是匿名账户；二是本地账户；三是虚拟账户

1．匿名用户（ftp、anonymous）

anonymous_enable=YES：允许匿名用户 ftp、anonymous 登录。

no_anon_password=YES：匿名用户登录时不出现登录密码提示。

匿名用户的默认的目录为/var/ftp，可以用 anon_root=/ftp 修改匿名访问的目录。

anon_world_readable_only=YES：允许匿名用户下载。

anon_upload_enable=YES：允许匿名用户上传文件（两个条件：一是 write_enable=YES；二是匿名用户对这个目录拥有写权限 chmod o+w 目录）。

anon_mkdir_write_enable=YES：允许匿名用户创建新目录。

anon_other_write_enable=YES：允许匿名用户具有更改、删除目录和文件的权限。

2．本地用户（localuser）

（1）创建两个本地用户：chen 和 wang。

（2）local_enable=YES：本地用户可以登录 vsftp 服务器。

（3）默认情况下，账户 chen 只访问/home/chen；账户 wang 只访问 /home/wang 也就是说，本地用户一般只可以访问自身的家目录。

（4）local_root=/ftp：改变本地用户访问的家目录为/ftp，让所有本地用户都访问到这个目录。

（5）让本地账户只能访问自身目录，而不能通过 cd 命令切换到其他目录，这是为了解决本地用户登录后造成的不安全现象，可以将本地用户禁锢在其宿主目录中。

chroot_local_user=NO：用户可以通过 cd 切换到其他目录，如果改为 YES，则所有用户都不能切换目录。

chroot_list_enable=YES：限制特定用户只能访问自身的家目录，而不能通过 cd 切换到其他目录中去。

chroot_list_file=/etc/vsftpd/chroot_list：限定的用户列表（这些用户不能切换到其他目录），创建 chroot_list 文件，在里面输入用户名。

隔离用户访问。

（6）useradd –d /chen chen：根目录下的/chen 让 useradd 自动创建。

（7）useradd -d /wang wang：根目录下的/wang 让 useradd 自动创建。

（8）在/chen 和/wang 两个目录中用 touch 命令创建两个文件 chen.txt 和 wang.txt 作为测试用。

（9）service vsftpd restart：启动 VSFTP 服务器。

不同的用户 FTP 访问权限内容不同。

在 vsftpd.conf 配置文件里面添加下面的这句：

user_config_dir=/etc/vsftpd　　//指定每个用户账号配置目录。

（10）在/etc/vsftpd 中创建与用户名同名的文件。

（11）vim chen：在这个文件中添加 local_root=/chen。

（12）vim wang：在这个文件中添加 local_root=/wang。

在 chen 和 wang 这两个配置文件中的语句只针对各自的用户有效，还可以在这两个配置文件添加其他的语句，如 max_clients=N 来设置最大连接数。通过这个方法可以对不同用户的权限和属性进行个性化定制。

3. 虚拟用户（guest、virtualuser）

匿名账户可以很好地保证FTP服务器的安全性，但是对匿名用户的权限管理不够灵活。如果想对访问 FTP 的账户给予更多的权限，就可以用本地账户来实现。但是本地账户在默认情况下是可以登录 Linux 系统的，这对 Linux 系统来说是一个安全隐患。那么怎么在灵活的赋予 FTP 用户权限的前提下，保证 FTP 服务器乃至整个 Linux 系统的安全呢？使用虚拟用户就是一种解决办法。

开始配置前，先大概了解下 FTP 虚拟用户的工作原理：虚拟用户，顾名思义，并不是一个合法的 Linux 系统账户，但是可以用来登录该系统上运行的 FTP 服务器。

当用户在连接上 FTP 服务器后，会被要求输入用户名和密码。FTP 服务器在拿到这个用户名和密码后，会调用相应的 PAM 认证模块对，和系统中的 FTP 认证文件进行比较。如果该用户名和密码与 FTP 认证文件中的某条记录相符，就通过认证，然后该账户就被映射成一个 Linux 下的本地账户，使用该本地账户对 FTP 资源进行访问；否则就断开该连接请求。了解了 FTP 虚拟用户的工作原理后，就可以开始配置 FTP 虚拟用户了。

整个过程可以分为以下几个步骤。

（1）准备一个虚拟用户的口令库文件。该文件中保存的用户名和密码是用户连接 FTP 服务器时，需要输入的用户名和密码。文件可以自己创建，位置无关紧要，文件格式：奇数行为用户名，偶数行为密码。先在/etc/vsftpd 目录下面创建一个 login.txt 口令库文件。

例如：vim login.txt//创建一个名为 login.txt 的虚拟用户口令库文件。

```
Vchen           //虚拟用户 vchen
123             //虚拟用户 vchen 的密码
Vwang           //虚拟用户 vwang
123             //虚拟用户 vwang 的密码
:wq 保存退出。
```

（2）用刚才建立的虚拟用户口令库文件生成 FTP 服务器的认证文件。该认证文件是一个被加密后的密文。PAM 在调用相应的认证模块后，会对从 FTP 服务器发来的用户名和密码进行加密，然后再跟该文件进行对比，发现相符条目后，登录用户才会被允许登录。

```
db_load -T -t hash -f  /etc/vsftpd/login.txt /etc/vsftpd/login.db
```

为了进一步保证安全，可以将该 FTP 认证文件的权限设置为 600。

（3）建立虚拟用户所需要的 PAM 配置文件。由于 FTP 服务器在接收到用户的用户名和口令后会调用 PAM 认证，所以还要创建虚拟用户的 PAM 配置文件，并将该文件保存在/etc/pam.d 目录下，文件名暂时取为 vsftpd。这里要注意一点就是，该文件名要与 FTP 服务主配置文件（/etc/vsftpd/vsftpd.conf）中的 pam_service_name=vsftpd 选项的选项值相同。

创建好该文件后，将下面的内容加入到该文件中:（以下配置文件内容不需要记忆，在/usr/share/doc/dhcp-2.2.2/EXAMPLE/VIRTUAL_USERS 中有模板）

```
auth  required  /lib/security/pam_userdb.so  db=/etc/vsftpd/login
account required /lib/security/pam_userdb.so  db=/etc/vsftpd/login
```

改好后，保存退出(注意，/etc/pam.d/vsftpd 这个文件只能有上面两行代码有效，其他内容用#号注释掉或者把其他内容删除)。

（4）由于用户在通过 PAM 的认证后要被映射成一个本地用户，所以还要建立一个本地用户供虚拟用户使用。

这时只需要对该本地用户赋予 FTP 主目录的适当访问权限就行。即使 FTP 服务器遭到攻击，这个本地用户也没有访问其他目录的权限，相对比较安全一些。

useradd -d /chen -s /sbin/nologin chen　　//用户名为 chen，主目录为根目录下的/chen，并且不能登录系统

useradd -d /wang -s /sbin/nologin wang　　//用户名为 wang，主目录为根目录下的/wang，并且不能登录系统

（5）为不同的虚拟用户分配权限。

首先在 FTP 的主配置文件中加 3 个选项:

```
anonymous_enable=NO            //禁止匿名用户登录
pam_service_name=/vsftpd       //这一项是配置文件中默认有的
user_config_dir=/etc/vsftpd    //指定不同用户配置文件存放的目录
```

在/etc/vsftpd 目录下用 VIM 编辑器创建两个文件 vchen 和 vwang，这两个文件的文件名与虚拟用户同名，并且存放了两个虚拟用户的相关的配置信息。

```
vim vchen
guest_enable=YES          //定义启动虚拟账户
guest_username=chen       //把虚拟账户映射成本地账户
vim vwang
guest_enable=YES          //定义启动虚拟账户
guest_username=wang       //把虚拟账户映射成本地账户
```

可以根据实际需求为两个虚拟账户添加下面的选项和值:（在 vsftp 中把虚拟账户看成匿名账户，所以权限设置用匿名账户进行配置）

```
anon_world_readable_only=NO     //表示用户可以浏览 FTP 目录和下载文件
anon_upload_enable=YES          //表示用户可以上传文件
anon_mkdir_write_enable=YES     //表示用户有创建和删除目录的权限
anon_other_write_enable=YES     //表示用户具有修改文件名和删除文件的权限
```

（6）启动 vsftpd 服务器：Service vsftpd restart。

（7）在 Windows 客户端测试。

4. 磁盘配额

磁盘配额是针对分区（在 Windows 中是驱动器图标）来操作的，而 Linux 分区要挂载到目录中，可以针对 / 根分区做磁盘配额，也可以针对挂载到系统中的其他分区做磁盘配额。本例中通过安装一块新的虚拟硬盘分区格式化后挂载到一个目录中去，来实现配额。（注意：在做磁盘配额前必须要把 seLinux 关闭。）

（1）在 VirutalBox 虚拟机中增加一块虚拟的硬盘，如图 13-1 所示。

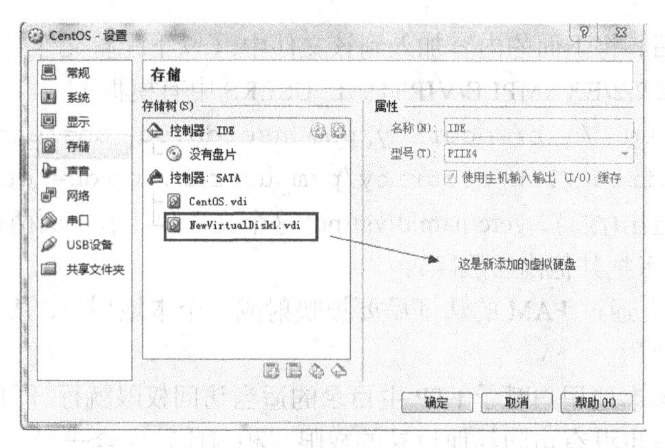

图 13-1

（2）进入 Linux 系统，利用 fdisk /dev/sdb 对新加入的硬盘进行分区，如图 13-2 所示。

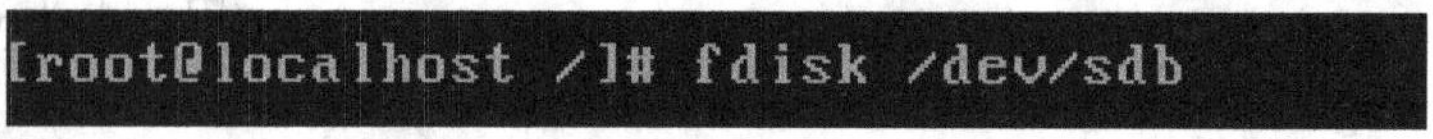

```
[root@localhost /]# fdisk /dev/sdb
```

图 13-2

（3）格式化分区。

fdisk 是 Linux 的分区工具，详细的用法请查阅相关教材。这里只把这个硬盘分一个主分区，因为显示的是 /dev/sdb1，如图 13-3 所示。

```
[root@localhost /]# mkfs -t ext3  /dev/sdb1
```

图 13-3

（4）现在把 /dev/sdb1 这个分区作为磁盘配额的一个试验分区。先把它挂载到系统中去，修改/etc/fstab，如图 13-4 和图 13-5 所示。

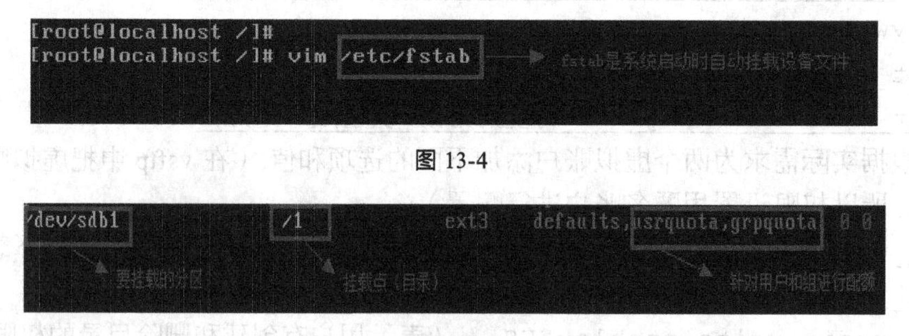

图 13-4

图 13-5

（5）修改完后需要重新启动 Linux 让配置生效，也可以用命令#mount -o remount /1 让配置立即生效，如图 13-6 所示。

```
[root@localhost /]# mount -o remount /1_
```

图 13-6

（6）执行命令 #quotacheck –cumg /1 初始化配额文件，在挂载目录/1 下面会自动生成两个配额管理文件 aquota.user 和 aquota.group，如图 13-7 和图 13-8 所示。

```
[root@localhost /]# quotacheck -cumg  /1
```

图 13-7

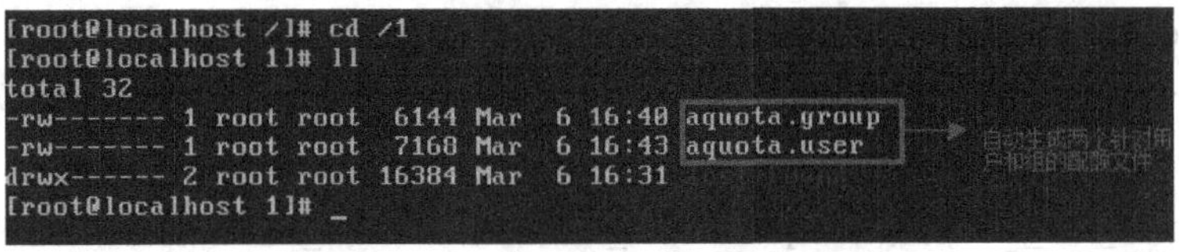

```
[root@localhost /]# cd /1
[root@localhost 1]# ll
total 32
-rw------- 1 root root  6144 Mar  6 16:40 aquota.group
-rw------- 1 root root  7168 Mar  6 16:43 aquota.user
drwx------ 2 root root 16384 Mar  6 16:31
[root@localhost 1]# _
```

图 13-8

（7）使用 edquota 命令设置用户和用户组的配额。

edquota -u ding：给用户 ding 设置配额（如果系统没有用户 ding，还需要创建），如图 13-9 和图 13-10 所示。

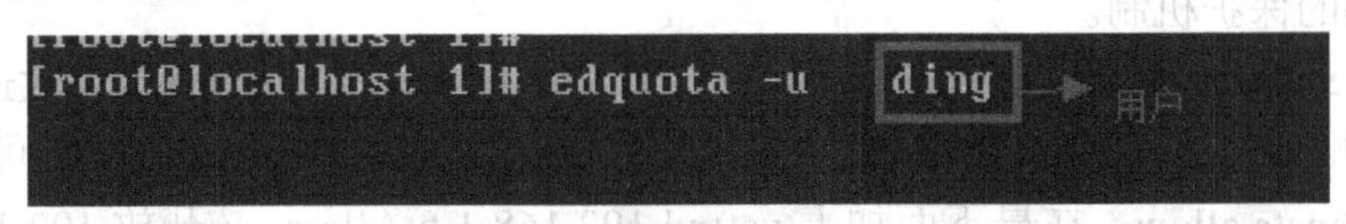

图 13-9

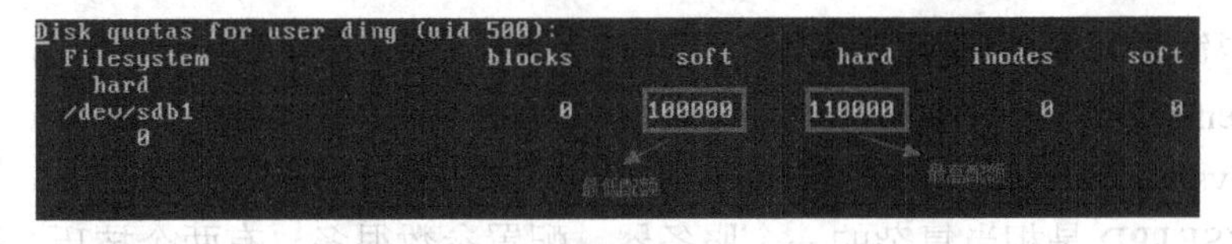

图 13-10

edquota -g ding：给组 ding 设置配额，方法同上。

（8）启动配额，如图 13-11 所示。

#quotaon /dev/sdb1 或者 #quotaon /1 或者 #quotaon –a

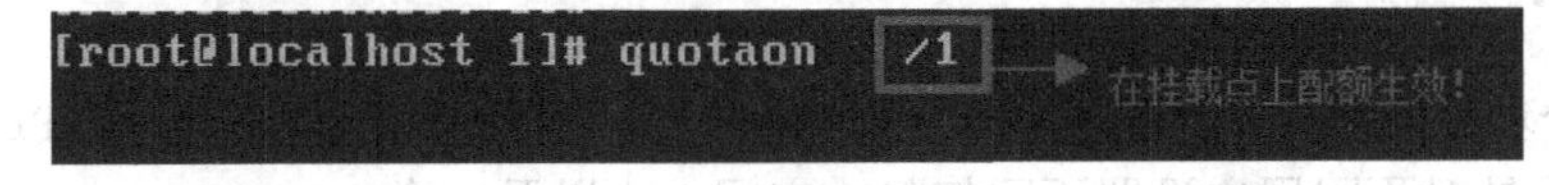

图 13-11

（9）在设置磁盘配额后，用 ding 账户登录到 FTP 中，上传一个大于配额的文件，会发现报错。这样配额就生效了。

5. 关于 VSFTP 服务器细节的补充说明

（1）如果客户端登录 VSFTP 服务器很慢，只要加一句 reverse_lookup_enable=NO，表示不查找 DNS 服务器，因为查找服务器非常耗时间。

（2）local_root=path ：指定本地用户的根目录。

（3）anon_root=path ：指定匿名用户的根目录。

（4）user_config_dir=path ：指定用户个人配置文件所在的目录，用户的个人配置文件为该目录中的同名文件。

（5）anon_max_rate=0 ：指定匿名用户最大的传输速度。

（6）local_max_rate=0 ：指定本地用户最大的传输速度。

（7）max_clients=0 ：指定 VSFTP 允许的最大连接数。

（8）max_per_ip=0 ：指定每个 IP 地址允许建立的最大连接数。

（9）accept_timeout=60 ：指定 PASV 模式的连接超时时间（秒）。

（10）connect_timeout=60 ：指定 PORT 方式的连接超时时间。

（11）data_connection_timeout=300 ：FTP 数据的连接超时时间。

（12）idle_session_timeout=600 ：限制空闲时间过多久就中断连接。

（13）chroot_list_enable=YES ：锁定用户在宿主目录中，不能通过 cd 切换到系统其他目录中去。

（14）chroot_list_file=/etc/vsftpd/chroot_list ：在 chroot_list 中存放的是被锁定的用户列表，这些用户只能在其宿主目录中操作，不能通过 cd 切换到系统其他目录中去。

（15）ftpd_banner=char ：设置 FTP 登录时的欢迎信息。

（16）限制客户端可连接的 IP 地址。

tcp_wrappers=YES ：tcp_wrappers 是一种使用访问控制列表 (ACL) 来防止主机名和主机地址欺骗的保护机制。

ACL 是 /etc/hosts.allow 和 /etc/hosts.deny 文件中的系统列表。因此还要修改这两个文件。

Vim /etc/hosts.deny　在最下面加上 vsftpd:all:Deny　//限制所有网段都不可以连接

Vim /etc/hosts.allow　在最下面加上 vsftpd:192.168.1.*:Allow　//开放 192.168.1.0 网段可以连接

（17）限制黑名单用户。

userlist_enable=YES

vim /etc/vsftpd/user_list 在这个文件中加入黑名单用户名

总结：VSFTPD 是相当复杂的一个服务器，配置参数很多。有两个技巧，一是 man vsftpd.conf 在这个里面所有的命令参数全有，不需要记忆；二是/usr/share/doc/vsftpd-2.2.2 中有大量的范例，学会利用。

四、总结

通过这个项目的练习，可以了解 VSFTP 的原理，学会配置基本的 VSFTPD 服务器，VSFTP 服务器针对不同用户设置不同权限、空间大小以及安全。

五、实训思考题与作业

1．为什么说 VSFTP 是安全的？简要说出一两点。

2．在虚拟机中启动一台 Linux 作为 VSFTP 服务器，配置 IP 地址为 192.168.100；在该系统中添加 chen 和 wang。

（1）确保系统安装好 vsftpd 软件，并正确启动。

（2）设置匿名账号具有上传、创建目录权限。

（3）利用/etc/vsftpd/ftpusers 文件设置禁止本地 wang 用户登录 FTP 服务器。

（4）设置用户登录 FTP 服务器之后，欢迎信息为“welcome to vsftp server”。

（5）设置将所有本地用户都锁定在/home 目录中。

（6）配置基于主机的访问控制，实现如下功能：

拒绝 192.168.1.200 主机访问。

PART 14

项目14 DNS服务器

一、学习目标

1. 知识目标

了解DNS服务器的作用及其在网络中的重要性。

2. 能力目标

掌握常规DNS服务器的安装与配置。

掌握辅助DNS服务器的配置。

掌握转发服务器、缓存服务器、子域与区域委派的配置。

掌握DNS服务的测试。

二、理论基础

1. DNS

DNS，全称Domain Name System，即域名解析系统。由于IP地址比较复杂，难以记忆，因此产生了DNS。DNS就像是一本电话本，里面有域名地址与IP地址对应的条目。当使用域名来访问网站或者服务时，DNS负责到它的数据库里面查询与之匹配的IP地址，然后访问。DNS协议运行在UDP协议之上，使用端口号53。

DNS重要性：从技术角度看，DNS解析是互联网绝大多数用户应用的实际寻址方式，是域名技术的再发展以及基于域名技术的多种应用，丰富了互联网应用和协议。从资源角度看，域名是互联网上的身份标识，是不可重复的唯一标识资源。

2. DNS的结构

DNS是一个分层级的分散式名称对应系统，有点像电脑的目录树结构（如图14-1所示）：在最顶端的是一个“root”，其下分为好几个基本类别名称，如com、net、edu等；再下面是组织名称，如redhat、centos、google等；继而是主机名称如www、news、mail等。DNS的层级名称及代表意义如表14-1所示。

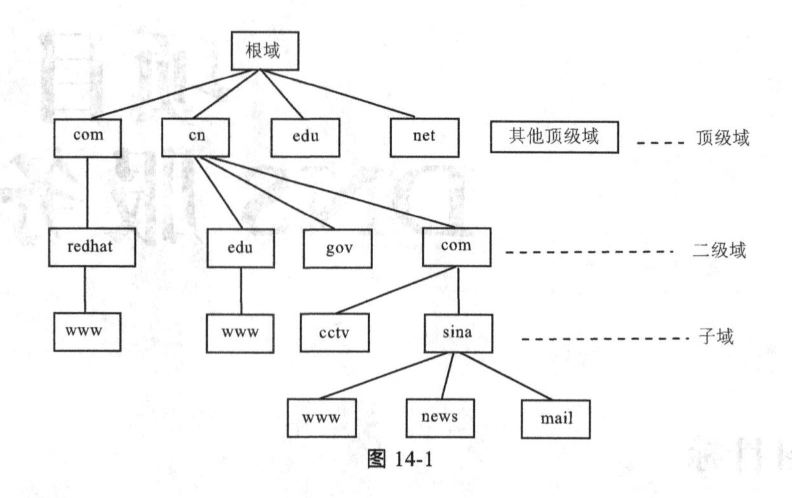

图 14-1

表 14-1

名　称	代表意义
com	表示商业机构（commercial organization）
edu	表示教育机构（educational institution）
net	表示网络服务机构（networking organization）
org	表示非营利性组织（Non-profitMaking Organization）
gov	表示政府机构（government）
mil	军队 (military)

3. 域名常用查询方式

当 DNS 客户端向 DNS 服务器查询地址后，或 DNS 服务器向另外一台 DNS 服务器查询 IP 地址时，共有两种查询模式。

（1）递归查询：也就是 DNS 客户端送出查询要求后，如果 DNS 服务器内没有需要的数据，则 DNS 服务器会代替客户端向其他的 DNS 服务顺序查询。DNS 客户端一旦发起查询请求，只是等待最终的结果。这有点像领导布置给下属的工作一样，只问最终结果，不问具体过程。

（2）迭代查询：一般 DNS 服务器与 DNS 服务器之间的查询属于这种查询方式。当第一台 DNS 服务器在向第 2 台 DNS 服务器提出查询要求后，如果第 2 台 DNS 服务器内没有所需要的数据，则它会提供第 3 台 DNS 服务器的 IP 地址给第 1 台。这有点像公司中层干部亲自去过问工作任务，反复地去各部门收集数据整理，最后把最终结果汇报上层领导。

客户端查询域名的过程如图 14-2 所示。

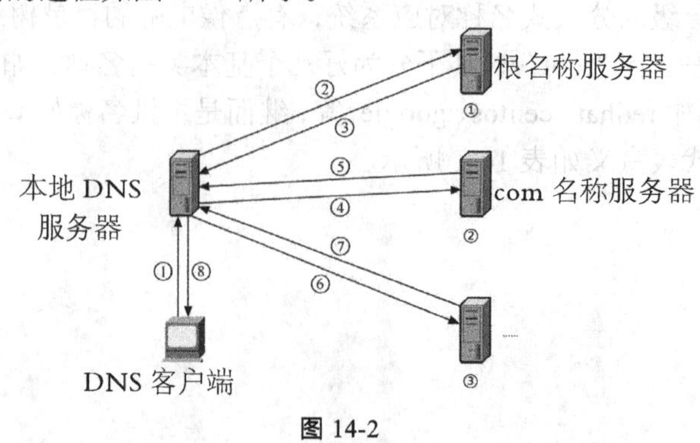

图 14-2

三、项目实施

1. 简单 DNS 服务器的配置

打开一台 Linux 虚拟机，再打开一台 Windows XP 作为测试用的客户机，下面以 qq.com 这个域名为例来讲解 CentOS 6.4 中 DNS 服务器的配置方法。

（1）两台虚拟机网络模式都为“内部网络”，再分别给这两台电脑配置 IP 地址，Linux 的 IP 为 192.168.1.100，子网掩码为 255.255.255.0，DNS 服务器为 192.168.1.100　Windows XP 的 IP 为 192.168.1.200，子网掩码为 255.255.255.0，DNS 服务器为 192.168.1.100。

（2）DNS 的配置文件一共有 4 个，下面是对这 4 个配置文件进行修改。

① vim /etc/named.conf （把下面中框选的文字替换为 any，一共有 3 处替换）。

```
options {
        listen-on port 53 { 127.0.0.1; };
        listen-on-v6 port 53 { ::1; };
        directory       "/var/named";
        dump-file       "/var/named/data/cache_dump.db";
        statistics-file "/var/named/data/named_stats.txt";
        memstatistics-file "/var/named/data/named_mem_stats.txt";
        allow-query     { localhost; };
        recursion yes;
```

图 14-3

② vim /etc/named.rfc1912.zones　（正向解析和反向解析区域）。

把图 14-4 所示这两段代码进行修改，改后如图 14-5 所示。

```
zone "localhost" IN {
        type master;
        file "named.localhost";
        allow-update { none; };
};
```

```
zone "1.0.0.127.in-addr.arpa" IN {
        type master;
        file "named.loopback";
        allow-update { none; };
};
```

图 14-4

此处为正向解析，域名为 qq.com，正向解析的区域文件为 qq.com.zone。

图 14-6 所示为反向解析，反向解析的区域文件为 1.168.192.rev。

```
zone "qq.com" IN {
        type master;
        file "qq.com.zone";
        allow-update { none; };
};
```

图 14-5

```
zone "1.168.192.in-addr.arpa" IN {
        type master;
        file "1.168.192.rev";
        allow-update { none; };
};
```

图 14-6

③ 生成正向解析文件，如图 14-7 所示，并对其进行修改。

#cd /var/named　　//进入区域文件所在的目录

#cp -p　named.localhost　qq.com.zone　　//复制正向解析区域的模板文件为 qq.com.zone，参数 -p 表示复制保留原文件的属性

vim　qq.com.zone　　//打开正向解析区域文件并修改

```
[root@localhost /]# cd /var/named
[root@localhost named]# ll
total 32
drwxr-x---. 6 root  named 4096 Dec  5 08:59
drwxrwx---. 2 named named 4096 Feb 22  2013
drwxrwx---. 2 named named 4096 Feb 22  2013
-rw-r-----. 1 root  named 1892 Feb 18  2008 named.ca
-rw-r-----. 1 root  named  152 Dec 15  2009 named.empty
-rw-r-----. 1 root  named  152 Jun 21  2007 named.localhost
-rw-r-----. 1 root  named  168 Dec 15  2009 named.loopback
drwxrwx---. 2 named named 4096 Feb 22  2013
[root@localhost named]# cp -p named.localhost qq.com.zone
[root@localhost named]# vim qq.com.zone
```

图 14-7

图 14-8 所示是原始文件内容。

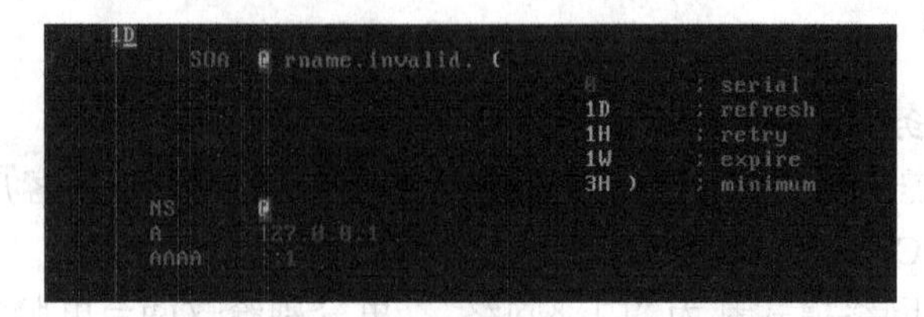

图 14-8

修改为图 14-9 所示的内容（注意修改的地方）。

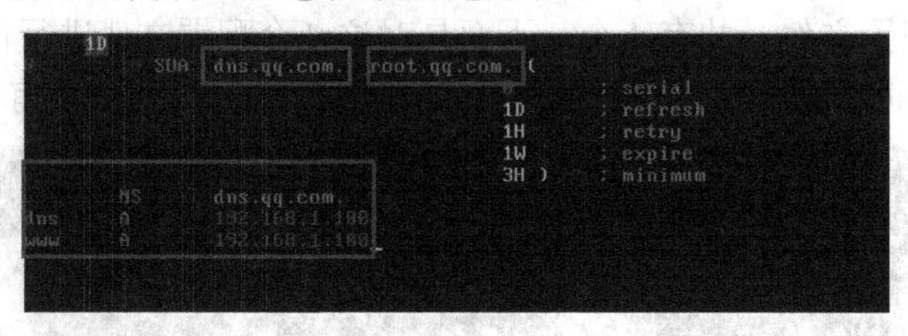

图 14-9

MX 10 mail.qq.com　　//这是一个邮件 MX 记录，等讲到邮件服务器的时候就有作用了，现在先在这里做好保留。

下面简单介绍一下 DNS 区域文件中各参数的含义：

$TTL：DNS 缓存时间，单位：秒。

SOA 记录

◆ 主域名服务器：区域的 DNS 服务器的 FQDN。

◆ 管理员：管理员邮件地址中的@用.代替。

◆ 序列号 serial：区域复制依据，每次主要区域修改完数据后，要手动增加它的值。

◆ 刷新间隔 refresh：默认以秒为单位，也可另写明时间单位，是辅助 DNS 服务器请求与源服务器同步的等待时间。当刷新间隔到期时，辅助 DNS 服务器请求源服务器的 SOA 记录副本。然后，辅助 DNS 服务器将源服务器的 SOA 记录的序列号与其本地 SOA 记录的序列号比较，如果不同，则辅助 DNS 服务器从主要 DNS 服务器请求区域传输。这个域的默认时间是 900 秒。

◆ 重试时间 retry：默认以秒为单位，也可写明时间单位，表示辅助 DNS 服务器在请求失败后，等待多长时间重试。通常这个时间应该短于刷新时间。默认为 600 秒。

◆ 过期时间 expire：默认以秒为单位，也可写明时间单位，当这个时间到期时，如辅助 DNS 服务器还无法与源服务器进行区域传输，则辅助 DNS 服务器会把它的本地数据当作不可靠数据。默认值是 86 400 秒。

◆ TTL：默认以秒为单位，也可写明时间单位，表示区域的默认生存时间和缓存否定应答名称查询的最大间隔。默认值是 3 600 秒。

关于记录的写法如下。

NS 记录：区域名	IN	NS	FQDN
A 资源记录：FQDN	IN	A	IP 地址
CNAME 资源记录：别名	IN	CNAME	主机名
MX 资源记录：区域名	IN	MX 5	邮件服务器的 FQDN 名

④ 生成反向解析文件，如图 14-10 所示，并对其进行修改。

```
[root@localhost named]# cp -p named.loopback 1.168.192.rev
[root@localhost named]# vim 1.168.192.rev
```

图 14-10

图 14-11 所示是原始文件内容。

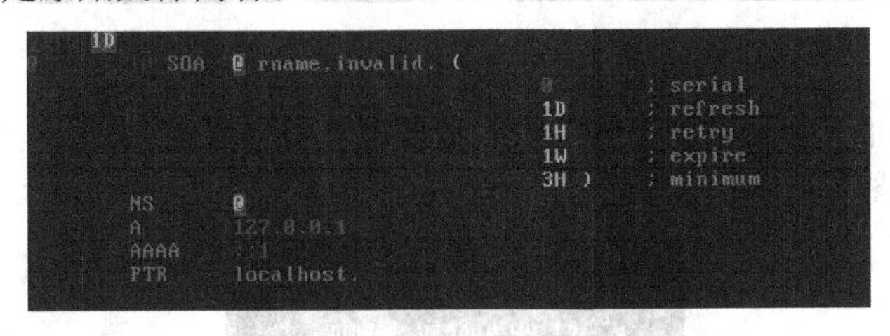

图 14-11

修改为图 14-12 所示的内容（注意修改的地方）。

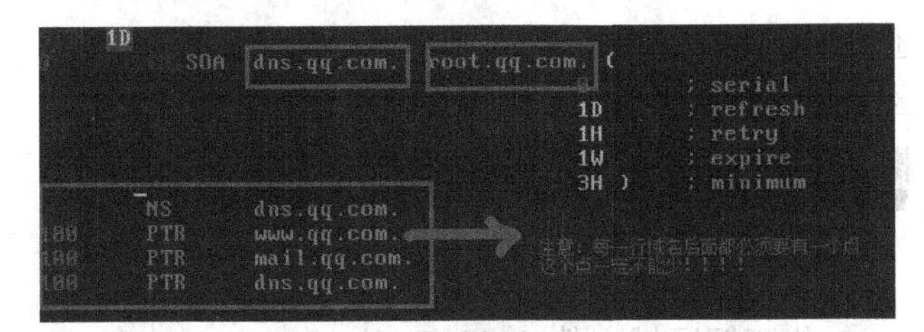

图 14-12

注意：每一个域名最后一定要跟一个小圆点“.”。

⑤ 启动 DNS 服务器　service　named　restart，如图 14-13 所示。

```
[root@localhost ~]# service  named restart
Stopping named:                                            [  OK  ]
Generating /etc/rndc.key:                                  [  OK  ]
Starting named:                                            [  OK  ]
[root@localhost ~]#
```

图 14-13

⑥ 如果没有错误。在 Windows XP 中用 ping　www.qq.com 测试看看能否返回 192.168.1.100 的 IP 地址，如图 14-14 所示。如果正常，说明 DNS 已经能正常工作了。也可以使用 nslookup 工具进行测试。

```
C:\Documents and Settings\Administrator>ping www.qq.com

Pinging www.qq.com [192.168.1.100] with 32 bytes of data:

Reply from 192.168.1.100: bytes=32 time<1ms TTL=64
Reply from 192.168.1.100: bytes=32 time<1ms TTL=64
Reply from 192.168.1.100: bytes=32 time<1ms TTL=64
Reply from 192.168.1.100: bytes=32 time<1ms TTL=64

Ping statistics for 192.168.1.100:
    Packets: Sent = 4, Received = 4, Lost = 0 (0% loss),
Approximate round trip times in milli-seconds:
    Minimum = 0ms, Maximum = 0ms, Average = 0ms
```

图 14-14

2. 关于多域名的 DNS 设置

以上介绍的是单域名的 DNS 的应用，域名为 qq.com。如果这个时候还需要再建立一个域名 baidu.com。这时需要做如下修改：

vim / etc/named.rfc1912.zones　（正向解析和反向解析区域）

把图 14-15 所示两段代码再复制一份，在 vim 命令模式下按 V 键进入块选择，反白选中后，如图 14-16 所示。

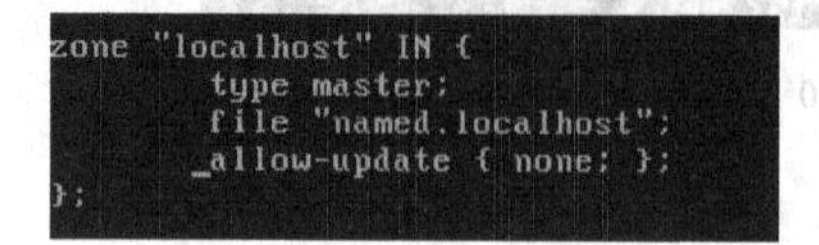

图 14-15

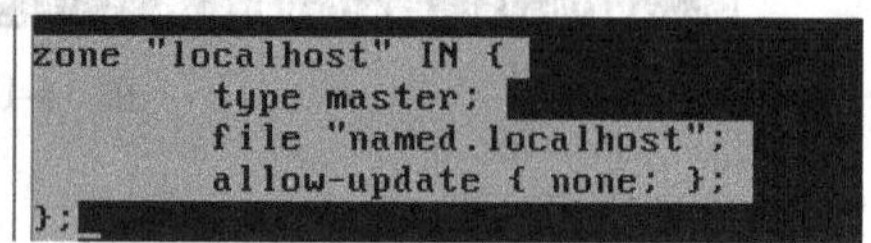

图 14-16

按 Y 键复制，把光标移动到需要粘贴的地方按 P 键即可。

再将其修改为图 14-17 所示代码。

```
zone "baidu.com" IN {
        type master;
        file "baidu.com.zone";
        allow-update { none; };
};
```

图 14-17

反向解析文件还是 1.168.192.rev 不变。

再进入正反向区域文件的目录中，做如图 14-18 所示修改。

```
[root@localhost named]# cp -p named.localhost  baidu.com.zone
```

图 14-18

复制一份 baidu.com 的正解区域文件 baidu.com.zone。

vim baidu.com.zone 做如图 14-19 所示修改。

vim　1.168.192.rev　修改反向解析文件，如图 14-20 所示。

```
        1D
        SOA  dns.baidu.com.  root.baidu.com. (
                                    0       ; serial
                                    1D      ; refresh
                                    1H      ; retry
                                    1W      ; expire
                                    3H )    ; minimum
        NS      dns.baidu.com.
dns     A       192.168.1.100
www     A       192.168.1.100
```

图 14-19

```
        1D
        SOA  dns.qq.com.  root.qq.com. (
                                    0       ; serial
                                    1D      ; refresh
                                    1H      ; retry
                                    1W      ; expire
                                    3H )    ; minimum
        NS      dns.qq.com.
100     PTR     dns.qq.com.
100     PTR     www.qq.com.
100     PTR     www.baidu.com.
```

图 14-20

注意

这里的名称服务器 NS 仍然是 dns.qq.com. 没有变化。名称服务器只是 DNS 服务器的名称，没有太大实际意义。

3. 惟缓存 DNS 服务器和转发器的应用

当刚安装好 DNS 服务器时，它就是一个缓存 DNS 服务器，不需要做任何修改配置。惟缓存 DNS 服务器没有自己的区域文件，它直接把客户端的 DNS 请求发往根域服务器，并把客户端查询结果通过缓存保存在本机，如果下次有相同的查询请求时，就不需要再次去访问根域，而直接从缓存中查询调取，从而减少了 NS 客户端访问外部 DNS 服务器的网络流量，并且降低了 DNS 客户端解析域名的时间，因此在网络上被广泛使用。

如果本地 DNS 服务器不能解析，还可以转发给其他特定的服务器来解析（惟缓存服务器必须要联网，转发给根域解析，并做缓存），因此要设置转发，只要在 /etc/named.conf 这个文件中加上 forwarders { 其他 DNS 服务器的 IP 地址；}；并把 dnssec-validation 的参数改为 no 即可，如图 14-21 所示。

dnssec 是为解决 DNS 欺骗和缓存污染而设计的一种安全机制，正常 yes 开启，在做转发器时必须关闭。

以上命令是将所有的请求都转发，如果只针对特定区域转发，就把转发语句写在具体区域里面即可，如图 14-22 所示。

```
options {
        listen-on port 53 { 127.0.0.1; };
        listen-on-v6 port 53 { ::1; };
        directory       "/var/named";
        dump-file       "/var/named/data/cache_dump.db";
        statistics-file "/var/named/data/named_stats.txt";
        memstatistics-file "/var/named/data/named_mem_stats.txt";
        allow-query     { localhost; };
        recursion yes;

        dnssec-enable yes;
        forwarders  { 61.177.7.1; };
        dnssec-validation no;
        dnssec-lookaside auto;
-- INSERT --                                    22,22-29      Top
```

图 14-21

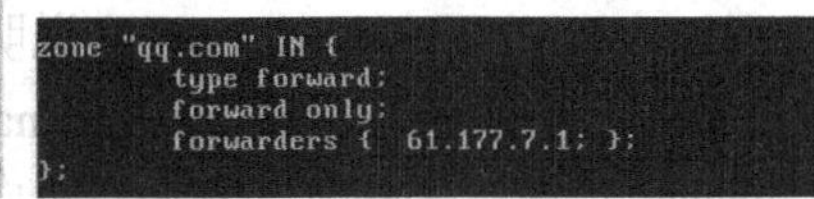

图 14-22

这样就可以只针对 qq.com 的域进行转发，而其他域不转发。

4．辅助 DNS 服务器

设置辅助服务器是为了对 DNS 实现负载平衡，如果一台服务器宕机，那么另外一台服务器接着提供域名的解析工作。两台服务器提供的域名解析是一样的。

（1）在客户端设置首选（主）DNS 服务器和备份 DNS 服务器，如图 14-23 所示。

首选 DNS 服务器地址就是第一台服务器的 IP 地址 192.168.1.100；备用 DNS 服务器地址就是第二台辅助 DNS 服务器的 IP 地址 192.168.1.101。（一般客户端都是由 DHCP 服务器自动分配地址以及 DNS 服务器地址，不需要手动设置。）

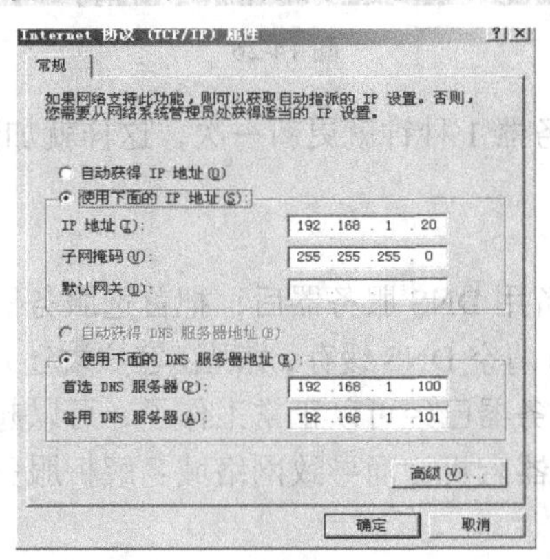

图 14-23

（2）配置首选 DNS 服务器。

主 DNS 服务器的第一个配置文件 /etc/named.conf 需要修改，请参看图 14-13；修改 /etc/named.rfc1912.zones 这个文件，把 allow-update { none; }；修改为 allow-transfer { 192.168.1.101; };，如图 14-24 所示，后面的是辅助 DNS 服务器的 IP 地址。再重启首选（主）DNS 服务器。

（3）配置辅助 DNS 服务器。

也需要修改 named.rfc1912.zones 这个文件，改后如图 14-25 所示。

```
zone "qq.com" IN {
        type master;
        file "qq.com.zone";
        allow-transfer { 192.168.1.101; };
};

zone "1.0.0.0.0.0.0.0.0.0.0.0.0.0.0.0.0.0.0.0.0.0.0.0.0.0.0.0.0.0.0.0.ip6.a
IN {
        type master;
        file "named.loopback";
        allow-update { none; };
};

zone "1.168.192.in-addr.arpa" IN {
        type master;
        file "1.168.192.rev";
        allow-transfer { 192.168.1.101; };
};
```

图 14-24

```
zone "qq.com" IN {
        type slave;
        file "slaves/qq.com.zone";
        masters { 192.168.1.100; };
};

zone "1.0.0.0.0.0.0.0.0.0.0.0.0.0.0.0.0.0.0.0.0.0.0.0.0.0.0.0.0.0.0.0
IN {
        type master;
        file "named.loopback";
        allow-update { none; };
};

zone "1.168.192.in-addr.arpa" IN {
        type slave;
        file "slaves/1.168.192.rev";
        masters { 192.168.1.100; };
};
```

图 14-25

其中，type slave;：说明这是一个辅助 DNS 服务器。

masters { 192.168.1.100; }；：说明它的主 DNS 服务器是 192.168.1.100。

file “slaves/localhost.zone”：说明辅助 DNS 服务器的区域文件存放的位置。

重新启动 DNS 服务器 service named restart，这时会在/var/named/ 目录下面发现有一个 slaves 目录，在里面可以看到正向区域文件和反向区域文件，这些区域文件都不是人为建立的，是在启动辅助 DNS 服务器时自动从主要 DNS 服务器复制（传送）过来的。

这里有一个问题，就是有时辅助 DNS 服务器等待很长时间都没有将区域文件传送过来，是因为主 DNS 服务器的区域文件刷新时间过长，默认为 1D（一天），如图 14-26 所示，故需要修改一下。

```
    1D
          SOA   dns.qq.com.  root.qq.com. (
                                        0       ; serial
                                        1D      ; refresh
                                        1H      ; retry
                                        1W      ; expire
                                        3H )    ; minimum
          NS        dns.qq.com.
          MX 10     mail.qq.com.
dns       A         192.168.1.100
www       A         192.168.1.100
mail      A         192.168.1.100
```

图 14-26

把 1D 修改为 1S，让服务器 1 秒钟就更新一次，这样就加快了区域文件传送的速度。反向解析文件进行同样修改。

（4）测试。

在客户端设置好首选和备用 DNS 服务器后，把首选服务器停止 service named stop ，在客户端用 ipconfig /flushdns 清空 DNS 缓存，发现在客户端还是可以 ping 通 ww.qq.com 。这就可以说明，辅助 DNS 服务器已经可以正常工作了，可以起到负载平衡和备份的作用，不至于网络中一台 DNS 服务器宕机，而导致网络域名解析服务中断。

5.子域与区域委派

随着域的规模和功能不断扩展，为了保证 DNS 的管理维护以及查询速度，可以为一个域添加附加域，上级域为父域，下级域为子域。父域建立子域，并将子域的解析工作委派到额外的域名服务器，并在父域的权威 DNS 服务器中登记相应的委派记录，建立这个操作的过程称为区域委派。

我们接着上面介绍的 qq.com 域来讲解，假设 qq.com 是父域，现在需要建立子域 ca.qq.com，则应首先在父域名服务器进行设置。父域服务器的 IP 是 192.168.1.100，子域服务器的 IP 是 192.168.1.101。打开父域服务器，在父域服务器的正向解析文件 qq.com.zone 中添加记录以及子域的委派记录。

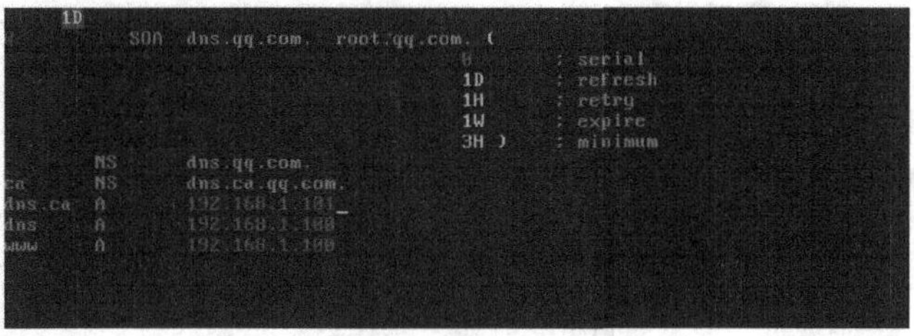

```
         1D
        SOA   dns.qq.com.  root.qq.com. (
                                       0      ; serial
                                       1D     ; refresh
                                       1H     ; retry
                                       1W     ; expire
                                       3H )   ; minimum
        NS      dns.qq.com.
ca      NS      dns.ca.qq.com.
dns.ca  A       192.168.1.101
dns     A       192.168.1.100
www     A       192.168.1.100
```

图 14－27

接着我们在子域服务器上添加 ca.qq.com 域的区域文件，如下所示。

```
         1D
        SOA   dns.ca.qq.com.  root.ca.qq.com. (
                                       0      ; serial
                                       1D     ; refresh
                                       1H     ; retry
                                       1W     ; expire
                                       3H )   ; minimum
        NS      dns.ca.qq.com.
dns     A       192.168.1.101
www     A       192.168.1.101
```

图　14－28

有时为了节约成本，在不添加额外服务器的情况下，可以配置虚拟子域，将子域信息添加到父域区域文件中。下面我们可以直接在父域区域文件中创建子域。

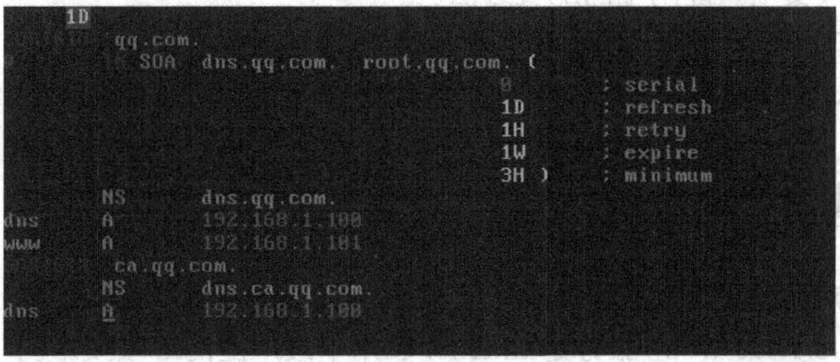

```
         1D
          qq.com.
        SOA   dns.qq.com.  root.qq.com. (
                                       0      ; serial
                                       1D     ; refresh
                                       1H     ; retry
                                       1W     ; expire
                                       3H )   ; minimum
        NS      dns.qq.com.
dns     A       192.168.1.100
www     A       192.168.1.101
          ca.qq.com.
        NS      dns.ca.qq.com.
dns     A       192.168.1.100
```

图 14－29

请读者注意观察虚拟子域中配置文件信息与独立子域的区别。

四、总结

通过这个项目的练习，可以了解 DNS 服务器的原理、结构和重要性，学会配置多域名、转发器、负载均衡的 DNS 服务器以及子域和区域委派。

五、实训思考题与作业

1. DNS 的查询方式有哪些？

2. 某企业的网页服务器地址是 192.168.1.100，申请的域名为 qq.com 和 baidu.com，请设置 DNS 服务器完成正方向解析。

3. 为了防止 DNS 服务器宕机，实现高可用，将另一台 DNS 服务器设置为 qq.com 的辅助 DNS 服务器。

PART 15 项目 15 Apache 服务器

一、学习目标

1. 知识目标

了解 Apache 服务器的重要性。

2. 能力目标

掌握 Apache 服务器的安装与配置方法。

掌握基于虚拟主机的 Apache 服务器的配置方法。

掌握 https 安全认证网站的配置方法。

掌握用户认证和授权网站的配置方法。

掌握个人 Web 站点和 PHP 站点的配置方法。

二、理论基础

1. Web 服务器概述

WWW（World Wide Web）服务是 Internet 应用中最广泛的一项技术。严格地说，WWW 服务是描述一系列操作的接口，它使用标准的、规范的 XML 描述接口。这一描述中包括了与服务进行交互所需要的全部细节，包括消息格式、传输协议和服务位置。而在对外的接口中隐藏了服务实现的细节，仅提供一系列可执行的操作，这些操作独立于软、硬件平台和编写服务所用的编程语言。WWW 服务既可单独使用，也可同其他 WWW 服务一起使用，以实现复杂的商业功能。WWW 是 Internet 上被广泛应用的一种信息服务技术，它采用客户/服务器结构，整理和储存各种 WWW 资源，并响应客户端软件的请求，把所需的信息资源通过浏览器传送给用户。Web 服务通常可以分为两种：静态 Web 服务和动态 Web 服务。

HTTP（Hypertext Transfer Protocol，超文本传输协议）可以算得上是目前国际互联网基础上的一个重要组成部分。而 Apache、IIS 服务器是 HTTP 协议的服务器软件，微软的 Internet Explorer 和 Mozilla 的 Firefox 则是 HTTP 协议的客户端实现。

（1）客户端访问 Web 服务器的过程

一般客户端访问 Web 内容要经过 3 个阶段：在客户端和 Web 服务器间建立连接、传输相关内容、关闭连接。

① Web 浏览器使用 HTTP 命令向服务器发出 Web 请求（一般是使用 get 命令要求返回一个页面，但也有 post 等命令）。

② 服务器接收到 Web 页面请求后，就发送一个应答并在客户端和服务器之间建立连接。图 15-1 所示为建立连接示意图。

③ 服务器 Web 查找客户端所需文档，若 Web 服务器查找到所请求的文档，就会将所请求的文档传送给 Web 浏览器；若该文档不存在，则服务器会发送一个相应的错误提示文档给客户端。

④ Web 浏览器接收到文档后，就将它解释并显示在屏幕上。

⑤ 当客户端浏览完成后，就断开与服务器的连接。

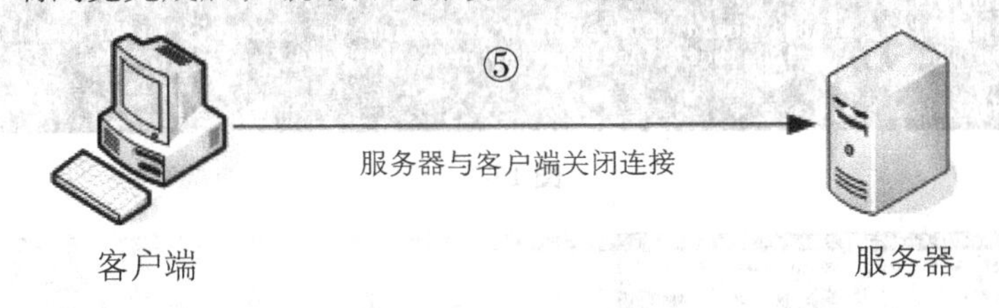

图 15-1

（2）端口

HTTP 请求的默认端口是 80，但是也可以配置某个 Web 服务器使用另外一个端口（如 8080），这就能让同一台服务器上运行多个 Web 服务器，每个服务器监听不同的端口。但是要注意，访问端口是 80 的服务器，由于是默认设置，所以不需要写明端口号，如果访问的一个服务器是 8080 端口，那么端口号就不能不写。

2. Apache 服务器概述

Apache 是世界使用排名第一的 Web 服务器软件。它可以运行在几乎所有广泛使用的计算机平台上，由于其跨平台和安全性被广泛使用，是最流行的 Web 服务器端软件。同时，Apache 音译为阿帕奇，是北美印第安人的一个部落，叫阿帕奇族，在美国的西南部；Apache 也是一个基金会的名称、一种武装直升机，等等。

Apache 源于 NCSA httpd 服务器，经过多次修改，成为世界上最流行的 Web 服务器软件之一。Apache 取自“a patchy server”的读音，意思是充满补丁的服务器，因为它是自由软件，所以不断有人来为它开发新的功能、新的特性，修改原来的缺陷。Apache 的特点是简单、速度快、性能稳定，并可做代理服务器来使用。Apache 服务器的主配置文件在 /etc/httpd/conf/httpd.conf，默认的主页文件位置是 /var/www/html。

三、项目实施

1. 初始化实验环境

打开 Linux 服务器和 Windows XP，设置正确的网络参数，Linux 的 IP 地址为 192.168.1.100，测试用的客户端 IP 地址为 192.168.1.200，让两台虚拟计算机 ping 通。

2. 检查系统有无安装 Apache 服务器

Apache 服务器的进程名称是 httpd。如果没有安装，就需要用 rpm 或者 yum 方式进行安装，如图 15-2 所示。

```
[root@localhost ~]#
[root@localhost ~]# rpm -qa | grep httpd
httpd-2.2.15-26.el6.centos.i686
httpd-tools-2.2.15-26.el6.centos.i686
httpd-devel-2.2.15-26.el6.centos.i686
[root@localhost ~]# _
```

图 15-2

直接启动 Apache 服务器，在 XP 客户端可以看到一个默认的主页内容，如图 15-3 和图 15-4 所示。

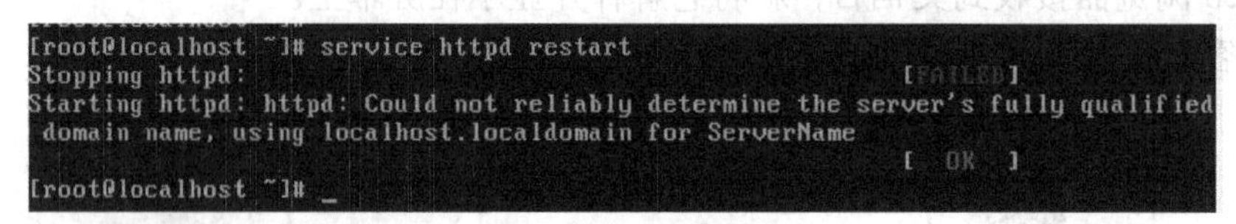

图 15-3

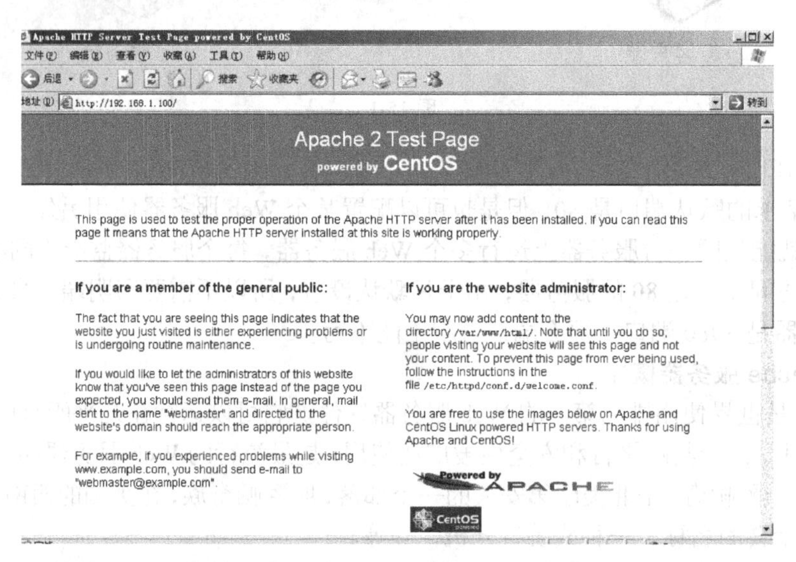

图 15-4

这表明 Apache 服务器不仅成功安装，而且可以正常运行。

3. 利用 IP 地址建立网站

（1）在根目录建立 qq 目录，在 qq 目录中创建一个自建的主页文件 index.html，如图 15-5 所示。

```
[root@localhost /]# mkdir /qq
[root@localhost /]# cd /qq
[root@localhost qq]# echo  "Welcom to QQ" > index.html
[root@localhost qq]# _
```

图 15-5

（2）编辑 Apache 服务器的配置文件 httpd.conf，如图 15-6 所示。

```
[root@localhost qq]# vim /etc/httpd/conf/httpd.conf_
```

图 15-6

（3）在 httpd.conf 文件的最下面加上如图 15-7 所示 3 行代码。

```
<VirtualHost 192.168.1.100:80>
    DocumentRoot  /qq
</VirtualHost>
```

图 15-7

（4）启动 Apache 服务器，如图 15-8 所示。

```
[root@localhost qq]# service httpd restart
Stopping httpd:                                            [  OK  ]
Starting httpd: httpd: Could not reliably determine the server's fully
 domain name, using localhost.localdomain for ServerName
[Tue Dec 16 21:18:23 2014] [error] (EAI 3)Temporary failure in name re
Failed to resolve server name for 192.168.1.100 (check DNS) -- or spec
licit ServerName
                                                           [  OK  ]
[root@localhost qq]# _
```

图 15-8

在 Windows XP 客户端用 IE 浏览器输入 192.168.1.100 来访问网站进行测试，如图 15-9 所示。

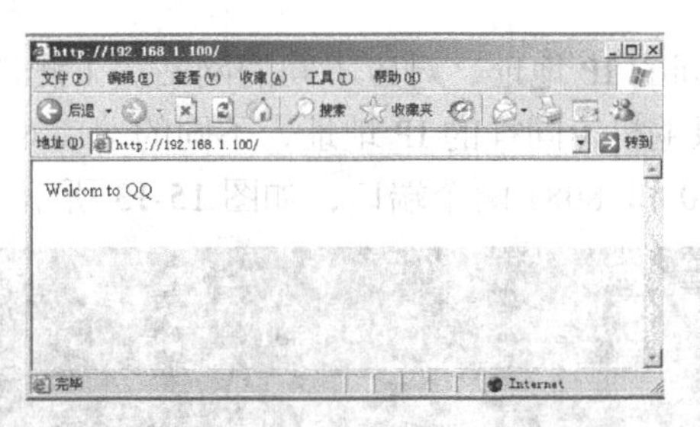

图 15-9

4. 采用域名方式建立网站

在 Linux 主机安装 DNS 服务器，使 www.qq.com 能够正确解析到 192.168.1.100（此过程参看项目 14DNS 服务器，此处略）。

（1）编辑 /etc/httpd/conf/httpd.conf 文件，在其中加入图 15-10 所示内容。

图 15-10

（2）启动 Apache 服务器，在 XP 客户端打开浏览器查看，如图 15-11 所示。

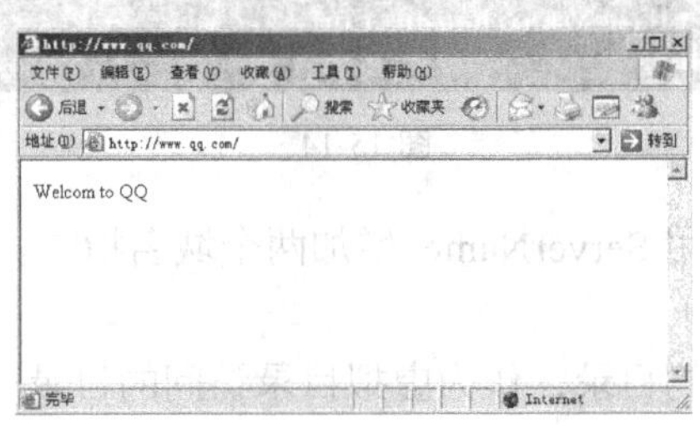

图 15-11

5. 在 Linux 主机中建立多个网站可以采用下列 3 种方法

在 Linux 主机中建立多个网站。

（1）基于 IP 的虚拟主机（不同 IP 地址对应不同网站）

给 Linux 服务器绑定多个 IP 地址有两种方法：一是安装多块网卡，二是通过一块网卡设置多个虚拟 IP 接口。增加一个虚拟端口 eth0:0 并设置 IP 地址（具体的设置方法详见项目 8 CentOS6.4 的基础网络配置）。

在系统根目录中分别创建两个文件夹/qq 和/baidu，并分别在两个文件夹中创建测试用的主页文件。

在 httpd.conf 文件中加入图 15-12 所示各行。

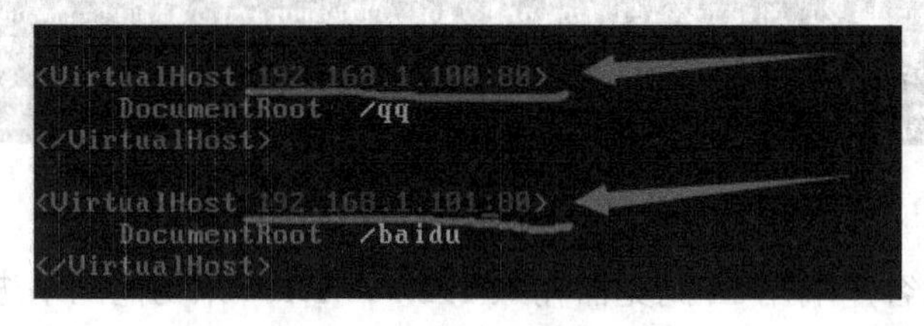

图 15-12

两个虚拟主机采用不同的 IP 地址，对应不同的网站。（测试结果略）

（2）基于端口的虚拟主机（同样的 IP 地址，不同的端口对应不同的网站）

增加 Listen 监听 8080 和 8081 两个端口，如图 15-13 所示（测试结果略）。

```
Listen 8080
Listen 8081
<VirtualHost 192.168.1.100:8080>
    DocumentRoot /qq
</VirtualHost>

<VirtualHost 192.168.1.101:8081>
    DocumentRoot /baidu
</VirtualHost>
```

图 15-13

（3）基于域名的虚拟主机（同样的 IP 地址绑定不同的域名对应不同的网站）

安装 DNS 服务器，配置两个域名 www.qq.com 和 www.baidu.com 的正确解析。在 httpd.conf 配置文件中加入图 15-14 所示各行。

```
NameVirtualHost 192.168.1.100:80

<VirtualHost 192.168.1.100:80>
    DocumentRoot /qq
    ServerName www.qq.com
</VirtualHost>

<VirtualHost 192.168.1.101:80>
    DocumentRoot /baidu
    ServerName www.baidu.com
</VirtualHost>
```

图 15-14

在两个虚拟主机通过使用 ServerName 增加两个域名指向。（测试结果略）

（4）虚拟目录的设置

在根目录创建一个 123 的目录，作为虚拟目录访问的目录，在 123 目录中创建一个 index.html 文件，内容为“This is a virtual directory.”，如图 15-15 所示。

```
[root@localhost /]# mkdir  /123
[root@localhost /]# cd /123
[root@localhost 123]# echo "This is a virtual directory." > index.html
[root@localhost 123]#
```

图 15-15

在 httpd.conf 的配置文件中加入几行，如图 15-16 所示。

```
NameVirtualHost 192.168.1.100:80

<VirtualHost 192.168.1.100:80>
    DocumentRoot  /qq
    ServerName www.qq.com

    Alias /ding   "/123"
  <Directory "/123">
    Options Indexes MultiViews FollowSymLinks
    AllowOverride None
    Order allow,deny
    Allow from all
  </Directory>

</VirtualHost>
```

图 15-16

虚拟目录的名称为 ding，对应的真实目录为/123。这一大段配置文件不需记忆，只要在 vim 命令模式下打开 httpd.conf，输入 /Alias 查询，就可以找到虚拟目录的模板文件，直接复制到下面进行适当修改。

启动 Apache 服务器，在 Windows XP 浏览器中输入 www.qq.com/ding（如图 15-17 所示）就可显示出虚拟目录中的内容。在 www.qq.com 后面跟的 ding 就是虚拟目录，实际上用户访问的是服务器上根目录下/123 的内容。

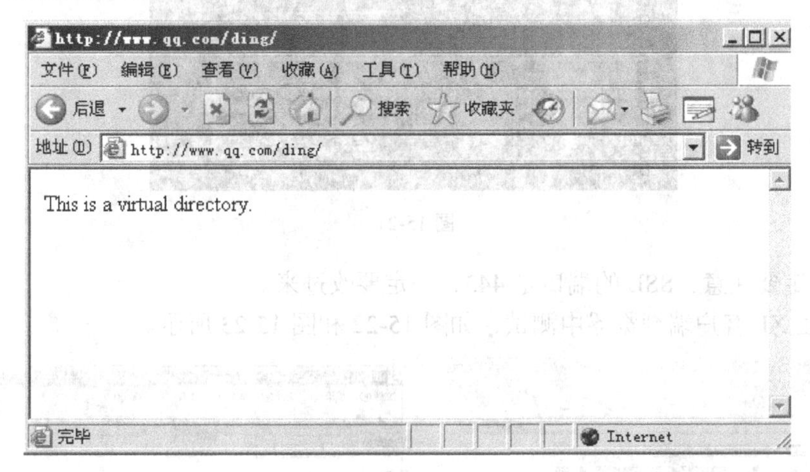

图 15-17

6. https 安全认证访问网站

要在 Linux 中安装 SSL 组件，就需要挂载光盘到 media 目录中，配置 yum 源，再用 yum install -y mod_ssl 方式安装，具体请复习项目 9 CentOS 6.4 软件包的安装与管理。ssl 组件在 Linux 中的名称为 mod_ssl。

（1）创建一个用于存放证书的目录，如图 15-18 所示。

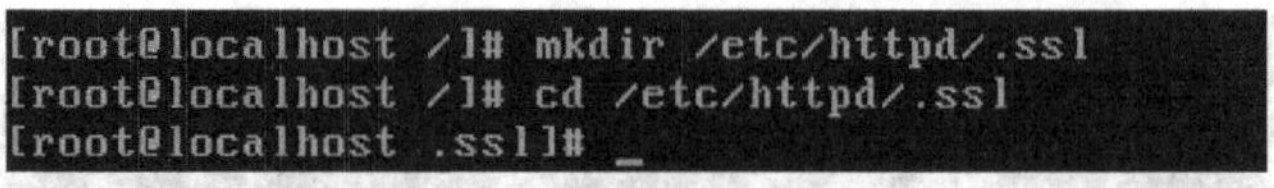

```
[root@localhost /]# mkdir /etc/httpd/.ssl
[root@localhost /]# cd /etc/httpd/.ssl
[root@localhost .ssl]# _
```

图 15-18

（2）生成网站私钥文件，如图 15-19 所示。

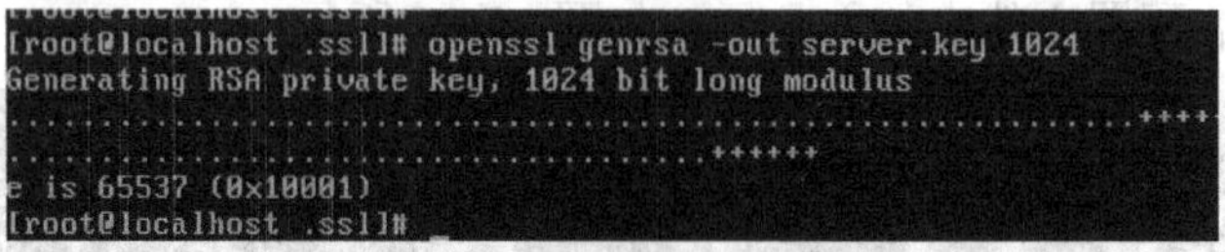

```
[root@localhost .ssl]# openssl genrsa -out server.key 1024
Generating RSA private key, 1024 bit long modulus
.....................................................................++++++
.....................................++++++
e is 65537 (0x10001)
[root@localhost .ssl]# _
```

图 15-19

（3）建立网站证书，如图 15-20 所示。

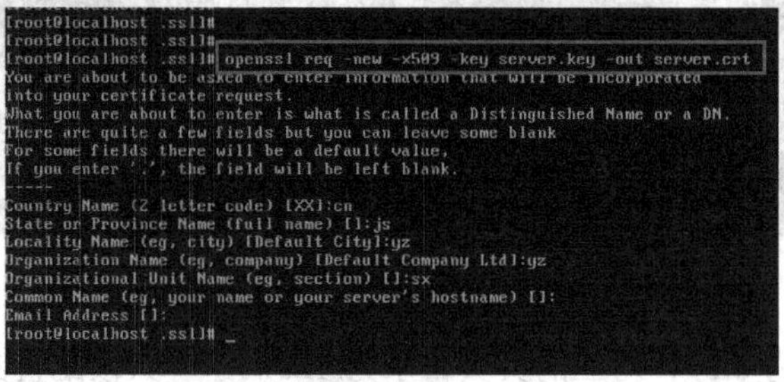

```
[root@localhost .ssl]#
[root@localhost .ssl]#
[root@localhost .ssl]# openssl req -new -x509 -key server.key -out server.crt
You are about to be asked to enter information that will be incorporated
into your certificate request.
What you are about to enter is what is called a Distinguished Name or a DN.
There are quite a few fields but you can leave some blank
For some fields there will be a default value,
If you enter '.', the field will be left blank.
-----
Country Name (2 letter code) [XX]:cn
State or Province Name (full name) []:js
Locality Name (eg, city) [Default City]:yz
Organization Name (eg, company) [Default Company Ltd]:yz
Organizational Unit Name (eg, section) []:sx
Common Name (eg, your name or your server's hostname) []:
Email Address []:
[root@localhost .ssl]# _
```

图 15-20

接下来要回答一系列问题，作为申请证书的内容，根据实际情况回答相关问题即可。

（4）修改主配置文件 /etc/httpd/conf/httpd.conf，如图 15-21 所示。

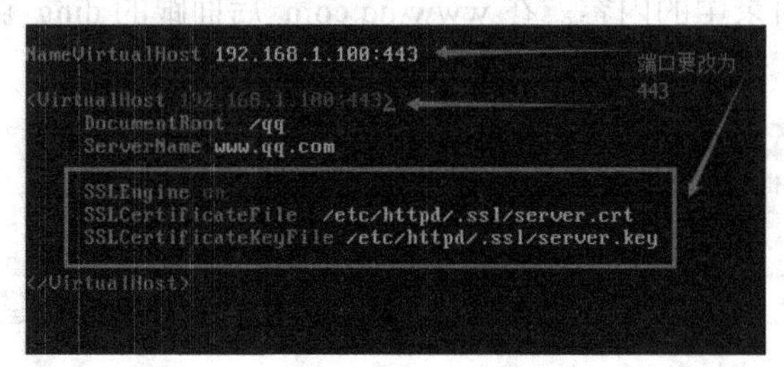

图 15-21

这里一定要注意：SSL 的端口是 443，一定要改过来。

（5）在 XP 客户端浏览器中测试，如图 15-22 和图 15-23 所示。

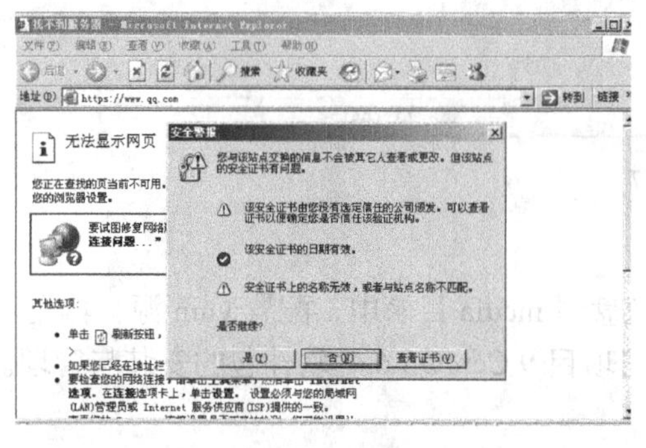

图 15-22

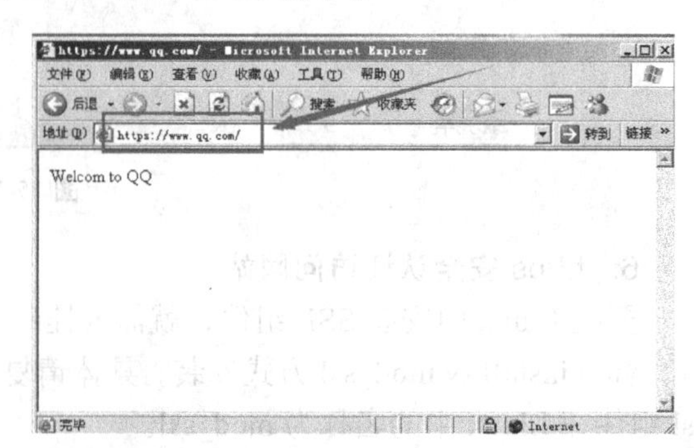

图 15-23

7. 用户认证和授权

有些内部网站需要让访问者输入用户名和密码才能访问，对这些站点来说，就要进行认证和授权。

（1）创建登录网站的用户和口令文件，如图 15-24 所示。

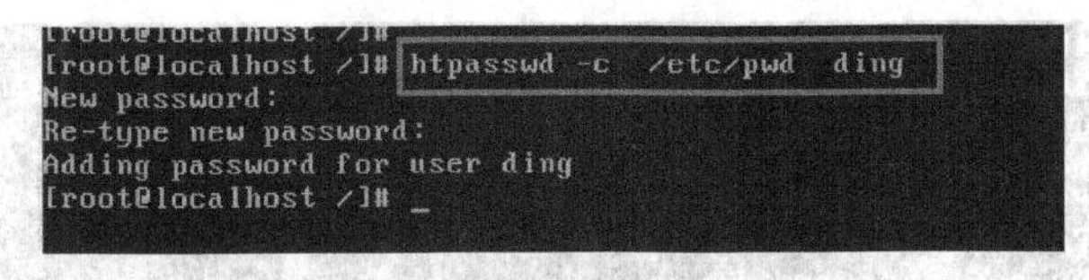

图 15-24

（2）用 htpasswd 命令加参数-c 为用户 ding 创建一个口令文件 pwd，存放在/etc 目录下，如图 15-25 所示。

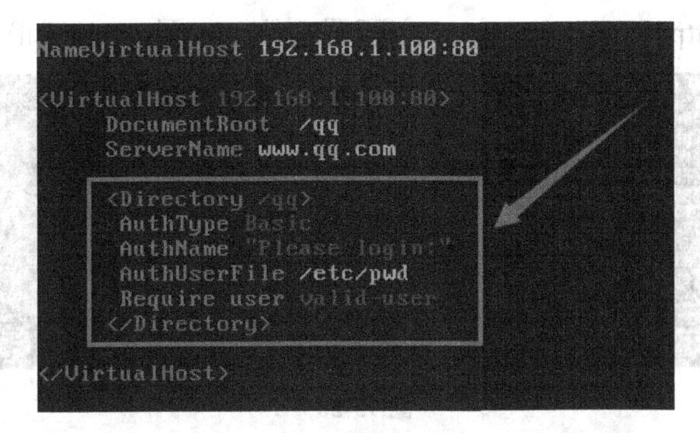

图 15-25

（3）修改 Apache 服务器主配置文件 httpd.conf。

如果是针对虚拟目录设置认证和授权：需要把图 15-25 框中的内容加入到虚拟目录中去。

备注： `AuthType Basic` //设置认证类型：基本身份验证

`AuthName "please login:"` //设置认证提示信息和内容

`AuthUserFile` //设置口令文件的路径

`Require valid-user` //设置允许访问的用户

（4）在 XP 客户端进行测试，出现要输入用户名和密码的界面，如图 15-26 所示，输入正确的用户名和密码后就可以访问网站了。

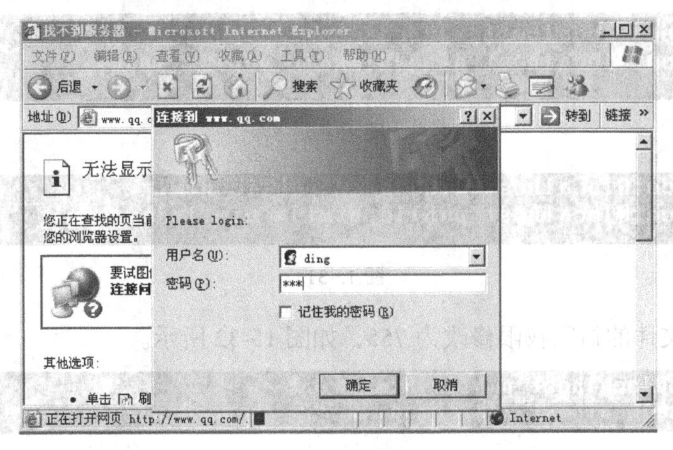

图 15-26

8. 配置个人 Web 站点

Apache 服务器允许每个用户架设个人 Web 站点。可以在浏览器中输入 http://域名或 IP 地址/~用户名 来访问用户的个人网站。

（1）添加用户本地账户，如图 15-27 所示。

```
[root@localhost /]# useradd ding
[root@localhost /]# passwd ding
Changing password for user ding.
New password:
BAD PASSWORD: it is WAY too short
BAD PASSWORD: is too simple
Retype new password:
passwd: all authentication tokens updated successfully.
[root@localhost /]# _
```

图 15-27

（2）修改 /etc/httpd/conf/httpd.conf 主配置文件，如图 15-28 和图 15-29 所示。

```
<IfModule mod_userdir.c>
    #
    # UserDir is disabled by default since it can confirm the presence
    # of a username on the system (depending on home directory
    # permissions).
    #
#   UserDir disabled
    #
    # To enable requests to /~user/ to serve the user's public_html
    # directory, remove the "UserDir disabled" line above, and uncomment
    # the following line instead:
    #
    UserDir public_html
</IfModule>
```

图 15-28

```
<Directory /home/*/public_html>
#     AllowOverride FileInfo AuthConfig Limit
#     Options MultiViews Indexes SymLinksIfOwnerMatch IncludesNoExec
#     <Limit GET POST OPTIONS>
#         Order allow,deny
#         Allow from all
#     </Limit>
#     <LimitExcept GET POST OPTIONS>
#         Order deny,allow
#         Deny from all
#     </LimitExcept>
</Directory>
```

图 15-29

（3）在/home/ding 下面新建目录 public_html，再在这个目录下面新建一个 index.html，如图 15-30 和图 15-31 所示。

```
[root@localhost /]# cd /home/ding
[root@localhost ding]# mkdir public_index_
```

图 15-30

```
[root@localhost ding]# cd public_html/
[root@localhost public_html]# vim index.html_
```

图 15-31

再把目录和文件的访问权限修改为 755，如图 15-32 所示。

```
[root@localhost public_html]# cd /
[root@localhost /]# chmod -R 755 /home/ding/public_html/
```

图 15-32

（4）重新启动 httpd：#service httpd restart。

（5）在 Windows XP 的浏览器中测试通过，如图 15-33 所示。

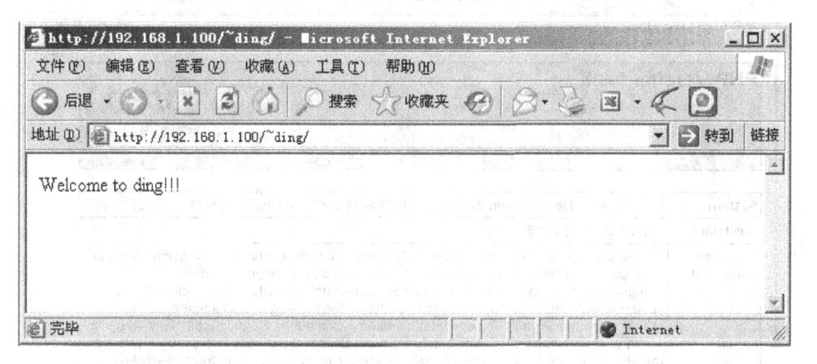

图 15-33

9. PHP 站点的基本配置

（1）安装 php：yum install　-y　　php，如图 15-34 所示。

```
[root@localhost /]# yum install -y php_
```

图 15-34

（2）修改系统默认主页文件为 index.php，如图 15-35 所示。

```
[root@localhost /]# cd /var/www/html
[root@localhost html]# vim index.php_
```

图 15-35

在 index、php 中添加以下文字，这些文字表示可以在浏览器显示 PHP 的测试页面，如图 15-36 所示。

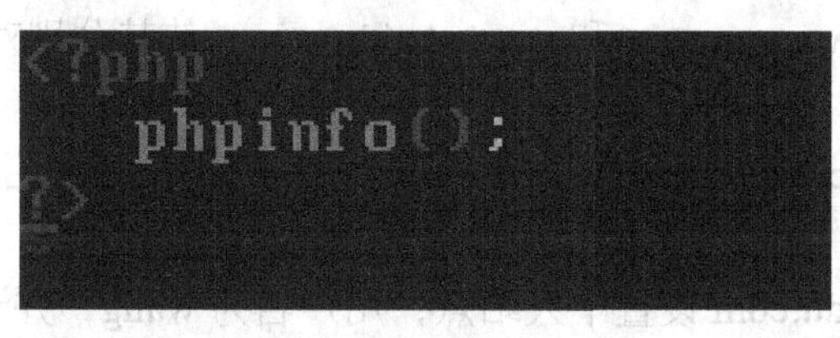

图 15-36

（3）修改主配置文件 httpd.conf，在 402 行添加图 15-37 所示内容，增加默认主页文件 index.php。

图 15-37

（4）重启 Apache 服务器：service httpd restart。

（5）在客户端测试，如图 15-38 所示。

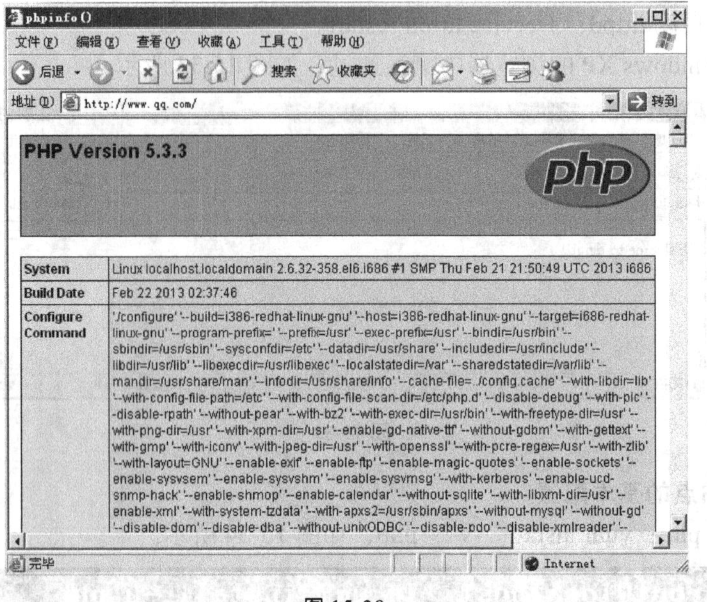

图 15-38

四、总结

通过这个项目的练习，可以了解 Web 服务器的基础和重要性，学会 Apache 服务器的基本安装和配置，学会 Apache 服务器的安全、认证及用户主页配置，以及在 Apache 服务器上配置支持 PHP 的环境。

五、实训思考题与作业

1. 创建两个域名 www.qq.com 和 www.baidu.com，使其分别对应两个网站并能正确访问。

2. 给网站 www.qq.com 设置虚拟目录 ding，使访问虚拟目录后的内容显示为“This is ding’s directory.”。

3. 给网站 www.baidu.com 设置个人站点，用户名为 wang，并设置个人站点需要用户认证才能访问。

PART 16 项目 16 MySQL 数据库

一、学习目标

1. **知识目标**

了解 MySQL 数据库和 LAMP。

2. **能力目标**

掌握常用的 SQL 语言语法结构。

掌握 MySQL 常用命令。

二、理论基础

MySQL 是最流行的关系型数据库管理系统，在 Web 应用方面，MySQL 是最好的 RDBMS（Relational Database Management System，关系数据库管理系统）应用软件之一。MySQL 是一种关联数据库管理系统，关联数据库将数据保存在不同的表中，而不是将所有数据放在一个大仓库内，这样就增加了速度并提高了灵活性。MySQL 所使用的 SQL 语言是用于访问数据库的最常用标准化语言。MySQL 软件采用了双授权政策（本词条“授权政策”），它分为社区版和商业版，由于其体积小、速度快、总体拥有成本低，尤其是开放源码这一特点，一般中小型网站的开发都选择 MySQL 作为网站数据库，如国内最受欢迎的 Discuz（社区论坛）就使用的 MySQL 数据库。由于其社区版的性能卓越，搭配 PHP 和 Apache 可组成良好的开发环境。

与其他的大型数据库如 Oracle、DB2、SQL Server 等相比，MySQL 自有它的不足之处，但是这丝毫也没有减少它受欢迎的程度。对于一般的个人使用者和中小型企业来说，MySQL 提供的功能已经绰绰有余，而且由于 MySQL 是开放源码软件，因此可以大大降低总体拥有成本。Linux 作为操作系统，Apache 和 Nginx 作为 Web 服务器，MySQL 作为数据库，PHP/Perl/Python 作为服务器端脚本解释器，由于这 4 个软件都是免费或开放源码软件（FLOSS)，因此使用这种方式不用花一分钱（除开人工成本）就可以建立起一个稳定、免费的网站系统，被业界称为“LAMP”组合。

三、操作步骤

（1）MySQL 的检查安装，如图 16-1 所示。

```
[root@localhost ~]# rpm -qa|grep mysql
mysql-bench-5.1.66-2.el6_3.i686
mysql-libs-5.1.66-2.el6_3.i686
dovecot-mysql-2.0.9-5.el6.i686
mysql-test-5.1.66-2.el6_3.i686
mysql-connector-odbc-5.1.5r1144-7.el6.i686
mysql-connector-java-5.1.17-6.el6.noarch
mysql-server-5.1.66-2.el6_3.i686
mod_auth_mysql-3.0.0-11.el6_0.1.i686
libdbi-dbd-mysql-0.8.3-5.1.el6.i686
mysql-5.1.66-2.el6_3.i686
rsyslog-mysql-5.8.10-6.el6.i686
[root@localhost ~]#
```

图 16-1

安装 MySQL，使用 yum -y install mysql* 即可。

（2）启动 MySQL，如图 16-2 所示。

```
[root@localhost /]# service mysqld restart
Stopping mysqld:                                           [  OK  ]
Starting mysqld:                                           [  OK  ]
[root@localhost /]# _
```

图 16-2

（3）设置默认账户的密码，如图 16-3 所示。

使用 mysqladmin 命令为 root 设置一个密码：123456，如图 16-3 所示。

```
[root@localhost /]# mysqladmin -u root password 123456
[root@localhost /]# _
```

图 16-3

（4）用修改过密码的 root 用户登录，如图 16-4 所示。

```
[root@localhost /]# mysql -u root -p
Enter password:
Welcome to the MySQL monitor.  Commands end with ; or \g.
Your MySQL connection id is 3
Server version: 5.1.66 Source distribution

Copyright (c) 2000, 2012, Oracle and/or its affiliates. All rights reserved.

Oracle is a registered trademark of Oracle Corporation and/or its
affiliates. Other names may be trademarks of their respective
owners.

Type 'help;' or '\h' for help. Type '\c' to clear the current input statement.

mysql> _
```

图 16-4

（5）显示 root 账户下面的所有数据库，如图 16-5 所示。

```
mysql>
mysql> show databases;
+--------------------+
| Database           |
+--------------------+
| information_schema |
| mysql              |
| test               |
+--------------------+
3 rows in set (0.00 sec)
```

图 16-5

在这里显示系统内一共有 3 个数据库：information_schema、mysql、test。
下面是一个真题，以这个真题为例来练习 mysql 数据库的操作。

> 在 Server2 中安装 Mysql 数据库，创建一个名为 JsyzDB 的数据库，在库中创建一个 Tea 的信息表，表结构中包括三个字段：GID、Name、Age，在 GID 中放置组号并设置为主键，Name 存放选手姓名，Age 存放选手的年龄，字段的类型和长度自行设定以能正确存放所要写入的内容即可，在创建的表中输入选手的组号、姓名和年龄。输入结束后查询表的内容，修改记录，最后将其删除。

① 创建一个新的数据库 JsyzDB。
用 create database 命令建立数据库 JsyzDB，如图 16-6 所示。

```
mysql> create database JsyzDB;
Query OK, 1 row affected (0.00 sec)
```

图 16-6

② 打开数据库。
用 use 命令打开数据库 JsyzDB，如图 16-7 所示。

```
mysql> use JsyzDB;
Database changed
```

图 16-7

③ 在数据库 JsyzDB 中建立表 Tea（刚建立的表没有内容，实质是创建一个空表头）。

表结构中包括 3 个字段：GID、Name、Age；GID 中放置组号并设置为主键，Name 存放选手姓名，Age 存放选手的年龄。

命令是 create table 表名（字段 1　类型，字段 2　类型，……）；如图 16-8 所示。

```
mysql> create table Tea(GID int(2) primary key,Name char(8),Age int(2));
Query OK, 0 rows affected (0.08 sec)
```

图 16-8

④ 显示数据库中的所有表，如图 16-9 所示。

```
mysql> show tables;
+-----------------+
| Tables_in_JsyzDB |
+-----------------+
| Tea             |
+-----------------+
1 row in set (0.00 sec)

mysql> _
```

图 16-9

⑤ 查看表结构，使用命令 describe Tea 来查看表结构，如图 16-10 所示。

```
mysql> describe Tea;
+-------+---------+------+-----+---------+-------+
| Field | Type    | Null | Key | Default | Extra |
+-------+---------+------+-----+---------+-------+
| GID   | int(2)  | NO   | PRI | NULL    |       |
| Name  | char(8) | YES  |     | NULL    |       |
| Age   | int(2)  | YES  |     | NULL    |       |
+-------+---------+------+-----+---------+-------+
3 rows in set (0.00 sec)
```

图 16-10

⑥ 给表 Tea 增加记录，使用 insert into 表名 values 命令给表增加记录，如图 16-11 所示。

```
mysql> insert into Tea values('1','ding','40');
Query OK, 1 row affected (0.00 sec)
```

图 16-11

可以继续增加记录，如图 16-12 所示。

```
mysql> insert into Tea values('2','chen','38');
Query OK, 1 row affected (0.00 sec)

mysql> insert into Tea values('3','zhang','33');
Query OK, 1 row affected (0.00 sec)
```

图 16-12

⑦ 显示表 Tea 中的所有记录，如图 16-13 所示。

```
mysql> select *  from  Tea;
+-----+-------+------+
| GID | Name  | Age  |
+-----+-------+------+
|   1 | ding  |   40 |
|   2 | chen  |   38 |
|   3 | zhang |   33 |
+-----+-------+------+
3 rows in set (0.00 sec)
```

图 16-13

⑧ 按要求显示姓名是 chen 的记录，如图 16-14 所示。

```
mysql> select * from Tea where Name='chen';
+-----+------+------+
| GID | Name | Age  |
+-----+------+------+
|   2 | chen |   38 |
+-----+------+------+
1 row in set (0.00 sec)
```

图 16-14

⑨ 修改记录，把用户 zhang 的年龄修改为 34，如图 16-15 所示。

```
mysql> update Tea set Age='34' where Name='zhang';
Query OK, 1 row affected (0.00 sec)
Rows matched: 1  Changed: 1  Warnings: 0
```

图 16-15

⑩ 删除记录，把用户 zhang 的记录删除，如图 16-16 所示。

```
mysql> delete from Tea where Name='zhang';
Query OK, 1 row affected (0.00 sec)
```

图 16-16

⑪ 删除表，如图 16-17 所示。

```
mysql> drop table Tea;
Query OK, 0 rows affected (0.00 sec)
```

图 16-17

⑫ 删除数据库，如图 16-18 所示。

```
mysql> drop database JsyzDB;
Query OK, 0 rows affected (0.04 sec)
```

图 16-18

（6）创建一个新的 MySQL 数据库用户，并用这个用户登录，如图 16-19 和图 16-20 所示。

图 16-19

```
mysql> flush privileges;
Query OK, 0 rows affected (0.00 sec)
```

图 16-20

（7）重置 MySQL root 密码。

若忘记 MySQL 数据库的 root 密码，就无法登录使用，必须重新设置密码。下面将介绍如何重置 MySQL root 密码。

① 关闭 MySQL 数据库，如图 16-21 所示。

```
[root@localhost yum.repos.d]# service mysqld stop
Stopping mysqld:                                           [  OK  ]
[root@localhost yum.repos.d]# _
```

图 16-21

② 进入 MySQL 安全模式，如图 16-22 所示。

```
[root@localhost yum.repos.d]# /usr/bin/mysqld_safe --skip-grant-table &
[1] 3148
[root@localhost yum.repos.d]# 141211 19:33:10 mysqld_safe Logging to '/var/log/m
ysqld.log'.
141211 19:33:10 mysqld_safe Starting mysqld daemon with databases from /var/lib/
mysql
_
```

图 16-22

后面加上“&”是把它放到后台处理，而通常进程会卡在此处，只需要按 Ctrl+C 组合键结束就可以了，而真正的进程在后台执行。

③ 直接登录 MySQL，如图 16-23 所示，此时登录已不需要密码了。

```
[root@localhost yum.repos.d]# mysql -u root
Welcome to the MySQL monitor.  Commands end with ; or \g.
Your MySQL connection id is 1
Server version: 5.1.66 Source distribution

Copyright (c) 2000, 2012, Oracle and/or its affiliates. All rights reserved.

Oracle is a registered trademark of Oracle Corporation and/or its
affiliates. Other names may be trademarks of their respective
owners.

Type 'help;' or '\h' for help. Type '\c' to clear the current input statement.

mysql> _
```

图 16-23

④ 修改 root 密码，如图 16-24 所示。

```
mysql> use mysql;
Reading table information for completion of table and column names
You can turn off this feature to get a quicker startup with -A

Database changed
mysql> update user set password=PASSWORD('123456') where User='root';
Query OK, 3 rows affected (0.00 sec)
Rows matched: 3  Changed: 3  Warnings: 0

mysql> flush privileges;
Query OK, 0 rows affected (0.00 sec)

mysql> quit
Bye
[root@localhost yum.repos.d]# service mysqld restart
141211 19:39:43 mysqld_safe mysqld from pid file /var/run/mysqld/mysqld.pid ende
d
Stopping mysqld:                                           [  OK  ]
Starting mysqld:                                           [  OK  ]
[1]+  Done                    /usr/bin/mysqld_safe --skip-grant-table
[root@localhost yum.repos.d]# _
```

图 16-24

```
use mysql;          //使用 MySQL 数据库
update user set password=PASSWORD('123456') where User='root';
//设置 123456 为新的密码，root 为被修改的账号
flush privileges;          //刷新权限，更新权限
```

退出后，重启 MySQL 即可用新的密码进行登录了。

（8）备份数据库。

备份数据库：mysqldump -u root -proot 密码 数据库名 > 备份文件.sql，如图 16-25 所示。

```
[root@localhost yum.repos.d]# mysqldump -u root -p123456 mysql >/mysql.sql
[root@localhost yum.repos.d]# ls /


                              mysql.sql                       tmp
[root@localhost yum.repos.d]# _
```

图 16-25

备份所有数据库，如图 16-26 所示。

```
[root@localhost yum.repos.d]# mysqldump -u root -p123456 --all-databases >/all.s
ql
[root@localhost yum.repos.d]# _
```

图 16-26

恢复数据库：mysql -u root -proot 密码数据库名 < 备份文件.sql，如图 16-27 所示。

```
[root@localhost yum.repos.d]# mysql -u root -p123456 mysql </mysql.sql
[root@localhost yum.repos.d]# _
```

图 16-27

（9）使用 Navicat for MySQL 图形化管理 MySQL。

① 给本机设置 IP 地址，能与客户端通信。

② 设置 root 账户允许远程登录，如图 16-28 所示。

grant all on *.* to root@IP identified by ‘123456’;

@后面是客户端 IP

```
Copyright (c) 2000, 2012, Oracle and/or its affiliates. All rights reserved.

Oracle is a registered trademark of Oracle Corporation and/or its
affiliates. Other names may be trademarks of their respective
owners.

Type 'help;' or '\h' for help. Type '\c' to clear the current input statement.

mysql> grant all on *.* to root@192.168.1.248 identified by '123456';
Query OK, 0 rows affected (0.00 sec)

mysql> flush privileges;
Query OK, 0 rows affected (0.00 sec)

mysql> _
```

图 16-28

③ 搜索 Navicat for MySQL，如图 16-29 所示。

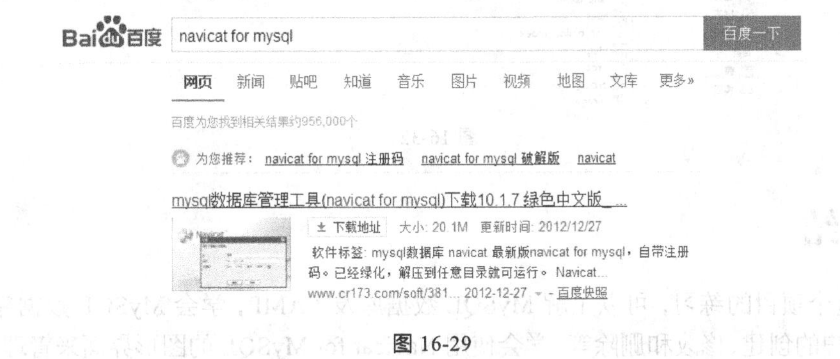

图 16-29

④单击链接，打开 Navicat for MySQL，如图 16-30 所示。

图 16-30

⑤ 单击“连接”按钮，在弹出的“新建连接”对话框中输入主机地址和密码，其他保持默认，单击“连接测试”，测试成功后单击“确定”即可，如图 16-31 所示。

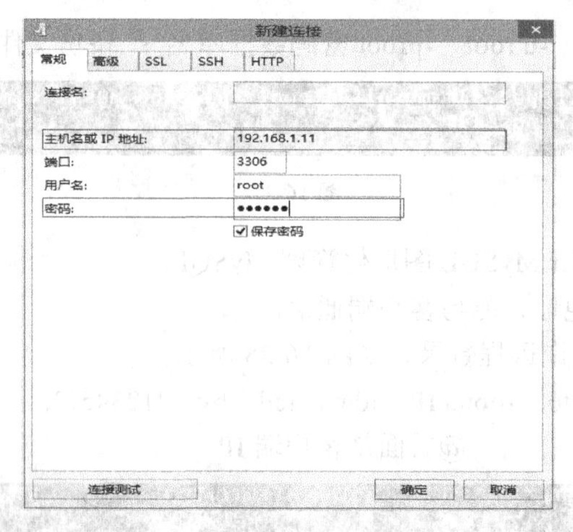

图 16-31

⑥ 展开连接后，就可以看到 MySQL 的所有数据库，如图 16-32 所示。

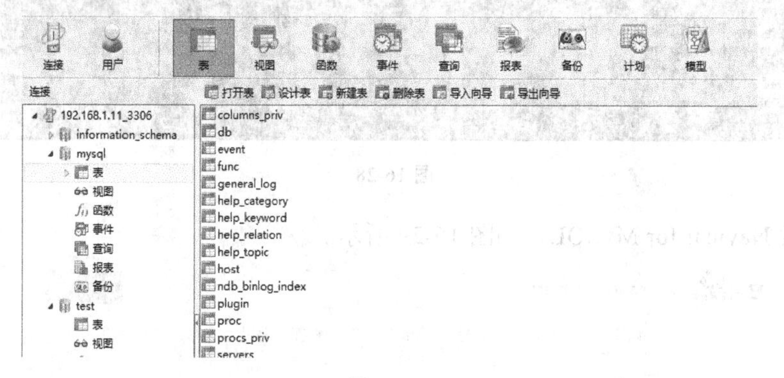

图 16-32

四、总结

通过这个项目的练习，可以了解 MySQL 数据库及 LAMP，学会 MySQL 数据库中数据库、表及用户的创建、修改和删除等，学会使用 Navicat for MySQL 的图形界面来管理 MySQL 数据库。

五、实训思考题与作业

1. 创建一个学生数据库，里面有学生表，表里面有序号、姓名、年龄、班级这几个字段。
2. 创建一个新的 MySQL 用户，拥有所有权限，密码为 aabbccdd。
3. 修改 MySQL 的 root 密码为 000000。
4. 学会使用 Navicat for MySQL，并在 Navicat for MySQL 里同样完成上述操作。（提示，root 用户的密码可以使用命令行来操作。右键单击数据库，可进入命令列界面）

## PART 17

项目 17 邮件服务器

一、学习目标

1. **知识目标**

掌握邮件服务器的工作原理。

2. **能力目标**

学会配置 Sendmail 服务器。

了解 Postfix 邮件服务器的配置方法。

二、理论基础

人们在互联网上最常使用的就是电子邮件，很多企业用户也经常使用免费电子邮件系统。现在随着 QQ 和微信等 IM 即时通信工具的兴起，电子邮件在年轻人中的使用频率在不断降低，但是与传统 IM 相比较，电子邮件在安全性、信息传递的完整性方面有着很大的优势，所以在企业办公应用中，电子邮件服务仍然具有不可替代的优势。

Sendmail 是 UNIX/Linux 环境中稳定性较好的一款邮件服务器软件，通过对 Sendmail 服务器的配置可以实现基本的邮件转发功能；Dovecot 服务器实现了 POP3 协议，可以与 Sendmail 服务器配合工作，实现用户对邮件的收取功能。

Sendmail 涉及的主要服务有：

```
/etc/init.d/sendmail        // MTA
/etc/init.d/dovecot         //POP3 协议转发服务
/etc/init.d/saslauthd       //安全认证服务
```

三、项目实施

（1）配置 Linux 的网络参数，如图 17-1 所示。

```
DEVICE=eth0
TYPE=Ethernet
ONBOOT=yes
NM_CONTROLLED=no
BOOTPROTO=static
IPADDR=192.168.1.100
NETMASK=255.255.255.0
DNS1=192.168.1.100
```

图 17-1

在做电子邮件服务器前首先要正确配置 DNS 服务器，这里假定有一个域为 qq.com 作为邮件服务器的域名来配置。

（2）安装 DNS 服务器，并设置 MX 记录。

① 打开第一个配置文件 /etc/named.conf，如图 17-2 所示。

```
[root@localhost /]#
[root@localhost /]# vim /etc/named.conf_
```

图 17-2

修改三处代码均为 any，如图 17-3 所示。

```
options {
        listen-on port 53 { any; };
        listen-on-v6 port 53 { any; };
        directory       "/var/named";
        dump-file       "/var/named/data/cache_dump.db";
        statistics-file "/var/named/data/named_stats.txt";
        memstatistics-file "/var/named/data/named_mem_stats.txt";
        allow-query     { any; };
        recursion yes;
```


图 17-3

② 打开第二个配置文件 /etc/named.rfc1912.zone，如图 17-4 所示。

```
[root@localhost /]# vim /etc/named.rfc1912.zones
```

图 17-4

修改图 17-5 所示代码，这是正向和反向解析的区域文件名称，改后如图 17-6 所示。

```
zone "localhost" IN {
        type master;
        file "named.localhost";
        allow-update { none; };
};
```

```
zone "1.0.0.127.in-addr.arpa" IN {
        type master;
        file "named.loopback";
        allow-update { none; };
};
```

图 17-5

```
zone "qq.com" IN {
        type master;
        file "qq.com.zone";
        allow-update { none; };
};
```

```
zone "1.168.192.in-addr.arpa" IN {
        type master;
        file "1.168.192.rev";
        allow-update { none; };
};
```

图 17-6

③ 切换到正向和反向解析文件的目录中，并复制正向和反向解析的模板，如图 17-7 所示。

```
[root@localhost /]# cd /var/named
[root@localhost named]# cp -p named.localhost qq.com.zone
[root@localhost named]# cp -p named.loopback 1.168.192.rev
[root@localhost named]# _
```

图 17-7

其中，-p 这个参数表示在复制过程中保持文件的用户所有权属性不变。

④ 编辑正向解析区域文件，如图 17-8 所示。

```
[root@localhost named]# vim qq.com.zone
```

图 17-8

图 17-9 所示是原始文件内容。

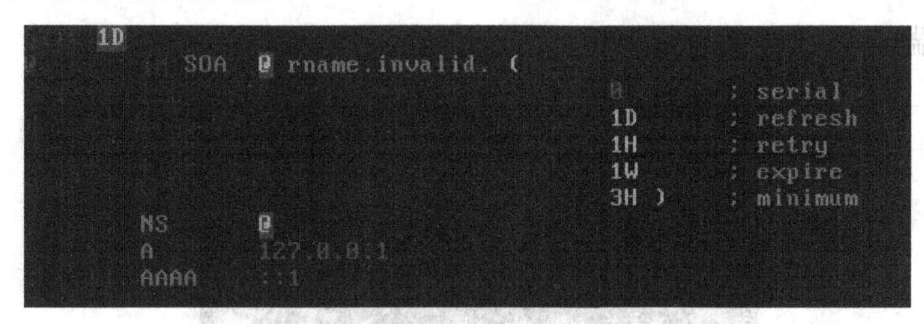

图 17-9

修改后内容如图 17-10 所示。

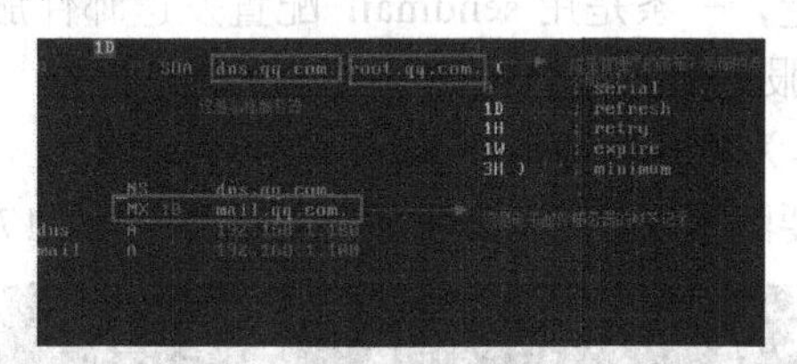

图 17-10

⑤ 编辑反向解析区域文件，如图 17-11 所示。

```
[root@localhost named]# vim  1.168.192.rev
```

图 17-11

图 17-12 所示是原始文件内容。

```
        1D
            SOA     @ rname.invalid. (
                                        0       ; serial
                                        1D      ; refresh
                                        1H      ; retry
                                        1W      ; expire
                                        3H )    ; minimum
            NS      @
            A       127.0.0.1
            AAAA    ::1
            PTR     localhost.
```

图 17-12

修改后内容如图 17-13 所示。

```
        1D
            SOA     dns.qq.com.  root.qq.com. (
                                        0       ; serial
                                        1D      ; refresh
                                        1H      ; retry
                                        1W      ; expire
                                        3H )    ; minimum
            NS      dns.qq.com.
100         PTR     dns.qq.com.
100         PTR     mail.qq.com.
```

图 17-13

⑥ 启动 DNS 服务器 service named restart，如图 17-14 所示。

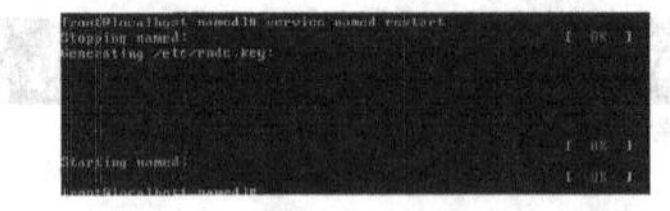

图 17-14

⑦ 在客户端 nslookup 测试：set type=mx，如图 17-15 所示。

```
C:\WINDOWS\system32\cmd.exe - nslookup

C:\Documents and Settings\Administrator>nslookup
Default Server:  mail.qq.com
Address:  192.168.1.100

> set type=mx
> qq.com
Server:  mail.qq.com
Address:  192.168.1.100

qq.com  MX preference = 10, mail exchanger = mail.qq.com
qq.com  nameserver = dns.qq.com
mail.qq.com     internet address = 192.168.1.100
dns.qq.com      internet address = 192.168.1.100
>
```

图 17-15

下面的内容分两条线走，一条是用 sendmail 配置发送邮件服务器（SMTP）；另一条是用 postfix 配置发送邮件服务器（SMTP）。

（3）使用 Sendmail 作为发送邮件服务器。

Sendmail 服务器的主要配置文件在/etc/mail 目录下，如图 17-16 所示。

```
[root@localhost /]# cd /etc/mail
[root@localhost mail]# ll
total 196
-rw-r--r--. 1 root root   469 May 20  2009 access
-rw-r-----. 1 root root 12288 Dec  5 08:54 access.db
-rw-r--r--. 1 root root     0 Dec  5 08:54 aliasesdb-stamp
-rw-r--r--. 1 root root   233 Apr 12  2007 domaintable
-rw-r-----. 1 root root 12288 Dec  5 08:54 domaintable.db
-rw-r--r--. 1 root root  5584 Nov 12  2010 helpfile
-rw-r--r--. 1 root root    64 Apr 12  2007 local-host-names
-rw-r--r--. 1 root root   997 Apr 12  2007 mailertable
-rw-r-----. 1 root root 12288 Dec  5 08:54 mailertable.db
-rwxr-xr-x. 1 root root  2700 May 20  2009 make
-rw-r--r--. 1 root root    92 May 20  2009 Makefile
-rw-r--r--. 1 root root 58439 Nov 12  2010 sendmail.cf
-rw-r--r--. 1 root root  7202 May 20  2009 sendmail.mc
drwxr-xr-x. 4 root root  4096 Dec  5 09:03
-rw-r--r--. 1 root root 41521 Nov 12  2010 submit.cf
-rw-r--r--. 1 root root   941 Nov 12  2010 submit.mc
-rw-r--r--. 1 root root   127 Apr 12  2007 trusted-users
-rw-r--r--. 1 root root  1847 Apr 12  2007 virtusertable
-rw-r-----. 1 root root 12288 Dec  5 08:54 virtusertable.db
[root@localhost mail]#
```

图 17-16

① 配置 sendmail.mc。

在 116 行有图 17-17 所示这样一行文字。

```
116 DAEMON_OPTIONS(`Port=smtp,Addr=127.0.0.1, Name=MTA')dnl
```

图 17-17

修改 116 行的 127.0.0.1 为 0.0.0.0，表示所有人都可以使用本邮件服务器，如图 17-18 所示。

```
116 DAEMON_OPTIONS(`Port=smtp,Addr=0.0.0.0, Name=MTA')dnl
```

图 17-18

如果需要 saslauthd 作安全认证服务的话，还需要做如下修改（不作安全认证服务则不需要修改）：把 52 和 53 行前面的 dnl 去掉（这是用来设置 SMTP 的用户认证的），如图 17-19 所示。

```
52 TRUST_AUTH_MECH(`EXTERNAL DIGEST-MD5 CRAM-MD5 LOGIN PLAIN')dnl
53 define(`confAUTH_MECHANISMS', `EXTERNAL GSSAPI DIGEST-MD5 CRAM-MD5 LOGIN PLA
   IN')dnl
```

图 17-19

② 用 m4 命令生成 sendmail.cf，如图 17-20 所示。

```
[root@localhost mail]# m4 sendmail.mc > sendmail.cf
[root@localhost mail]# _
```

图 17-20

③ 修改 local-host-names，在里面加所设置的域名，如图 17-21 和图 17-22 所示。

```
[root@localhost mail]# vim local-host-names
```

图 17-21

```
# local-host-names - include all aliases for your machine here.
qq.com_
```

图 17-22

④ 编辑 access 文件，开启转发权限，加入允许通过本机转发邮件的域名信息，并用 makemap hash 命令生成数据库文件 access.db，如图 17-23 所示。

```
[root@localhost mail]# vim access_
```

图 17-23

在这个文件中添加图 17-24 所示两行，表示在这个网段和域中都允许转发。

```
192.168.1.0                                   RELAY
qq.com                                        RELAY
```

图 17-24

最后用 makemap hash 命令生成数据库文件，如图 17-25 所示。

```
[root@localhost mail]# makemap hash access.db < access
[root@localhost mail]# _
```

图 17-25

⑤ 配置完成后启动 Sendmail 服务器，如图 17-26 所示。

```
[root@localhost mail]# service sendmail restart
Shutting down sm-client:                                   [  OK  ]
Shutting down sendmail:                                    [  OK  ]
Starting sendmail:                                         [  OK  ]
Starting sm-client:                                        [  OK  ]
[root@localhost mail]# _
```

图 17-26

（4）接收电子邮件服务器 Dovecot。

以上配置的是 SMTP 服务器的一种——Sendmail 服务器，SMTP（简单邮件传送协议）服务器只能发送电子邮件，但不能接收。所以还必须再配置接收邮件服务器 POP3 和 IMAP4，在 Linux 里面名称为 dovecot，它的主配置文件是 /etc/dovecot.conf。

① 新建两个账户作为邮件用户。

如果电子账户是 Linux 的系统账户，就会造成不安全性，为了防止用户用这个账号和密码登录系统，所以要创建用户，如图 17-27 所示。

```
[root@localhost /]# useradd -s /sbin/nologin ding1
[root@localhost /]# useradd -s /sbin/nologin ding2
```

图 17-27

另外，还要使用 passwd 命令分别给这两个账户设置登录密码。

② 修改 dovecot.conf 文件的内容，把第 20 行行首的#去除，如图 17-28 和图 17-29 所示。

```
[root@localhost /]# vim /etc/dovecot/dovecot.conf
```

图 17-28

```
19 # Protocols we want to be serving.
20   protocols = imap pop3 lmtp
21
```

图 17-29

再把 38 行的行首的#去除，取消注释，并添加 0.0.0.0/0，如图 17-30 所示。

```
38   login_trusted_networks = 0.0.0.0/0
```

图 17-30

③ 修改 /etc/dovecot/conf.d/10-mail.conf 这个配置文件，把 25 行的#去除，取消注释，如图 17-31 和图 17-32 所示。

```
[root@localhost /]# vim /etc/dovecot/conf.d/10-mail.conf
```

图 17-31

```
24 #   mail_location = maildir:~/Maildir
25     mail_location = mbox:~/mail:INBOX=/var/mail/%u
26 #   mail_location = mbox:/var/mail/%d/%1n/%n:INDEX=/var/
```

图 17-32

④ 进入用户目录，创建用户邮件文件夹，如图 17-33 和图 17-34 所示。

```
[root@localhost /]# cd /home
[root@localhost home]# cd ding1
[root@localhost ding1]# mkdir -p  mail/.imap/INBOX
```

图 17-33

```
[root@localhost ding1]# cd ..
[root@localhost home]# cd ding2
[root@localhost ding2]# mkdir -p mail/.imap/INBOX
```

图 17-34

⑤ 启动 Dovecot 服务器（POP3 和 IMAP4 服务器已配置），如图 17-35 所示。

```
[root@localhost ding2]# service dovecot restart
Stopping Dovecot Imap:                                    [FAILED]
Starting Dovecot Imap:                                    [  OK  ]
[root@localhost ding2]# _
```

图 17-35

⑥ 如果之前修改了 Sendmail 中的安全认证服务，则此处还要启动 saslauthd 服务（支持 SMTP 用户认证），如图 17-36 所示。

```
[root@localhost /]# service saslauthd restart
Stopping saslauthd:                                       [FAILED]
Starting saslauthd:                                       [  OK  ]
[root@localhost /]# _
```

图 17-36

⑦ 再打开两台 Windows XP 虚拟机（作为测试用客户机），并设置正确的网络参数，首先要让所有虚拟机相互 ping 通。

a. 要对 XP 的邮件客户端 Outlook Express 进行必要的初始化配置，包括本地接收电邮的名称、SMPT 和 POP3 服务器的 IP 地址、用户名和密码相关账户的设置，如图 17-37 ~ 图 17-40 所示。

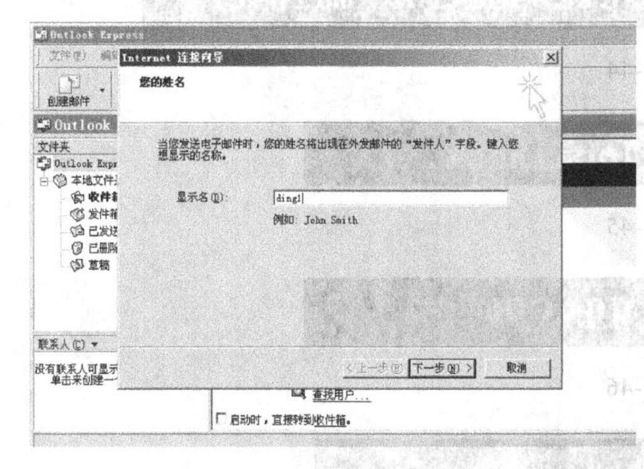

图 17-37

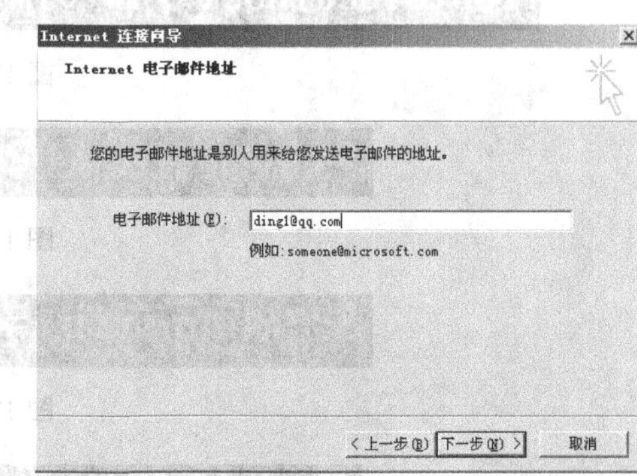

图 17-38

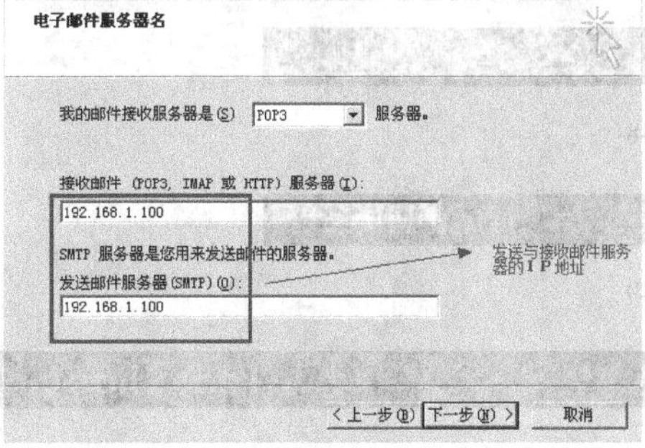

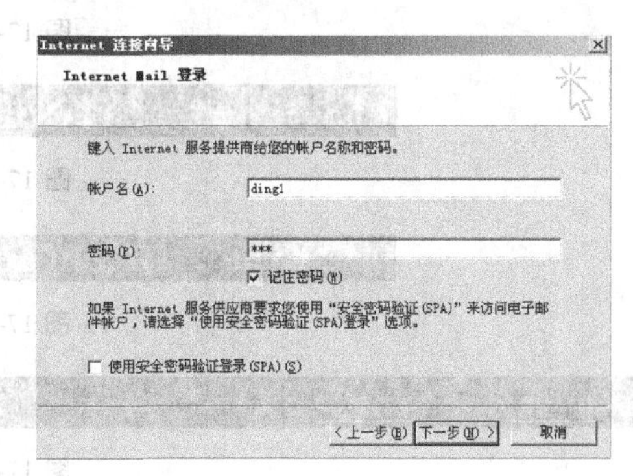

图 17-39

图 17-40

b. 在另外一台 XP 客户机设置 ding2 这个账户，方法同上。

利用 Outlook Express 的发送和接收电子邮件的功能，测试两台电脑，两个账户间可以互发电子邮件（如图 17-41 和图 17-42 所示），测试通过。

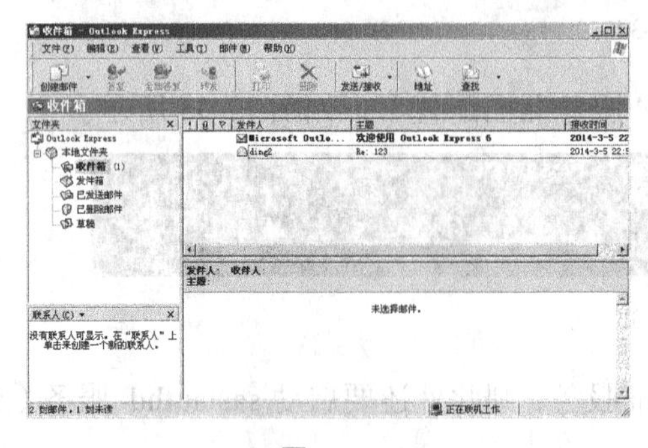

图 17-41

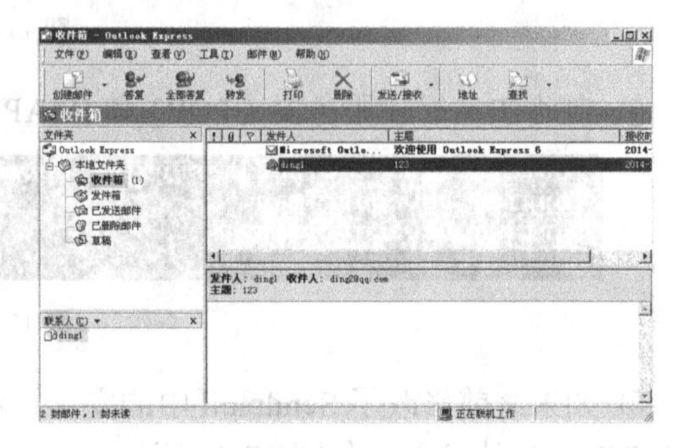

图 17-42

（5）Postfix　邮件服务器的配置。

Postfix 也是一个 SMPT 邮件发送服务器，它只有一个主配置文件/etc/postfix/main.cf。

如果电子邮件选用 Postfix，首先要把 Sendmail 停止（如图 17-43 所示），然后修改配置文件 main.cf（如图 17-44 所示）中各行就可以了，如图 17-45～图 17-51 所示。

```
[root@localhost /]# service sendmail stop
Shutting down sm-client:                                   [  OK  ]
Shutting down sendmail:                                    [  OK  ]
[root@localhost /]#
```

图 17-43

```
[root@localhost /]# vim /etc/postfix/main.cf
```

图 17-44

```
75 myhostname = localhost
```

图 17-45

```
83 mydomain = qq.com
```

图 17-46

```
99 myorigin = $mydomain
```

图 17-47

```
113 inet_interfaces = all
```

图 17-48

```
116 #inet_interfaces = localhost
```

图 17-49

```
164 mydestination = $myhostname, $mydomain, localhost
```

图 17-50

```
264 mynetworks = 192.168.1.0/24, 127.0.0.0/8
```

图 17-51

修改完成后，保存并退出，启动 postfix 服务器，如图 17-52 所示。

```
[root@server postfix]# service postfix restart
Shutting down postfix:                                     [FAILED]
Starting postfix:                                          [  OK  ]
[root@server postfix]# _
```

图 17-52

这是 SMTP 服务器，用来发送电子邮件。接收邮件服务器是 POP3 协议的 Dovecot 服务器，与 Sendmail 配置方法相同，略。

四、总结

通过这个项目的练习，可以了解邮件服务器的工作原理，学会 Sendmail 和 Postfix 的 SMTP 服务配置和 Dovecot 的 POP3 配置。

五、实训思考题与作业

1. 比较电子邮件和传统的 IM 工具的异同。
2. 创建两个邮件账户 wang@baidu.com 和 zhao@baidu.com 并实现这两个邮件账户能正常收发电子邮件。

PART 18 项目 18 Soft Routing 软路由

一、学习目标

1. 知识目标

了解路由与软路由的区别。

2. 能力目标

掌握把 Linux 配置成简单路由，并实现不同网段连通的方法。

掌握 DHCP 中继代理服务器的配置方法。

掌握在 Linux 下配置静态路由的方法。

掌握在 Linux 下配置动态路由（rip 和 ospf）的方法。

二、理论基础

所谓“路由”，是指把数据从一个地方传送到另一个地方的行为和动作，而路由器，正是执行这种行为动作的机器，它的英文名称为 Router，是一种连接多个网络或网段的网络设备，它能将不同网络或网段之间的数据信息进行“翻译”，以使它们能够相互“读懂”对方的数据，从而构成一个更大的网络。

为了完成“路由”的工作，在路由器中保存着各种传输路径的相关数据——路由表（Routing Table），供路由选择时使用。路由表中保存着子网的标志信息、网上路由器的个数和下一个路由器的名字等内容。路由表可以由系统管理员固定设置好，也可以由系统动态修改；可以由路由器自动调整，也可以由主机控制。在路由器中涉及两个有关地址的名字概念，那就是静态路由表和动态路由表。由系统管理员事先设置好固定的路由表称为静态（static）路由表，一般是在系统安装时就根据网络的配置情况预先设定的，它不会随以后网络结构的改变而改变。动态（Dynamic）路由表是路由器根据网络系统的运行情况而自动调整的路由表。路由器根据路由选择协议（Routing Protocol）提供的功能，自动学习和记忆网络运行情况，在需要时自动计算数据传输的最佳路径。

软路由利用台式机或服务器配合软件形成路由解决方案，主要靠软件的设置，达成路由器的功能；而硬路由则是以特用的硬设备，包括处理器、电源供应、嵌入式软件，提供设定的路由器功能。

软路由的好处有很多，如使用便宜的台式机，配合免费的 Linux 软件。软路由弹性较大，而且台式机处理器性能强大，所以处理效能不错，也较容易扩充。但对应地，也要求技术人员需掌握更多的如设置方法、参数设计等专业知识，同时设定也比较复杂，而且需技术人员具备一定应变技术能力。

三、项目实施

1. 虚拟机网络实验拓扑图

传统的虚拟机网络实验拓朴图（同一网段），如图 18-1 所示。

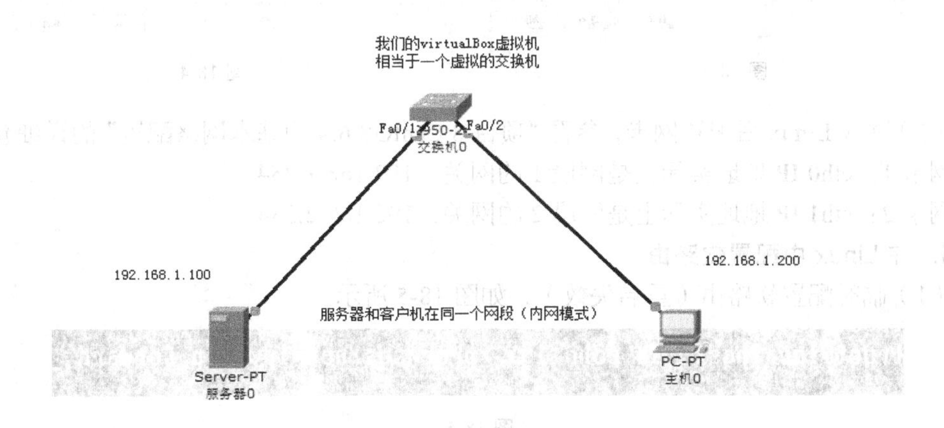

图 18-1

打开两台虚拟机，一台作服务器，另一台作客户机，设置“内部网络”——相当于把两台电脑接到同一个网络中。设置 IP 地址，必须是同网段的，如把服务器的 IP 设置为 192.168.1.100，客户机的 IP 设置为 192.168.1.200。以上是平时练习各种服务器架构的拓朴结构图，在此不再赘述。

2. 跨网段（不同网段）的虚拟机连通

跨网段的虚拟机网络实验拓扑图如图 18-2 所示。

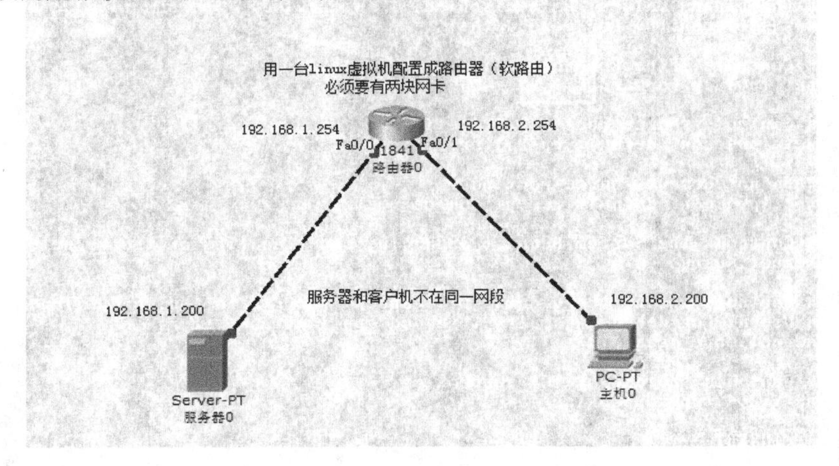

图 18-2

3. 以 Linux 作为软路由做实验

（1）给 Linux 虚拟机安装两块网卡，如图 18-3 所示。

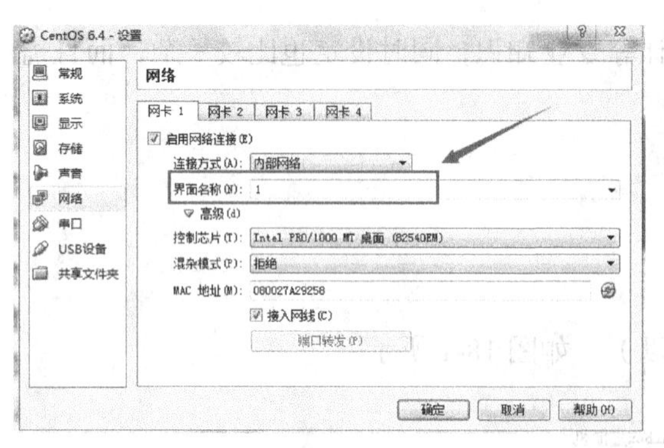

图 18-3

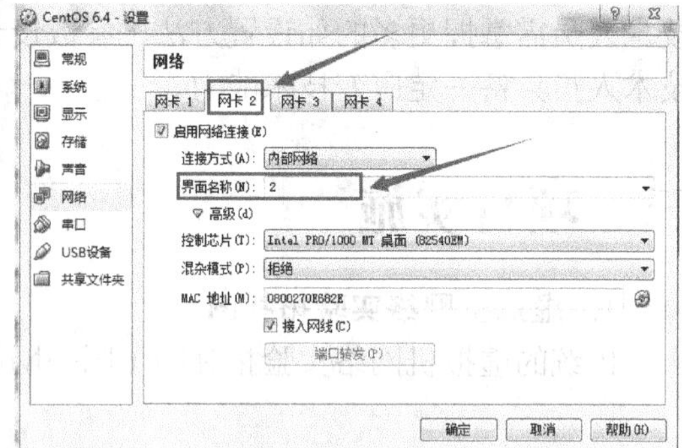

图 18-4

（2）进入 Linux 后配置网卡，参看“项目 8 CentOS 6.4 的基本网络配置”的详细介绍。

网卡 1：eth0 IP 地址实际上是网段 1 的网关：192.168.1.254

网卡 2：eth1 IP 地址实际上是网段 2 的网关：192.168.2.254

4. 在 Linux 中配置软路由

（1）临时配置软路由（重启失效），如图 18-5 所示。

```
[root@localhost ~]# echo 1 > /proc/sys/net/ipv4/ip_forward _
```

图 18-5

这条命令可以让 Linux 系统软路由立即生效。

（2）永久生成软路由（重启不失效），如图 18-6 和图 18-7 所示。

```
[root@localhost ~]# vim /etc/sysctl.conf _
```

图 18-6

```
# Kernel sysctl configuration file for Red Hat Linux
#
# For binary values, 0 is disabled, 1 is enabled.  See sysctl(8) and
# sysctl.conf(5) for more details.

# Controls IP packet forwarding
net.ipv4.ip_forward = 1_

# Controls source route verification
net.ipv4.conf.default.rp_filter = 1

# Do not accept source routing
net.ipv4.conf.default.accept_source_route = 0

# Controls the System Request debugging functionality of the kernel
kernel.sysrq = 0

# Controls whether core dumps will append the PID to the core filena
# Useful for debugging multi-threaded applications.
kernel.core_uses_pid = 1

# Controls the use of TCP syncookies
net.ipv4.tcp_syncookies = 1

-- INSERT --                                                    7,24
```

图 18-7

把配置文件中的 0 改为 1 后，保存退出。使用 sysctl -p，命令生效，如图 18-8 所示。

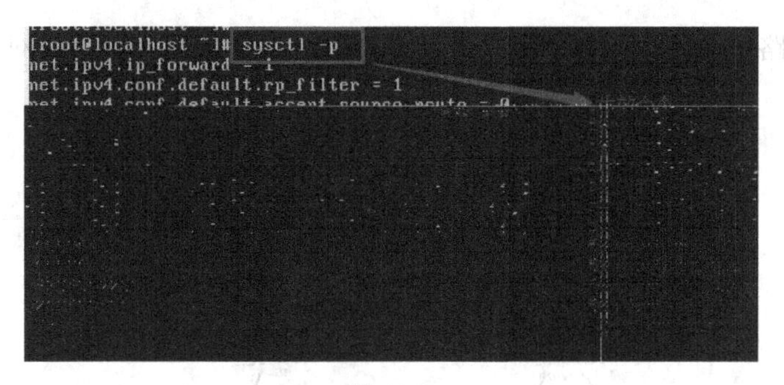

图 18-8

（3）打开两台 Windows 客户机，设置 IP 地址。在这里必须要把两台虚拟机的网关加上。设置网段 1 和网段 2 中虚拟机的 IP，如图 18-9 和图 18-10 所示。

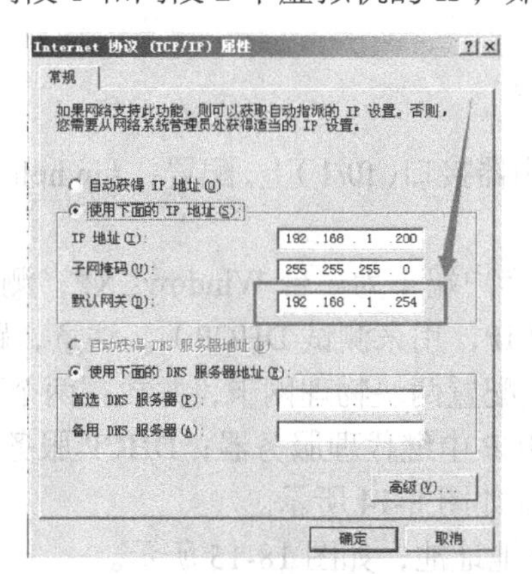

图 18-9

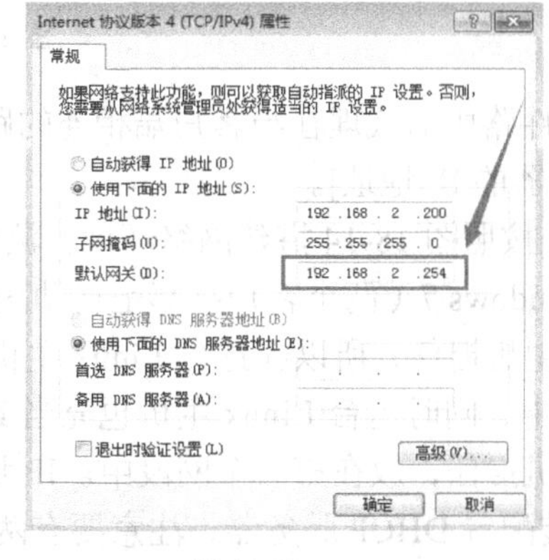

图 18-10

（4）两台 Windows 相互对 ping，看看能不能 ping 通。如果能够 ping 通，说明软路由设置正确，如图 18-11 所示。

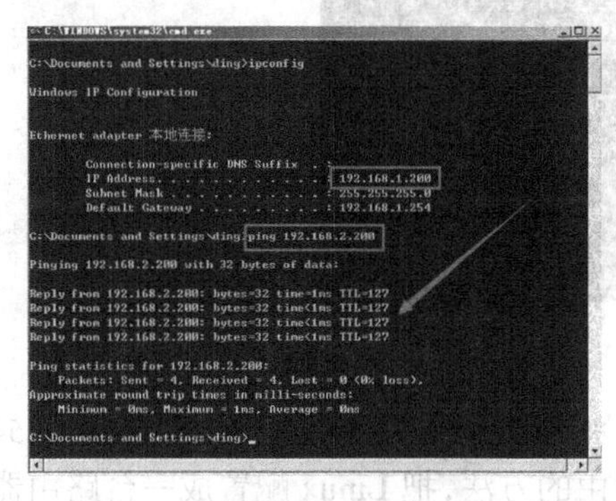

图 18-11

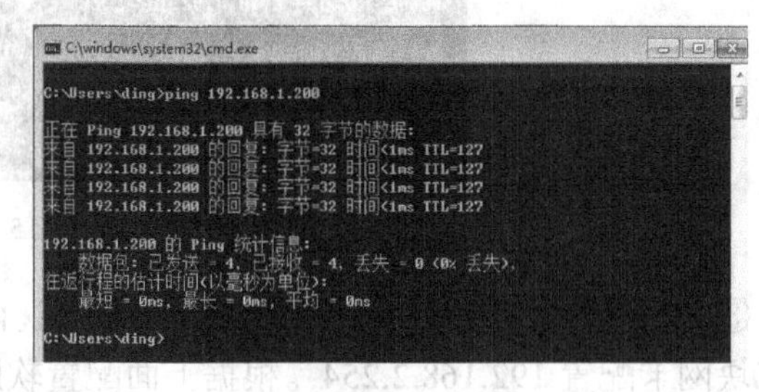

图 18-12

可以通过 arp 命令查看协议信息，如图 18-13 所示。

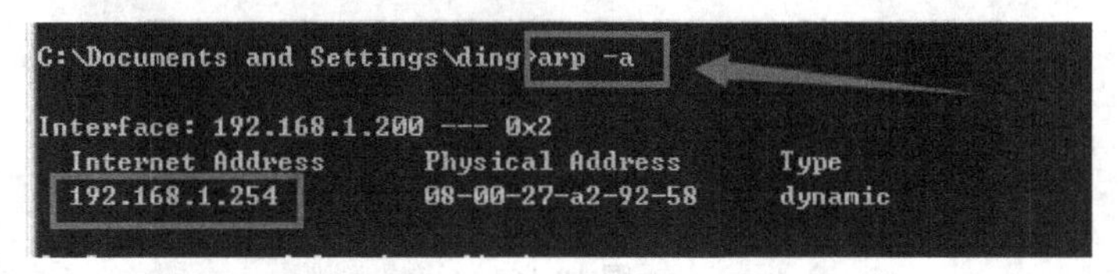

图 18-13

根据这个软路由原理，下面来做一个关于 DHCP 中继代理实验，其网络拓朴图如图 18-14 所示。

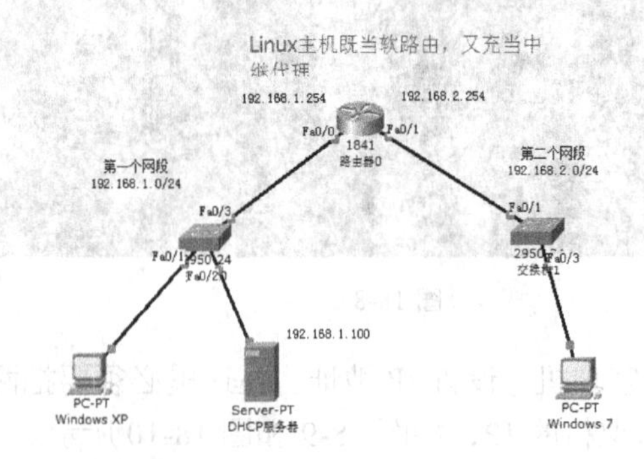

图 18-14

真实硬件路由器代理在与客户端相连的路由器接口（f0/1）上，配置：#ip helper-address [DHCP 服务器的 IP 地址]。

① 首先按照图 18-14 搭建网络环境，测试客户端 1 为一台 Windows XP；测试客户端 2 为一台 Windows 7（两个客户端都是自动获取 IP，用来测试 DHCP）。注意，路由器由一台 Linux 主机担任，所以在这台 Linux 主机上配置两块物理网卡，并放在两个不同的网络（网段）中，同时这台 Linux 主机也充当 DHCP 中继代理服务器；DHCP 服务器也由一台 Linux 主机担任，放在第一个网段中。IP 地址如图 8-14 所示。

② 安装配置 DHCP 服务器，注意要有两个地址池，如图 18-15 所示。

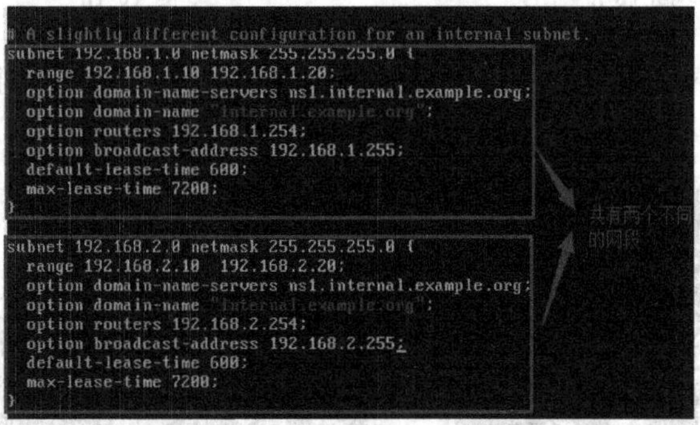

```
# A slightly different configuration for an internal subnet.
subnet 192.168.1.0 netmask 255.255.255.0 {
  range 192.168.1.10 192.168.1.20;
  option domain-name-servers ns1.internal.example.org;
  option domain-name "internal.example.org";
  option routers 192.168.1.254;
  option broadcast-address 192.168.1.255;
  default-lease-time 600;
  max-lease-time 7200;
}

subnet 192.168.2.0 netmask 255.255.255.0 {
  range 192.168.2.10  192.168.2.20;
  option domain-name-servers ns1.internal.example.org;
  option domain-name "internal.example.org";
  option routers 192.168.2.254;
  option broadcast-address 192.168.2.255;
  default-lease-time 600;
  max-lease-time 7200;
}
```

具有两个不同的网段

图 18-15

③ 安装配置带有路由器功能的 Linux 主机。两块网卡，第一块网卡配置 192.168.1.254，第二块网卡配置 192.168.2.254 。根据上面配置软路由的方法，把 Linux 配置成一台路由器。

④ 配置 DHCP 中继代理服务器，在中继代理服务器上修改配置文件。

输入命令：vim　/etc/sysconfig/dhcrelay

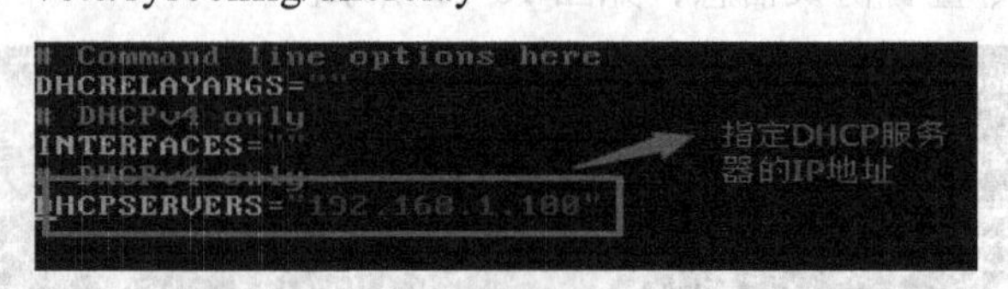

```
# Command line options here
DHCRELAYARGS=""
# DHCPv4 only
INTERFACES=""
# DHCPv4 only
DHCPSERVERS="192.168.1.100"
```


图 18-16

启动 DHCP 中继代理，如图 18-17 所示。

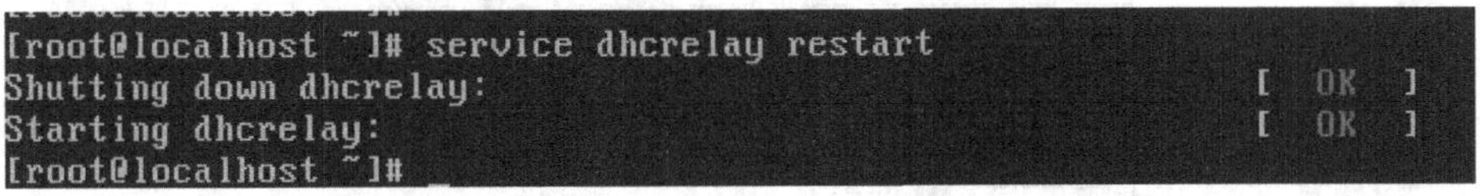

[root@localhost ~]# service dhcrelay restart
Shutting down dhcrelay: [OK]
Starting dhcrelay: [OK]
[root@localhost ~]#

图 18-17

查看两台测试用的电脑，发现都获得了 IP 地址，说明 DHCP 服务器通。中继代理服务器给不同网段的电脑也自动分配了 IP 地址。DHCP 中继代理实验全部完成。

在 XP 上用 arp 查询，发现 XP 的 arp 请求是发给本网段的 DHCP 服务器，如图 18-18 所示。

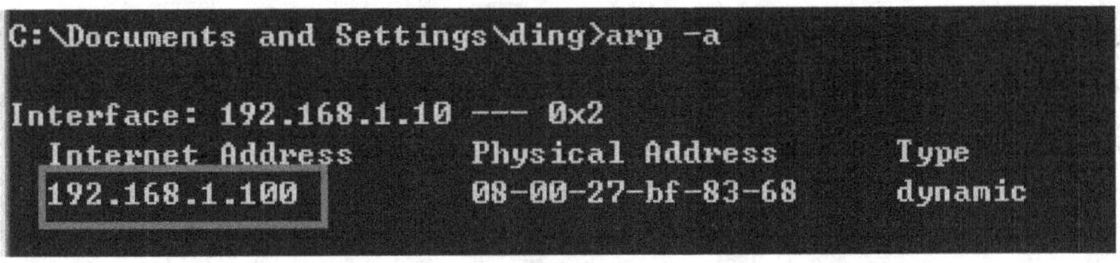

C:\Documents and Settings\ding>arp -a
Interface: 192.168.1.10 --- 0x2
Internet Address Physical Address Type
192.168.1.100 08-00-27-bf-83-68 dynamic

图 18-18

在 Windows 7 上用 arp 查询，发现 arp 请求是发给中继代理服务器 192.168.2.254，如图 18-19 所示。

C:\windows\system32\cmd.exe
Microsoft Windows [版本 6.1.7601]
版权所有 (c) 2009 Microsoft Corporation。保留所有权利。
C:\Users\ding>arp -a
接口: 192.168.2.10 --- 0xb
Internet 地址 物理地址 类型
192.168.2.254 08-00-27-0e-68-2e 动态
192.168.2.255 ff-ff-ff-ff-ff-ff 静态

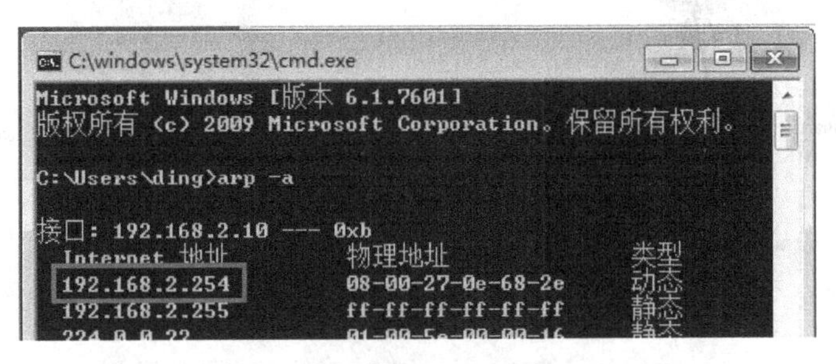

图 18-19

5．Windows 环境下的 DHCP 中继代理实验

下面是 Windows Server 用作中继代理服务器在路由和远程访问中的主要实现步骤。与上面 Linux 配置软路由的方法一样，Windows Server 2003 也需添加两块物理网卡。分别给两块网卡设置 2 个 IP 地址作为两个不同网段的网关，如图 18-20～图 18-22 所示。

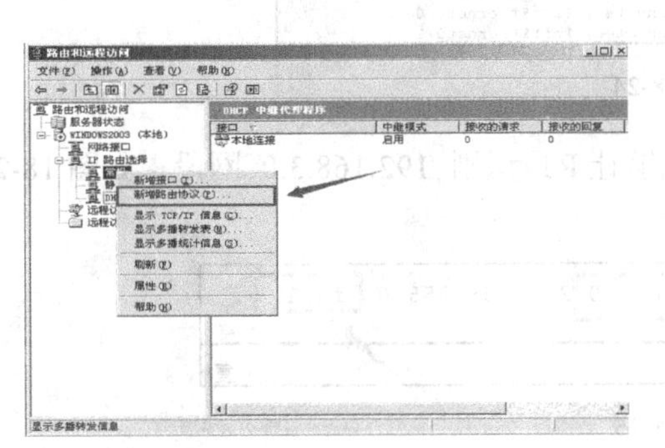

图 18-20

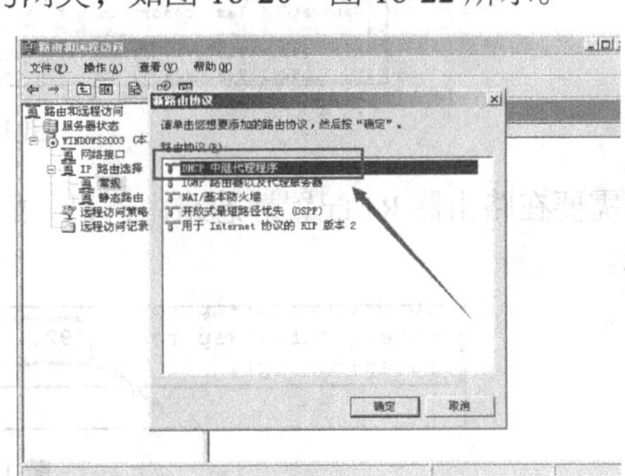

图 18-21

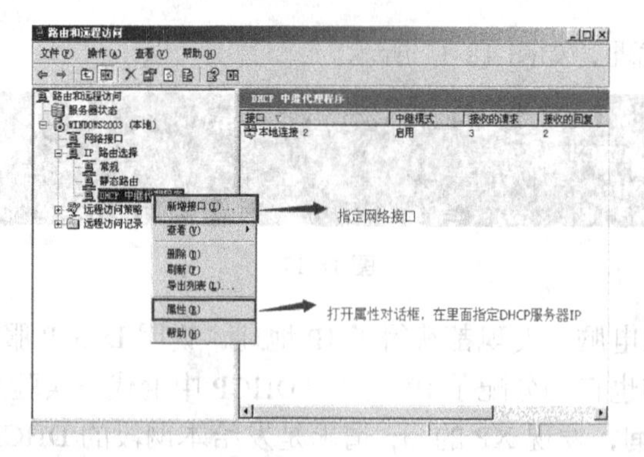

图 18-22

6. 利用 Linux 配置静态路由和动态路由

如果网络中不止一台路由器，那么就要在路由上配置路由协议了。

实验拓扑图如图 18-23 所示。

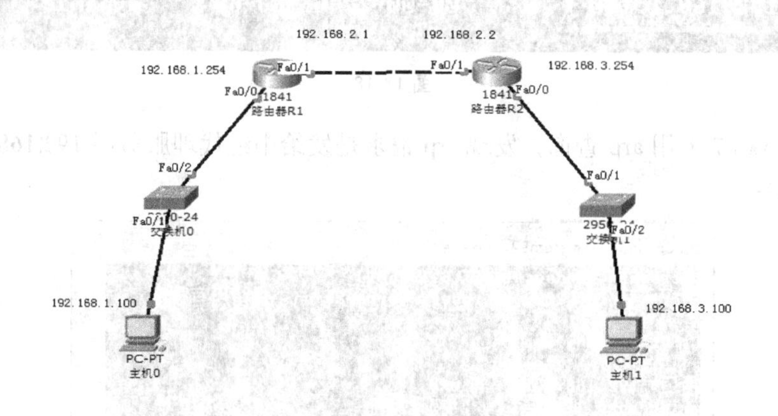

图 18-23

在路由器 R1 上有两条直连路由，如图 18-24 所示。

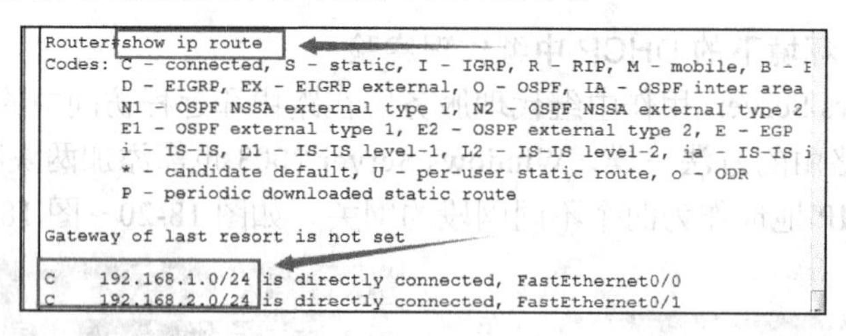
```
Router#show ip route
Codes: C - connected, S - static, I - IGRP, R - RIP, M - mobile, B - E
       D - EIGRP, EX - EIGRP external, O - OSPF, IA - OSPF inter area
       N1 - OSPF NSSA external type 1, N2 - OSPF NSSA external type 2
       E1 - OSPF external type 1, E2 - OSPF external type 2, E - EGP
       i - IS-IS, L1 - IS-IS level-1, L2 - IS-IS level-2, ia - IS-IS i
       * - candidate default, U - per-user static route, o - ODR
       P - periodic downloaded static route

Gateway of last resort is not set

C    192.168.1.0/24 is directly connected, FastEthernet0/0
C    192.168.2.0/24 is directly connected, FastEthernet0/1
```

图 18-24

需要在路由器 R1 配置静态路由条目，能够让 R1 识别 192.168.3.0 网段，如图 18-25 所示。

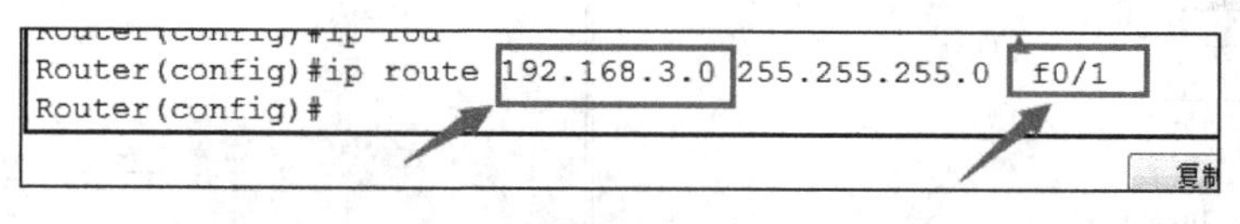
```
Router(config)#ip route 192.168.3.0 255.255.255.0 f0/1
Router(config)#
```

图 18-25

同理，在路由器 R2 上也要做如上设置，这样才能保证全网互通。

用图 18-23 所示拓朴图，用 Linux 取代硬件路由器，来做一下在 Linux 软路由中如何配置静态路由。

基本软路由配置方法同上，在路由器 R1 上配置，如图 18-26 所示。

```
[root@localhost rc.d]# route -n
Kernel IP routing table
Destination     Gateway         Genmask         Flags Metric Ref    Use Iface
192.168.2.0     0.0.0.0         255.255.255.0   U     0      0        0 eth1
192.168.1.0     0.0.0.0         255.255.255.0   U     0      0        0 eth0
169.254.0.0     0.0.0.0         255.255.0.0     U     1002   0        0 eth0
169.254.0.0     0.0.0.0         255.255.0.0     U     1003   0        0 eth1
[root@localhost rc.d]# route add -net 192.168.3.0 netmask 255.255.255.0 gw 192.1
68.2.2
[root@localhost rc.d]#
[root@localhost rc.d]#
[root@localhost rc.d]# route -n
Kernel IP routing table
Destination     Gateway         Genmask         Flags Metric Ref    Use Iface
192.168.3.0     192.168.2.2     255.255.255.0   UG    0      0        0 eth1
192.168.2.0     0.0.0.0         255.255.255.0   U     0      0        0 eth1
192.168.1.0     0.0.0.0         255.255.255.0   U     0      0        0 eth0
169.254.0.0     0.0.0.0         255.255.0.0     U     1002   0        0 eth0
169.254.0.0     0.0.0.0         255.255.0.0     U     1003   0        0 eth1
[root@localhost rc.d]#
```

图 18-26

使用命令：Route -n 来查看本机的路由表，可以看到，R1 上只有两个直连网段的路由条目：192.168.1.0 和 1992.168.2.0 ，没有 192.168.3.0 的路由条目。所以要增加一个到 192.168.3.0 的静态路由：

```
# route add -net 192.168.3.0 netmask 255.255.255.0 gw 192.168.2.2
```

其中，gw 192.168.2.2 是路由器 R2 去往 192.168.3.0 网段的网关。

下面用相同的方法在 R2 上配置静态路由到 192.168.1.0 网段。设置完成，用 192.168.1.100 的主机 ping 192.168.3.100 的主机，虽中间隔了两个路由器（使用静态路由）也能 ping 通。

7. 动态路由理论基础

本次实验拓朴图同静态路由的拓朴图（见图 18-23）。

在路由器 R1 上设置 RIP 协议，如图 18-27 所示。

```
Router(config)#router rip
Router(config-router)#net 192.168.1.0
Router(config-router)#net 192.168.2.0
Router(config-router)#
```

图 18-27

在路由器 R2 上设置 RIP 协议，如图 18-28 所示。

```
Router(config)#router rip
Router(config-router)#net 192.168.2.0
Router(config-router)#net 192.168.3.0
Router(config-router)#
```

图 18-28

在路由器 R1 上设置 OSPF 协议，如图 18-29 所示。

```
Router(config)#router ospf 1
Router(config-router)#netwo
Router(config-router)#network 192.168.1.0 0.0.0.255 area 0
Router(config-router)#network 192.168.2.0 0.0.0.255 area 0
Router(config-router)#
```

图 18-29

在路由器 R2 上设置 OSPF 协议，如图 18-30 所示。

```
Router(config)#route
Router(config)#router os
Router(config)#router ospf 1
Router(config-router)#netwo
Router(config-router)#network 192.168.2.0 0.0.0.255 area 0
Router(config-router)#network 192.168.3.0 0.0.0.255 area 0
```

图 18-30

以上是在思科模拟器 PT 中实现的 RIP 和 OSPF 动态路由协议。下面先来讨论一下在 Linux 中动态路由协议相关的理论概念。

在 Linux 中实现动态路由协议的软件包是 quagga，它提供基于 TCP/IP 的路由服务，支持 RIPv1、RIPv2、RIPng、OSPFv2、OSPFv3、BGP 等众多路由协议。Quagga 是一个很不错的路由仿真软件。

（1）首先检查系统中有没有安装 quagga 软件，如图 18-31 所示。

```
[root@localhost ~]# rpm -qa|grep  quagga
quagga-0.99.15-7.el6_3.2.i686
[root@localhost ~]# _
```

图 18-31

由图 18-31 可知，系统中已安装 quagga，如果没有安装，就需要用 rpm 或者 yum 来安装。

（2）查看路由协议的进程与端口号。通过查看 /etc/services 中端口对应的进程名称可以查看到不同路由协议对应的启动端口号，如图 18-32 所示。

```
# Ports numbered 2600 through 2606 are used by the zebra package without
# being registred.  The primary names are the registered names, and the
# unregistered names used by zebra are listed as aliases.
hpstgmgr        2600/tcp        zebra           # HPSTGMGR
hpstgmgr        2600/udp                        # HPSTGMGR
discp-client    2601/tcp        zebra           # discp client
discp-client    2601/udp                        # discp client
discp-server    2602/tcp                        # discp server
discp-server    2602/udp                        # discp server
servicemeter    2603/tcp                        # Service Meter
servicemeter    2603/udp                        # Service Meter
nsc-ccs         2604/tcp                        # NSC CCS
nsc-ccs         2604/udp                        # NSC CCS
nsc-posa        2605/tcp                        # NSC POSA
nsc-posa        2605/udp                        # NSC POSA
netmon          2606/tcp                        # Dell Netmon
netmon          2606/udp                        # Dell Netmon
dict            2628/tcp                        # RFC 2229
dict            2628/udp                        # RFC 2229
                                                      394,1         3%
```

图 18-32

对 quagga 进行配置，实际上就是对各进程进行配置，路由器的配置和路由协议的配置是分开在不同进程进行的。

可以这么理解，quagga 里的 zebra 进程，相当于一个路由器，对 zebra 进行配置，就相当于对路由器进行基本配置（注意，这里是说基本配置，路由协议不是在 zebra 里配置的）。而 quagga 里的 ripd、ospfd、bgpd 等进程，相当于不同的路由协议，要启动哪一种协议，就对协议相应的进程进行配置。

quagga 进程的配置命令有些和 Packet Tracer 的配置命令不同，使用时要区别对待，多用“？”查看所处模式下可以使用的命令及其格式。

（3）查看 quagga 主目录（/etc/quagga）中的文件，如图 18-33 所示。

```
[root@localhost ~]# cd /etc/quagga/
[root@localhost quagga]# ll
total 36
-rw-r--r--. 1 root    root       566 Sep 13  2012 bgpd.conf.sample
-rw-r--r--. 1 root    root      2801 Sep 13  2012 bgpd.conf.sample2
-rw-r--r--. 1 root    root      1110 Sep 13  2012 ospf6d.conf.sample
-rw-r--r--. 1 root    root       182 Sep 13  2012 ospfd.conf.sample
-rw-r--r--. 1 root    root       406 Sep 13  2012 ripd.conf.sample
-rw-r--r--. 1 root    root       390 Sep 13  2012 ripngd.conf.sample
-rw-r-----. 1 quagga  quaggavt     0 Oct 25 11:01 vtysh.conf
-rw-r--r--. 1 quagga  quaggavt   128 Sep 13  2012 vtysh.conf.sample
-rw-r-----. 1 quagga  quagga      31 Oct 25 11:01 zebra.conf
-rw-r--r--. 1 root    root       369 Sep 13  2012 zebra.conf.sample
[root@localhost quagga]# _
```

图 18-33

通过 ll 命令可以看到 quagga 下一共有 10 个文件，文件后带有“sample”的是示例文件。

（4）用 vim zebra.conf.sample 查看 zebra 示例文件，如图 18-34 所示。

```
! -*- zebra -*-
!
! zebra sample configuration file
!
! $Id: zebra.conf.sample,v 1.1 2002/12/13 20:15:30 paul Exp $
!
hostname Router
password zebra          登录密码和enable密码。
enable password zebra
!
! Interface's description.
!
!interface lo
! description test of desc.
!
!interface sit0
! multicast

!
! Static default route sample.
!
!ip route 0.0.0.0/0 203.181.89.241
```

图 18-34

说明

“!”是注释标识，红色箭头指向路由器名称、登录密码和 enable 密码。

（5）把模板文件复制成 zebra.conf 配置文件。

注意

在通常情况下，quagga 文件夹里面有 zebra.conf 这个文件，但是里面一般是空白的，感兴趣的同学可以自己先打开一次 zebra.conf，再使用 cp 命令覆盖掉原文件，如图 18-35 所示。

```
[root@localhost quagga]# cp zebra.conf.sample  zebra.conf
cp: overwrite `zebra.conf'? y
[root@localhost quagga]# _
```

图 18-35

（6）启动 zebra，如图 18-36 所示。

```
[root@localhost quagga]# service zebra restart
Shutting down zebra:                                       [  OK  ]
Starting zebra:                                            [  OK  ]
[root@localhost quagga]# _
```

图 18-36

（7）配置 zebra。

前面在介绍 quagga 的时候已经提到过了，配置 zebra 其实就是配置路由器，命令格式跟用 Packet Tracer 做路由器实验时大同小异。

① 进入路由器配置模式。

在 services 中可以看到，zebra 的进程号是 2601，如图 18-37 所示，可以直接用 Telnet 连接（如果系统没有安装 Telnet，请参看“项目 9 CentOS 6.4 软件包的安装与管理”中介绍的方法安装 telnet）。

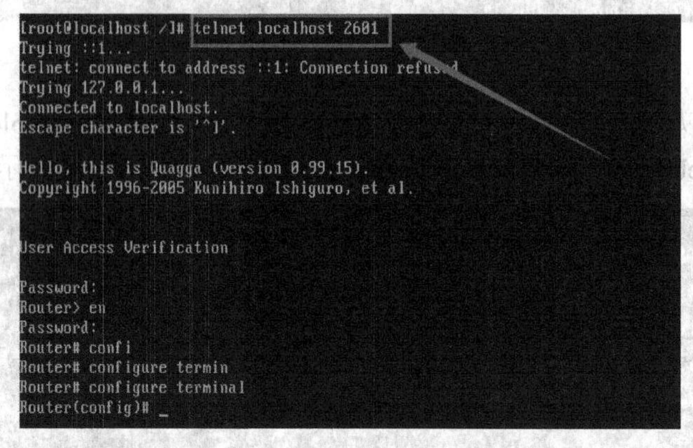

[root@localhost /]# telnet localhost 2601
Trying ::1...
telnet: connect to address ::1: Connection refused
Trying 127.0.0.1...
Connected to localhost.
Escape character is '^]'.
Hello, this is Quagga (version 0.99.15).
Copyright 1996-2005 Kunihiro Ishiguro, et al.
User Access Verification
Password:
Router> en
Password:
Router# confi
Router# configure termin
Router# configure terminal
Router(config)# _

图 18-37

② 配置接口 IP 地址，如图 18-38 所示。

```
Router(config-if)# ip address 192.168.1.254/24
Router(config-if)#
```

图 18-38

说明

zebra 比较特殊，不能使用 ip address 192.168.2.1 255.255.255.0 这种形式设置 IP，必须使用 ip address 192.168.2.1/24 这种形式。

③ 感兴趣的同学还可以参考以下命令查看或者配置路由器，命令格式与 Packet Tracer 基本一致。

```
Router# show running-config          // 查看运行配置
Router(config)# hostname R1          // 修改路由器名称
R1(config)# password {password} R1(config)# enable password
{password} // 修改口令
```

说明

zebra 比较简单，登录口令不是在 line 下修改，而是直接在全局模式下用 password 修改的。并且 zebra 不支持 enable secret {password}这种 MD5 加密口令，只能使用 enable password {password}来修改。

8. 使用 quagga 做简单的 RIP 实验

（1）RIP 简介

RIP 是应用较早、使用较普遍的路由协议，适用于小型同类网络，是典型的距离矢量（Distance-vector）协议。

RIP 通过广播 UDP 报文来交换路由信息，每 30 秒发送一次路由信息更新。RIP 提供跳跃计数(Hop Count)作为尺度来衡量路由距离，跳跃计数是一个包到达目标所必须经过的路由器的数目。对于同一个源路由器而言，如果通向目标路由器有两条或两条以上的路径，只要路径的跳跃计数相同，RIP 就会认为这些路径是等效的。RIP 最多支持的跳跃计数为 15，即在源和目的网间所要经过的最多路由器的数目为 15，跳跃计数 16 表示不可达。

RIP 有 2 个版本，早期的版本是 RIPv1，属于有类路由协议，适用范围非常有限。现在一般都使用 RIPv2，RIPv2 支持验证、密钥管理、路由汇总、无类域间路由（CIDR）和可变长子网掩码(VLSM)。

quagga 支持 RIPv2，使用 ripd 进程实现 RIP 路由功能，但 ripd 进程需要在 zebra 进程读取接口信息，所以 zebra 一定要在 ripd 之前启动。

（2）配置 zebra（以 R1 为例，R2 的请自行配置）

用 service zebra start 启动 zebra 进程，然后按照前面介绍的方法初始化 R1。

① 设置 hostname 为 R1，设置 eth1 的 IP 地址为 192.168.1.254/24，如图 8-39 所示。

```
Rq(config)# hostname R1
R1(config)# int eth1
R1(config-if)# ip add
R1(config-if)# ip address 192.168.1.254/24
R1(config-if)# no shut
R1(config-if)# exit
R1(config)#
```

图 18-39

注意

eth1 的 IP 地址也可以设置为其他的地址，但是要注意，这里使用的 IP 地址必须与本地主机实际的 IP 地址一致。可以在 root 模式下用 ifconfig 查看本地主机的 IP 地址，然后根据本地主机的 IP 地址配置 eth1。

② 同样地，设置 eth2 的 IP 地址，注意要与 Linux 主机的地址一致，如图 18-40 所示。

```
R1(config)# int eth2
R1(config-if)# ip address 192.168.2.1/24
R1(config-if)# no shut
R1(config-if)# exit
R1(config)#
```

图 18-40

③ 用 show interface description 查看端口状态(Packet Tracer 使用的是 show ip interface brief），如图 18-41 所示。

```
R1# show interface description
Interface       Status  Protocol  Description
eth1            up      unknown
eth2            up      unknown
lo              up      unknown
R1#
```

图 18-41

④ 用 show running-config 查看运行配置，如图 18-42 所示。

```
R1# show running-config

Current configuration:
!
hostname R1
password zebra
enable password zebra
!
interface eth1
 ip address 192.168.1.254/24
 ipv6 nd suppress-ra
!
interface eth2
 ip address 192.168.2.1/24
 ipv6 nd suppress-ra
!
interface lo
!
ip forwarding
!
```

图 18-42

⑤ 将运行配置保存到 startup-config 中，如图 18-43 所示。

```
R1# copy running-config startup-config
Configuration saved to /etc/quagga/zebra.conf
R1# _
```

图 18-43

（3）配置 ripd（以 R1 的 ripd 为例，R2 的 ripd 请自行配置）

① 利用 ripd 的示例文件来配置 ripd，如图 18-44 所示。

```
[root@localhost quagga]# cp ripd.conf.sample  ripd.conf
[root@localhost quagga]# ls
bgpd.conf.sample    ospfd.conf.sample   ripngd.conf.sample   zebra.conf
bgpd.conf.sample2   ripd.conf           vtysh.conf           zebra.conf.sample
ospf6d.conf.sample  ripd.conf.sample    vtysh.conf.sample    zebra.conf.sav
[root@localhost quagga]# _
```

图 18-44

用 vi 可以查看 ripd.conf 的内容，如图 18-45 所示。

```
! -*- rip -*-
!
! RIPd sample configuration file
!
! $Id: ripd.conf.sample,v 1.1 2002/12/13 20:15:30 paul Exp $
!
hostname ripd
password zebra
!
! debug rip events
! debug rip packet
!
router rip
! network 11.0.0.0/8
! network eth0
! route 10.0.0.0/8
! distribute-list private-only in eth0
!
!access-list private-only permit 10.0.0.0/8
!access-list private-only deny any
!
!log file ripd.log
!
log stdout
"ripd.conf" 24L, 406C
```

图 18-45

从图 18-45 可以看出，进入 rip 的密码也是 zebra，输入“:q”可以退出文件查看。

② 启动 ripd，如图 18-46 所示。

```
[root@localhost quagga]# service ripd restart
Shutting down ripd:                                        [FAILED]
Starting ripd:                                             [  OK  ]
```

图 18-46

③ 进入 ripd 进程，并修改名称。

ripd 的进程号是 2602，于是可以使用命令 telnet localhost 2602 进入 R1 的 ripd 设置，如图 18-47 所示，将 ripd 的名字改为 ripd.1，方便辨认。登录口令默认是 zebra，可以在 /etc/quagga/ripd.conf 里面看到。

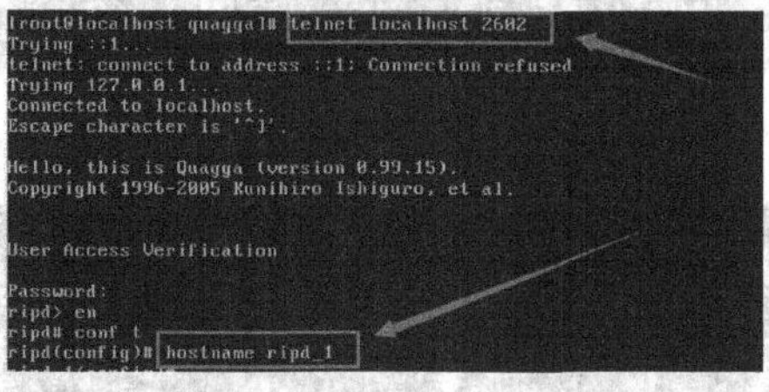

```
[root@localhost quagga]# telnet localhost 2602
Trying ::1...
telnet: connect to address ::1: Connection refused
Trying 127.0.0.1...
Connected to localhost.
Escape character is '^]'.

Hello, this is Quagga (version 0.99.15).
Copyright 1996-2005 Kunihiro Ishiguro, et al.


User Access Verification

Password:
ripd> en
ripd# conf t
ripd(config)# hostname ripd_1
```

图 18-47

④ 启动 RIP，并指定哪个网络使用 RIP，如图 18-48 所示。

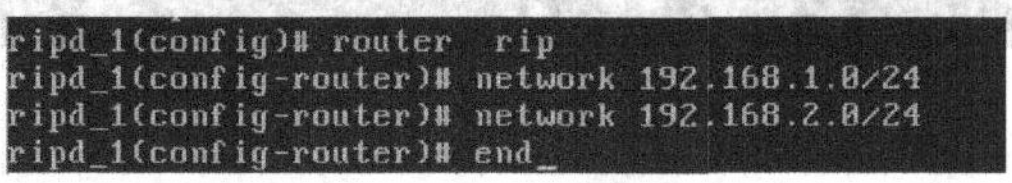

```
ripd_1(config)# router  rip
ripd_1(config-router)# network 192.168.1.0/24
ripd_1(config-router)# network 192.168.2.0/24
ripd_1(config-router)# end_
```

图 18-48

说明

Packet Tracer 使用的是 network 192.168.1.0，不用指定掩码位数，而 quagga 需要指定掩码位数。

⑤ 查看运行配置，并将运行配置保存到 startup-config 中，如图 18-49 和图 18-50 所示。

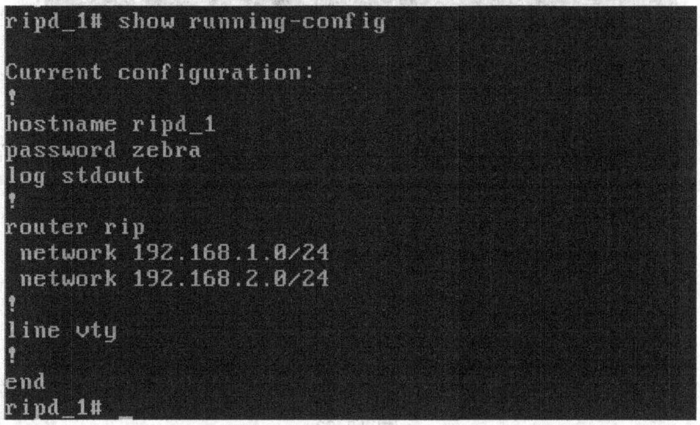

```
ripd_1# show running-config

Current configuration:
!
hostname ripd_1
password zebra
log stdout
!
router rip
 network 192.168.1.0/24
 network 192.168.2.0/24
!
line vty
!
end
ripd_1# _
```

图 18-49

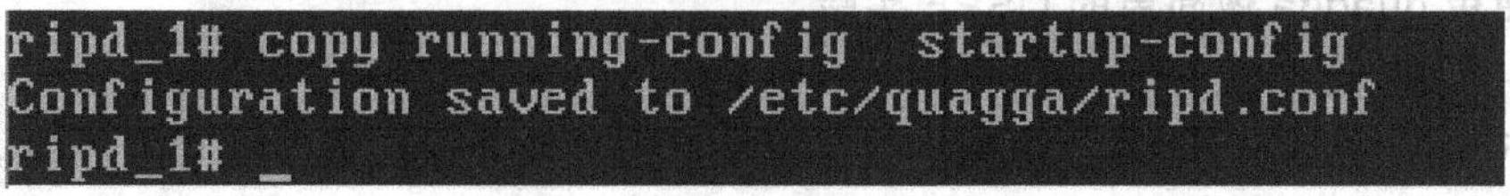

```
ripd_1# copy running-config  startup-config
Configuration saved to /etc/quagga/ripd.conf
ripd_1# _
```

图 18-50

路由器 R2 配置方法同路由器 R1，这里就省略了。

⑥ 在 R1 和 R2 都配置成功后，分别使用 show ip rip 查看两个路由器的路由表，如图 18-51 和图 18-52 所示。

```
ripd_1# show ip rip
Codes: R - RIP, C - connected, S - Static, O - OSPF, B - BGP
Sub-codes:
      (n) - normal, (s) - static, (d) - default, (r) - redistribute,
      (i) - interface

     Network          Next Hop         Metric From            Tag Time
C(i) 192.168.1.0/24   0.0.0.0               1 self              0
C(i) 192.168.2.0/24   0.0.0.0               1 self              0
R(n) 192.168.3.0/24   192.168.2.2           2 192.168.2.2       0 03:00
ripd_1# _
```

图 18-51

```
ripd_2# show ip rip
Codes: R - RIP, C - connected, S - Static, O - OSPF, B - BGP
Sub-codes:
      (n) - normal, (s) - static, (d) - default, (r) - redistribute,
      (i) - interface

     Network          Next Hop         Metric From            Tag Time
R(n) 192.168.1.0/24   192.168.2.1           2 192.168.2.1       0 02:35
C(i) 192.168.2.0/24   0.0.0.0               1 self              0
C(i) 192.168.3.0/24   0.0.0.0               1 self              0
ripd_2# _
```

图 18-52

Packet Tracer 使用的是 show ip route。从上面两张路由表中可以看出，两台路由器都获得了 RIP 动态路由表。

可以用两个客户端相互 ping，发现也可以 ping 通，如图 18-53 所示，实验成功。

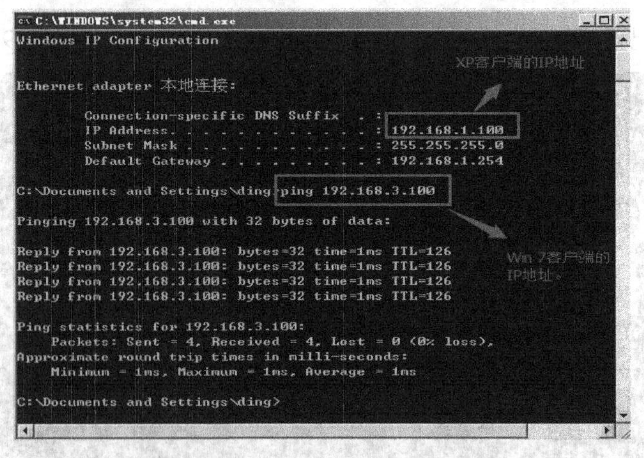

图 18-53

9. 使用 quagga 做简单的 OSPF 实验

（1）OSPF 简介

OSPF 是一种链路状态路由协议，支持 VLSM 和手动汇总，属于无类路由协议。

OSPF 的链路状态数据包（LSP）有 5 种类型，分别是①Hello：发现邻居并与其建立相邻关系；②数据库说明（DBD）：在路由器间检查数据库同步情况；③链路状态请求（LSR）：由一台路由器发往另一台路由器，请求特定的链路状态记录；④链路状态更新

（LSU）：发送所请求的特定链路状态记录；⑤链路状态确认（LSAck）：确认其他数据包类型。

与 ripd 进程类似，必须先开启 zebra 进程，然后才能运行 ospfd 进程。

（2）配置 zebra（此处略）

本实验的拓扑图与 RIP 实验一样，也就是说，zebra 的配置是完全相同的，需要改变的只是路由协议而已，可以在做完 RIP 实验之后，用 service ripd stop 关闭 RIP，然后启动 OSPF 协议来完成本实验。ospfd 的配置过程如下。

（3）配置 ospfd（以 R1 的 ospfd 为例，R2 的 ospfd 请自行配置）

ospfd 的配置过程与 ripd 基本类似，只有 network 命令有一些小变化而已，其他均相同。下面简单介绍 ospfd 的配置过程。

① 利用 ospfd 的示例文件来配置 ospfd，如图 18-54 所示。

```
[root@localhost quagga]# ls
bgpd.conf.sample     ripd.conf             vtysh.conf            zebra.conf.sav
bgpd.conf.sample2    ripd.conf.sample      vtysh.conf.sample
ospf6d.conf.sample   ripd.conf.sav         zebra.conf
ospfd.conf.sample    ripngd.conf.sample    zebra.conf.sample
[root@localhost quagga]# cp ospfd.conf.sample  ospfd.conf
[root@localhost quagga]# _
```

图 18-54

用 vi 可以查看 ospfd.conf 的内容，如图 18-55 所示。

R1 [正在运行] - Oracle VM VirtualBox

控制 视图 设备 帮助

```
! -*- ospf -*-
!
! OSPFd sample configuration file
!
!
hostname ospfd
password zebra
!enable password please-set-at-here
!
!router ospf
!  network 192.168.1.0/24 area 0
!
log stdout
```

图 18-55

密码还是 zebra，没有多少配置信息。输入“:q”可以退出文件查看。

② 启动 ospfd，如图 18-56 所示。

```
[root@localhost quagga]# service ospfd restart
Shutting down ospfd:                                  [FAILED]
Starting ospfd:                                       [  OK  ]
[root@localhost quagga]# _
```

图 18-56

③ 进入 ospfd 进程，并修改名称。

ospfd 的进程号是 2604，可以使用命令 telnet localhost 2604 进入 R1 的 ospfd 设置，如图 18-57 所示。登录口令默认是 zebra，可以在/etc/quagga/ospfd.conf 里面看到。

```
[root@localhost quagga]# telnet localhost 2604
Trying ::1...
telnet: connect to address ::1: Connection refused
Trying 127.0.0.1...
Connected to localhost.
Escape character is '^]'.

Hello, this is Quagga (version 0.99.15).
Copyright 1996-2005 Kunihiro Ishiguro, et al.


User Access Verification

Password:
ospfd> en
ospfd# _
```

图 18-57

将 ospfd 的名字改为 ospfd_1，方便辨认，如图 18-58 所示。

```
ospfd(config)# hostname ospf_1
ospf_1(config)# _
```

图 18-58

④ 启动 ospf 协议，并指定哪个网络使用 ospf 协议，如图 18-59 所示。

```
ospf_1(config)# router ospf
ospf_1(config-router)# network 192.168.1.0/24 area 0
ospf_1(config-router)# network 192.168.2.0/24 area 0
ospf_1(config-router)# exit
ospf_1(config)# exit
ospf_1#
```

图 18-59

注意

与 ripd 的 network 不同，ospfd 的 network 必须指定 area，即指定网络所在的区域。

⑤ 使用 show ip ospf 查看路由表，如图 18-60 所示。

```
ospf_1# show ip ospf
 OSPF Routing Process, Router ID: 192.168.2.1
 Supports only single TOS (TOS0) routes
 This implementation conforms to RFC2328
 RFC1583Compatibility flag is disabled
 OpaqueCapability flag is disabled
 Initial SPF scheduling delay 200 millisec(s)
 Minimum hold time between consecutive SPFs 1000 millisec(s)
 Maximum hold time between consecutive SPFs 10000 millisec(s)
 Hold time multiplier is currently 1
 SPF algorithm last executed 37.957s ago
 SPF timer is inactive
 Refresh timer 10 secs
 Number of external LSA 0. Checksum Sum 0x00000000
 Number of opaque AS LSA 0. Checksum Sum 0x00000000
 Number of areas attached to this router: 1

 Area ID: 0.0.0.0 (Backbone)
   Number of interfaces in this area: Total: 2, Active: 2
   Number of fully adjacent neighbors in this area: 1
   Area has no authentication
   SPF algorithm executed 4 times
   Number of LSA 3
   Number of router LSA 2. Checksum Sum 0x0001ad71
 --More-- _
```

图 18-60

这里比较特殊，在 ripd 的配置中，用 show ip rip 看到的是路由表；而在这里，用 show ip ospf 看到的是 ospf 协议的一些具体信息。

⑥ 查看运行配置，并将运行配置保存到 startup-config 中，如图 18-61 所示。

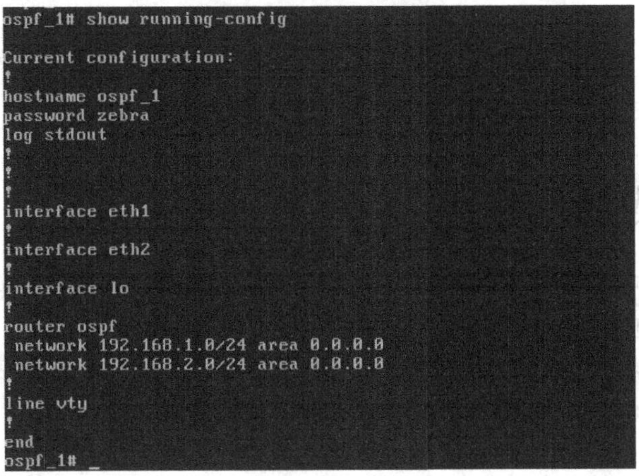

```
ospf_1# show running-config

Current configuration:
!
hostname ospf_1
password zebra
log stdout
!
!
!
interface eth1
!
interface eth2
!
interface lo
!
router ospf
 network 192.168.1.0/24 area 0.0.0.0
 network 192.168.2.0/24 area 0.0.0.0
!
line vty
!
end
ospf_1# _
```

图 18-61

也可以用 write 命令保存配置信息到 startup-config 中，如图 18-62 所示。

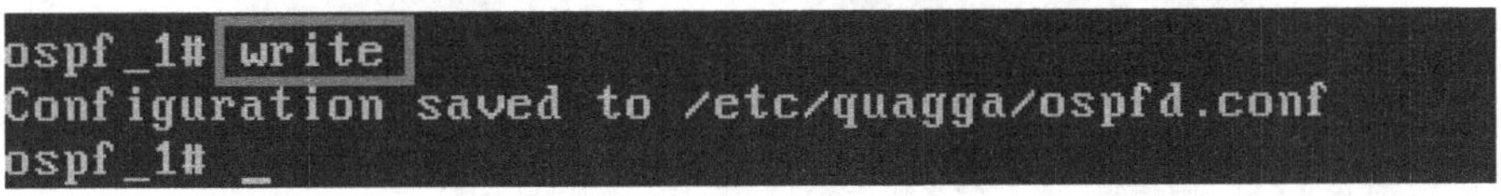

```
ospf_1# write
Configuration saved to /etc/quagga/ospfd.conf
ospf_1# _
```

图 18-62

⑦ 测试 Windows XP 和 Windows 7 两台客户端是否能够 ping 通，如图 18-63 所示，测试通过。

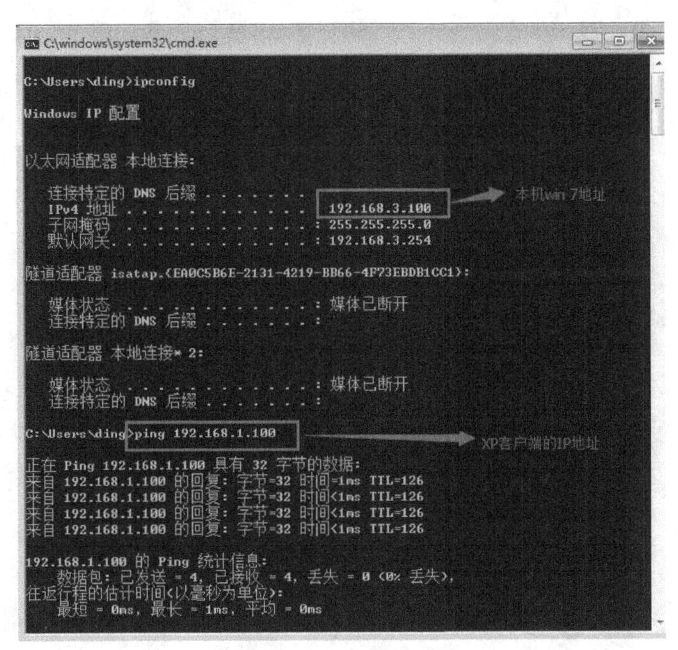

图 18-63

四、总结

通过这个项目的练习，可以了解路由与软路由的原理和区别，了解软路由的好处，学会配置简单的软路由，配置 DHCP 中继、静态路由、动态路由。

五、实训思考题与作业

1. 利用本项目中的拓朴图做软路由的实验，让不同网段计算机相互能够 ping 通。
2. 利用本项目中的拓朴图做静态路由的实验。
3. 利用本项目中的拓朴图做动态路由 RIP 的实验。
4. 利用本项目中的拓朴图做动态路由 OSPF 的实验。

PART 19

项目 19 iptables 防火墙

一、学习目标

1. **知识目标**

了解防火墙的类型和各个表的定义。

2. **能力目标**

掌握 SNAT 和 DNAT iptables 的原理和命令参数语法。

掌握 SNAT 和 DNAT 的配置方法。

二、理论基础

iptables 防火墙主要分 3 种类型：包过滤、应用代理、状态检测。

包过滤防火墙：现在静态包过滤防火墙在市面上已经看不到了，取而代之的是动态包过滤技术的防火墙。netfilter/iptables IP 数据包过滤系统实际上由 netfilter 和 iptables 两个组件构成。netfilter 是集成在内核中的一部分，其作用是定义、保存相应的规则，而 iptables 是一种工具，用来修改信息的过滤规则及其他配置，可以通过 iptables 来设置一些适合企业需求环境的规则，这些规则会保存在内核空间之中。netfilter 是 Linux 核心中的一个通用架构，其提供了一系列的表（tables），每个表由若干个链（chains）组成，每条链可以由一条或若干条规则（rules）组成。实际上，netfilter 是表的容器，表是链的容器，而链又是规则的容器。

① filter 表的系统 chain：INPUT，FORWAD，OUTPUT。

filter：主要与 Linux 本机有关，这个是预设的 table。

INPUT：主要与想要进入 Linux 本机的封包有关，过路由表后目的地为本机。

OUTPUT：主要与 Linux 本机所要送出的封包有关。

FORWARD：这个与 Linux 本机没有关系，它可以封包转递到后端的计算机中。与 nat 这个 table 相关性很高。

② nat 表的系统 chain： PREROUTING，POSTROUTING，OUTPUT。

nat：这个表格主要在用作来源 IP 地址与目的 IP 地址的转换，与 Linux 本机无关，主要与 Linux 主机后的局域网络内的计算机较相关。

PREROUTING：在进行路由判断之前（即数据包进入路由表之前）所要进行的规则(DNAT/REDIRECT)。

POSTROUTING：在进行路由判断之后（发送到出口网卡接口之前）所要进行的规则(SNAT/MASQUERADE)。

OUTPUT：与发送出去的封包有关，由本机产生，向外转发。

③ mangle 表的系统 chain：PREROUTING，OUTPUT。

mangle：这个表格主要与特殊的封包的路由旗标有关。

早期仅有 PREROUTING 及 OUTPUT 链，不过从 kernel 2.4.18 之后就加入了 INPUT 及 FORWARD 链。由于这个表格与特殊旗标相关性较高，所以在单纯的环境当中，较少使用 mangle 这个表格，所以下面不做介绍。

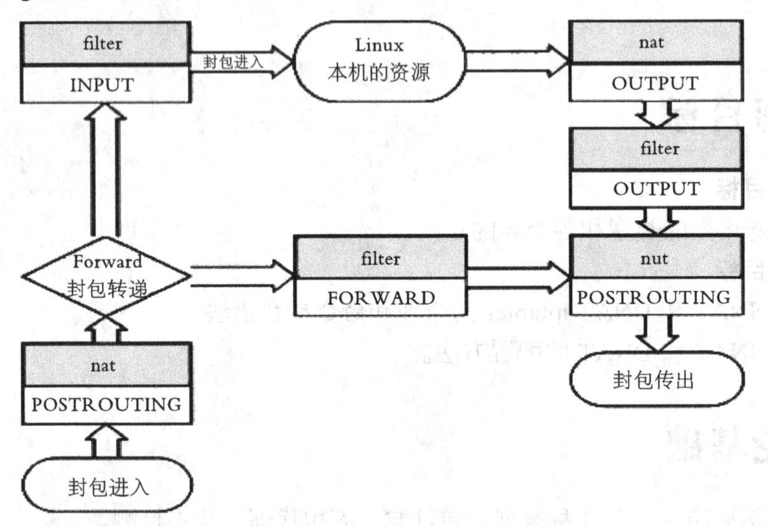

图 19-1

SNAT、DNAT 的封包传送解析如下。

SNAT 主要是用来让内部 LAN 可以访问 Internet，而 DNAT 则主要用在内网信息到公网上，让公网上的用户可以访问内网上的服务器资源。

下面看一下 SNAT 和 DNAT 的工作的原理和过程。

1. SNAT 封包传送解析

SNAT 封包传出示意图，如图 19-2 所示。

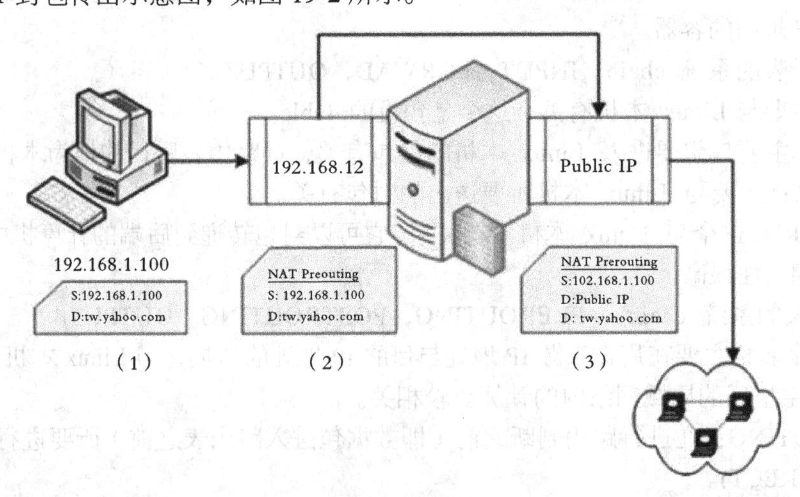

图 19-2

如图 19-2 所示，在客户端的主机 192.168.1.100 要联机到 http://tw.yahoo.com 时，它的封包表头会如何变化？

（1）客户端所发出的封包表头中，来源会是 192.168.1.100 ，然后传送到 NAT 这部主机。

（2）NAT 这部主机的内部接口 (192.168.1.2) 接收到这个封包后，会主动分析表头资料，因为表头数据显示目的地并非 Linux 本机，所以开始经过路由，将此封包转到可以连接到 Internet 的 Public IP 处。

（3）由于 Private IP 与 Public IP 不能互通，所以 Linux 主机通过 iptables 的 NAT table 内的 Postrouting 链将封包表头的来源伪装成 Linux 的 Public IP ，并且将两个不同来源(192.168.1.100 及 Public IP) 的封包对应写入暂存内存中，然后将此封包传送出去了。

SNAT 封包接收（传回）示意图，如图 19-3 所示。

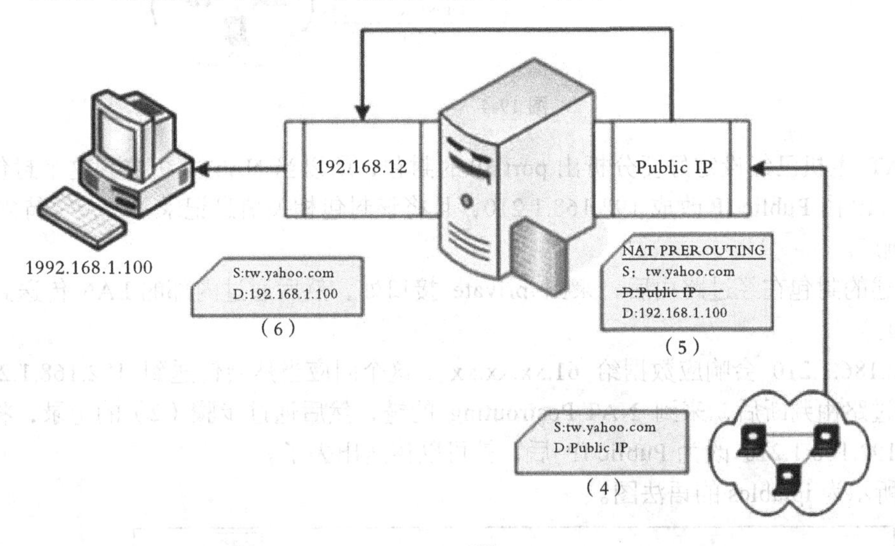

图 19-3

（4）在 Internet 上面的主机接到这个封包时，会将响应数据传送给那个 Public IP 的主机。

（5）当 Linux NAT 主机收到来自 Internet 的响应封包后，会分析该封包的序号，并比对刚刚记录到内存中的数据。由于发现该封包是后端主机之前传送出去的，因此在 NAT Prerouting 链中，会将目标 IP 修改成为后端主机，即那部 192.168.1.100，然后发现目标已经不是本机（Public IP），所以开始通过路由分析封包流向。

（6）封包会传送到 192.168.1.2 这个内部接口，然后再传送到最终目标 192.168.1.100 机器上。

2. DNAT 封包传送解析

DNAT 封包传送示意图如图 19-4 所示。

假设内部主机 192.168.1.210 启动了 WWW 服务，这个服务的 port 开启在 port80，那么 Internet 上面的主机 (61.xx.xx.xx) 要如何连接到内部服务器呢？当然，还是得要通过 Linux NAT 主机实现。所以这部 Internet 上面的机器必须连接到 NAT 的 Public IP。

（1）外部主机想要连接到目的端的 WWW 服务，则必须要连接到 NAT 主机上。

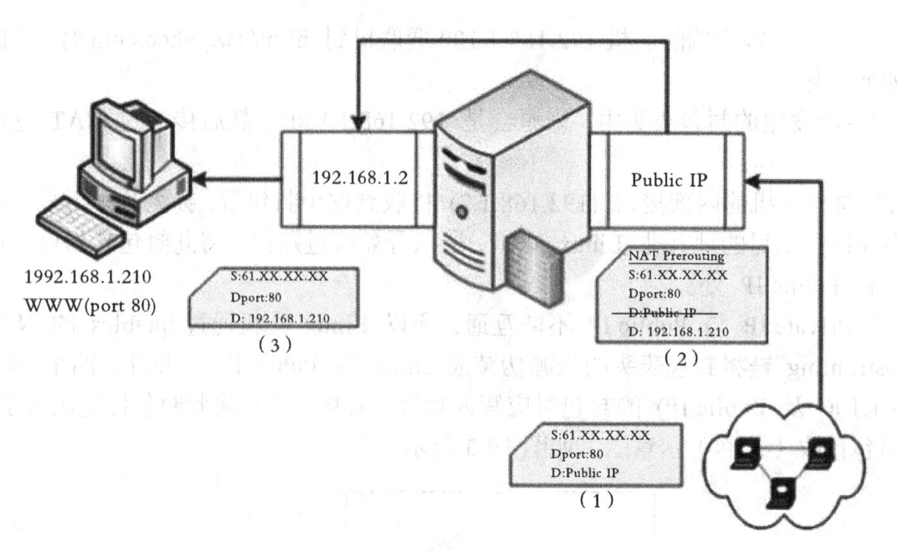

图 19-4

（2）NAT 主机已经设定好要分析出 port 80 的封包，所以当 NAT 主机接到这个封包后，会将目标 IP 由 Public IP 改成 192.168.1.210，且将该封包相关信息记录下来，等待内部服务器的响应。

（3）上述的封包在经过路由后，来到 private 接口处，然后通过内部的 LAN 传送到 192.168.1.210。

（4）192.186.1.210 会响应数据给 61.xx.xx.xx ，这个回应当然会传送到 192.168.1.2。

（5）经过路由判断后，来到 NAT Postrouting 的链，然后通过步骤（2）的记录，将来源 IP 由 192.168.1.210 改为 Public IP 后，就可以传送出去了。

图 19-5 所示为 iptables 的语法图。

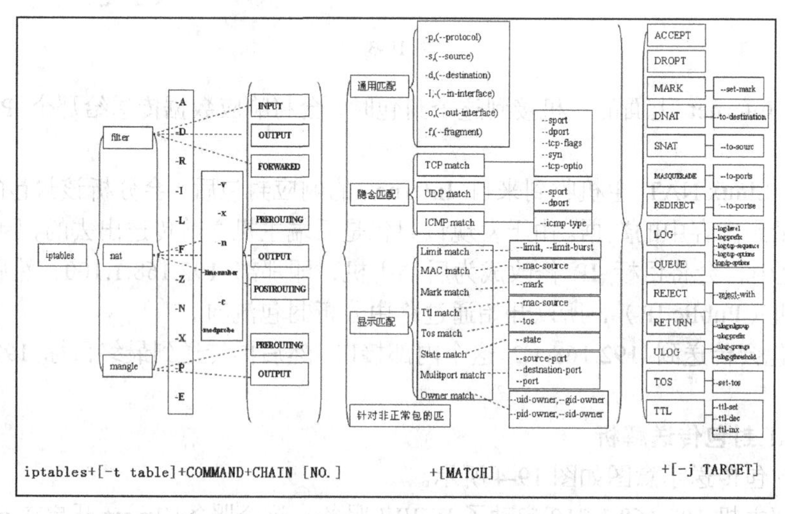

图 19-5

三、关于 SNAT 和 DNAT 的项目实施

实验拓朴图如图 19-6 所示。

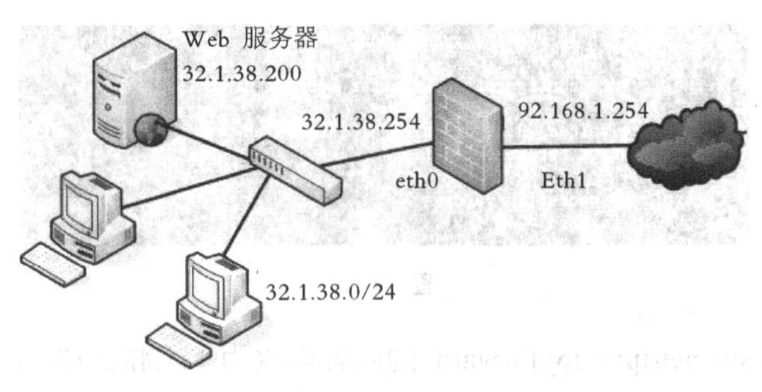

图 19-6

eth0:32.1.38.254（内网）、eth1:192.168.1.254（外网）——主机名：iptables.wqmsl.com

32.1.38.88 ——防火墙后端客户机

32.1.38.200——Web 服务器

（1）前期准备：更改主机名称（更改 3 处）：①hostname；②hosts；③/etc/sysconfig/network。

更改 IP 地址和 DNS 地址信息如图 19-7 所示。

```
[root@iptables ~]# ifconfig eth0
eth0      Link encap:Ethernet  HWaddr 00:0C:29:5B:84:9D
          inet addr:32.1.38.254  Bcast:32.1.38.255  Mask:255.255.255.0
          inet6 addr: fe80::20c:29ff:fe5b:849d/64 Scope:Link
          UP BROADCAST RUNNING MULTICAST  MTU:1500  Metric:1
          RX packets:0 errors:0 dropped:0 overruns:0 frame:0
          TX packets:66 errors:0 dropped:0 overruns:0 carrier:0
          collisions:0 txqueuelen:1000
          RX bytes:0 (0.0 b)  TX bytes:17974 (17.5 KiB)
          Interrupt:17 Base address:0x2000

[root@iptables ~]# ifconfig eth1
eth1      Link encap:Ethernet  HWaddr 00:0C:29:5B:84:A7
          inet addr:192.168.1.254  Bcast:192.168.1.255  Mask:255.255.255.0
          inet6 addr: fe80::20c:29ff:fe5b:84a7/64 Scope:Link
          UP BROADCAST RUNNING MULTICAST  MTU:1500  Metric:1
          RX packets:227 errors:0 dropped:0 overruns:0 frame:0
          TX packets:213 errors:0 dropped:0 overruns:0 carrier:0
          collisions:0 txqueuelen:0
          RX bytes:22323 (21.7 KiB)  TX bytes:31980 (31.2 KiB)

[root@iptables ~]# hostname
iptables.wqmsl.com
```

```
[root@iptables ~]# more /etc/resolv.conf
; generated by /sbin/dhclient-script
nameserver 202.106.46.151
#nameserver 172.16.249.15
search localhost
```

图 19-7

（2）所需软件包如图 19-8 所示。

```
[root@iptables ~]# rpm -qa | grep iptables
iptables-1.3.5-5.3.el5
iptables-ipv6-1.3.5-5.3.el5
```

图 19-8

（3）启动 iptables 防火墙，如图 19-9 所示。

```
[root@iptables ~]# service iptables start
清除防火墙规则：[确定]
把 chains 设置为 ACCEPT 策略：nat filter [确定]
正在卸载 Iiptables 模块：[确定]
```

图 19-9

设置防火墙为路由模式，将/etc/sysctl.conf 内 net.ipv4.ip_forward = 0 值改成 1，如图 19-10 所示。

```
[root@iptables ~]# vi /etc/sysctl.conf

# Kernel sysctl configuration file for Red Hat Linux
#
# For binary values, 0 is disabled, 1 is enabled.  See sysctl(8) and
# sysctl.conf(5) for more details.

# Controls IP packet forwarding
net.ipv4.ip_forward = 1
```

图 19-10

也可以将/proc/sys/net/ipv4/ip_forward 的内容修改为 1，如图 19-11 所示。但是重启之后会失效，所以建议还是修改 sysctl.conf 的参数并更新内核。

```
[root@iptables ipv4]# echo "1" > /proc/sys/net/ipv4/ip_forward
[root@iptables ipv4]# more ip_forward
1
```

图 19-11

```
[root@iptables ipv4]# ls | grep ip_forward
ip_forward
[root@iptables ipv4]# pwd
/proc/sys/net/ipv4
```

图 19-12

更新系统内核参数 sysctl -p（一定要用这个参数），如图 19-13 所示。

```
[root@iptables ~]# sysctl -p
net.ipv4.ip_forward = 1
net.ipv4.conf.default.rp_filter = 1
net.ipv4.conf.default.accept_source_route = 0
kernel.sysrq = 0
kernel.core_uses_pid = 1
net.ipv4.tcp_syncookies = 1
kernel.msgmnb = 65536
kernel.msgmax = 65536
kernel.shmmax = 4294967295
kernel.shmall = 268435456
```

图 19-13

此时防火墙已经有路由的功能了。

删除策略有以下几类，如图 19-14 所示。

① iptables -F：清空所选链中的规则，如果没有指定链则清空指定表中所有链的规则。

② iptables -X：清除预设表 filter 中使用者自定链中的规则。

③ iptables -Z：清除预设表 filter 中使用者自定链中的规则。

设置预设策略如图 19-15 所示。

```
[root@iptables etc]# iptables -F
[root@iptables etc]# iptables -Z
[root@iptables etc]# iptables -X
```

图 19-14

```
[root@iptables ~]# iptables -P FORWARD DROP
[root@iptables ~]# iptables -P  OUTPUT ACCEPT
[root@iptables ~]# iptables -P INPUT DROP
```

图 19-15

这里使用的 ssh 链接的服务器，已经添加了 22 端口的策略，如图 19-16 所示。

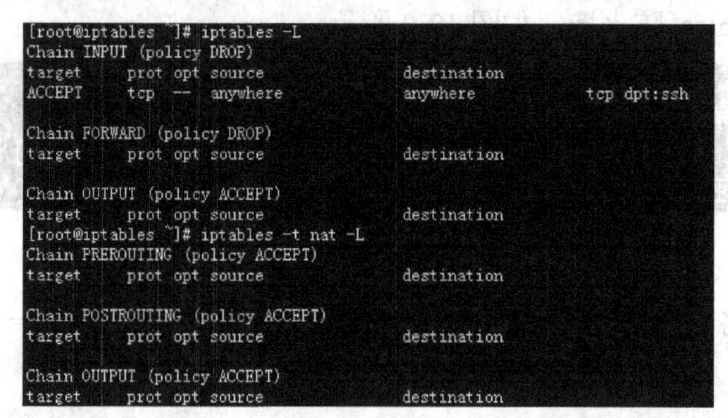

```
[root@iptables ~]# iptables -L
Chain INPUT (policy DROP)
target     prot opt source               destination
ACCEPT     tcp  --  anywhere             anywhere            tcp dpt:ssh

Chain FORWARD (policy DROP)
target     prot opt source               destination

Chain OUTPUT (policy ACCEPT)
target     prot opt source               destination
[root@iptables ~]# iptables -t nat -L
Chain PREROUTING (policy ACCEPT)
target     prot opt source               destination

Chain POSTROUTING (policy ACCEPT)
target     prot opt source               destination

Chain OUTPUT (policy ACCEPT)
target     prot opt source               destination
```

图 19-16

设置默认策略为关闭 filter 表的 INPPUT 及 FORWARD 链，开启 OUTPUT 链；nat 表的 3 个链 PREROUTING、OUTPUT、POSTROUTING 全部开启。

下面配置 SNAT，如图 19-17 所示，其命令基本语法如下：

iptables -t nat -A POSTROUTING -o eth1 -j SNAT --to 192.168.1.254（用于外网接口为固定 IP）iptables -t nat -A POSTROUTING -o eth1 -s 32.1.38.0/24 -j MASQUERADE （用于外网接口为动态 IP 地址，如 ppoe 接入方式）

【解析】

其中，iptables：命令本身。

-t：执行表，iptables 有两个表，一个是 filter，即过滤的表；另一个是 nat，即 NAT 表。

-A：添加一条链，这里添加的链是 POSTROUTING 链，就是源 NAT。

-o：出去的公网的网卡设备，使用的是 eth1 网卡。

-s：源地址，设置内网的 192.168.8.0/24 网段。

-j：动作，MASQUERADE 动态源地址转换（动态 IP 的情况下使用），如果使用的是静态外网地址，就可以这样写。

```
[root@iptables ~]# iptables -t nat -L
Chain PREROUTING (policy ACCEPT)
target     prot opt source               destination

Chain POSTROUTING (policy ACCEPT)
target     prot opt source               destination
SNAT       all  --  anywhere             anywhere            to:192.168.1.254

Chain OUTPUT (policy ACCEPT)
target     prot opt source               destination
[root@iptables ~]# iptables -t nat -A POSTROUTING -j SNAT --to 192.168.1.254
```

图 19-17

下面设置 FORWARD 的规则，允许后端主机查询 DNS 和浏览网页。这是一个基本的上网规则，是一个跟踪状态的规则，主要是因为去用目的为 53 端口去查询 DNS 记录的时候，服务器返回的信息并不是 53 端口，它是 1024～65535 之间的任意端口，所以使用跟踪状态会方便一些。具体规则如下，程序中如图 19-18 所示。

```
iptables -A FORWARD -p tcp --dport 80 -j ACCEPT
iptables -A FORWARD -p tcp --dport 53 -j ACCEPT
iptables -A FORWARD -p udp --dport 53 -j ACCEPT
iptables -A FORWARD -p tcp -m state --state RELATED, ESTABLISHED
-j ACCEPT
iptables -A FORWARD -p udp -m state --state RELATED, ESTABLISHED
-j ACCEPT
```

```
[root@iptables ~]# iptables -L
Chain INPUT (policy DROP)
target     prot opt source               destination
ACCEPT     tcp  --  anywhere             anywhere            tcp dpt:ssh
ACCEPT     icmp --  anywhere             anywhere            icmp echo-reply

Chain FORWARD (policy DROP)
target     prot opt source               destination
ACCEPT     tcp  --  anywhere             anywhere            tcp dpt:http
ACCEPT     tcp  --  anywhere             anywhere            tcp dpt:domain
ACCEPT     udp  --  anywhere             anywhere            udp dpt:domain
ACCEPT     tcp  --  anywhere             anywhere            state RELATED,ESTABLISHED
ACCEPT     udp  --  anywhere             anywhere            state RELATED,ESTABLISHED
```

图 19-18

有时需要进行网络测试，这时要允许 echo-reply（报头代码为 0）进入防火墙，如图 19-19 所示。

```
[root@iptables ~]# iptables -A INPUT -p icmp --icmp-type 0 -j ACCEPT
[root@iptables ~]#
```

图 19-19

这时从防火墙可以 ping 任意地址，但是其他主机 ping 不通防火墙，尤其是外网，为了让外网用户不知道主机的存在，一般是直接拒绝，或者是丢弃 icmp 报文代码为 8 的 icmp 包，这样就不回应外部主机的 ping 请求了。网络连接详细信息如图 19-20 所示。

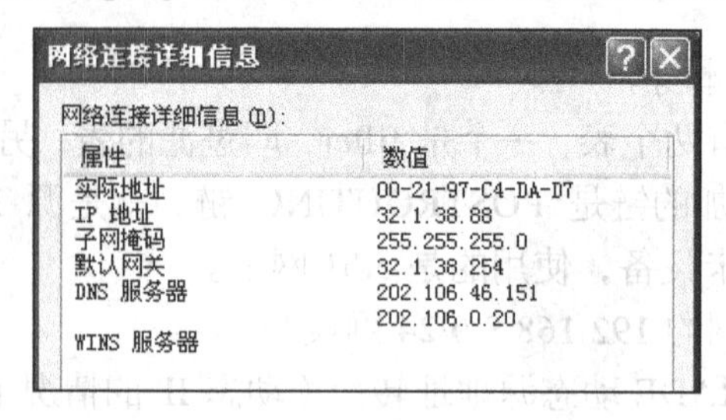

图 19-20

内部 ping 一下防火墙，可以看到返回超时了，如图 19-21 所示。

```
C:\WINDOWS\system32\CMD.exe - ping 32.1.38.254
Microsoft Windows XP [版本 5.1.2600]
(C) 版权所有 1985-2001 Microsoft Corp.

C:\Documents and Settings\Administrator>ping 32.1.38.254

Pinging 32.1.38.254 with 32 bytes of data:

Request timed out.
```

图 19-21

在防火墙上面 ping 后端主机和外网主机，如图 19-22 所示，完全是可以的 ping 通的。

```
[root@iptables ~]# ping 32.1.38.88
PING 32.1.38.88 (32.1.38.88) 56(84) bytes of data.
64 bytes from 32.1.38.88: icmp_seq=1 ttl=128 time=1.03 ms
64 bytes from 32.1.38.88: icmp_seq=2 ttl=128 time=0.530 ms

--- 32.1.38.88 ping statistics ---
2 packets transmitted, 2 received, 0% packet loss, time 1002ms
rtt min/avg/max/mdev = 0.530/0.782/1.034/0.252 ms
[root@iptables ~]# ping 192.168.1.1
PING 192.168.1.1 (192.168.1.1) 56(84) bytes of data.
64 bytes from 192.168.1.1: icmp_seq=1 ttl=64 time=1.28 ms
64 bytes from 192.168.1.1: icmp_seq=2 ttl=64 time=1.34 ms
```

图 19-22

在外网主机上 ping 试试一下防火墙，也返回超时，如图 19-23 所示。

```
管理员: C:\Windows\system32\cmd.exe

C:\Users\wqnsl>ping 192.168.1.254

正在 Ping 192.168.1.254 具有 32 字节的数据:
请求超时。
请求超时。
```

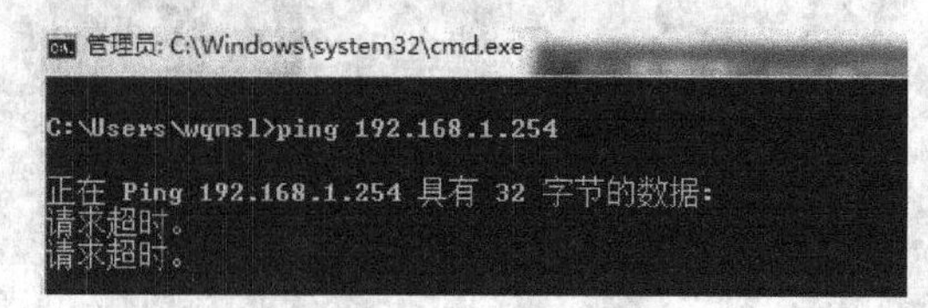

图 19-23

因为后端主机属于内网，经常会用来测试和网关是否已经连通，所以要加一条策略，允许内部主机 ping 网关（eth0 网卡）。因为后端主机属于可信赖区域，所以也可以添加策略允许所有数据从 eth0 进入（INPUT），这里就开启关键的几个端口和协议，如 22 端口、icmp 等，其他的拒绝，如图 19-24 所示。

```
[root@iptables ~]# iptables -A INPUT -p icmp --icmp-type 8 -i eth0 -j ACCEPT
[root@iptables ~]# iptables -L
Chain INPUT (policy DROP)
target     prot opt source               destination
ACCEPT     tcp  --  anywhere             anywhere            tcp dpt:ssh
ACCEPT     icmp --  anywhere             anywhere            icmp echo-reply
ACCEPT     icmp --  anywhere             anywhere            icmp echo-request
```

图 19-24

添加图 19-24 所示策略后，后端主机就可以去 ping 自己的网关了，如图 19-25 所示。

```
C:\Documents and Settings\Administrator>ping 32.1.38.254

Pinging 32.1.38.254 with 32 bytes of data:

Reply from 32.1.38.254: bytes=32 time=1ms TTL=64
```

图 19-25

以上的操作完成之后，后端主机就可以上网了，如图 19-26 所示。

图 19-26

在后端主机是完全可以解析到互联网地址的，如图 19-27 所示。

```
C:\Documents and Settings\Administrator>nslookup
Default Server:  dialdns.bta.net.cn
Address:  202.106.46.151

> www.baidu.com
Server:  dialdns.bta.net.cn
Address:  202.106.46.151

Non-authoritative answer:
Name:    www.a.shifen.com
Addresses:  202.108.22.5, 202.108.22.142
Aliases:  www.baidu.com
```

图 19-27

如果要接收邮件，还需要开启如下的端口（-m multiport 匹配多个端口）：

```
iptables -A FORWARD -p tcp -m multiport --dport 25, 110, 143, 993, 995 -j ACCEPT
```

具体如图 19-28 所示。

```
Chain FORWARD (policy DROP)
target     prot opt source               destination
ACCEPT     tcp  --  anywhere             anywhere            tcp dpt:http
ACCEPT     tcp  --  anywhere             anywhere            tcp dpt:domain
ACCEPT     udp  --  anywhere             anywhere            udp dpt:domain
ACCEPT     tcp  --  anywhere             anywhere            state RELATED,ESTABLIS
HED
ACCEPT     udp  --  anywhere             anywhere            state RELATED,ESTABLIS
HED
ACCEPT     tcp  --  anywhere             anywhere            multiport dports smtp,
pop3,imap,imaps,pop3s

Chain OUTPUT (policy ACCEPT)
target     prot opt source               destination
[root@iptables ~]# iptables -A FORWARD -p tcp -m multiport --dport 25,110,143,993,9
95 -j ACCEPT
```

图 19-28

更改一下 POSTROUTING 的规则，使其外接口为动态 IP 地址，如图 19-29 所示。

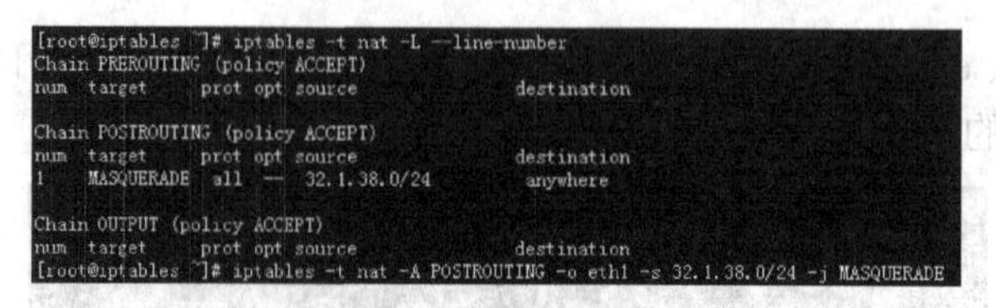

图 19-29

为了模拟 ppoe/dhcp 的动态 IP，手动更改一下 IP 地址，试试看后端主机是不是还能够上网，如图 19-30 所示。

```
[root@localhost ~]# ifdown eth1 && ifup eth1
[root@localhost ~]# ifconfig eth1
eth1      Link encap:Ethernet  HWaddr 00:0C:29:5B:84:A7
          inet addr:192.168.1.54  Bcast:192.168.1.255  Mask:255.255.255.0
          inet6 addr: fe80::20c:29ff:fe5b:84a7/64 Scope:Link
          UP BROADCAST RUNNING MULTICAST  MTU:1500  Metric:1
          RX packets:1 errors:0 dropped:0 overruns:0 frame:0
          TX packets:33 errors:0 dropped:0 overruns:0 carrier:0
          collisions:0 txqueuelen:0
          RX bytes:243 (243.0 b)  TX bytes:9822 (9.5 KiB)
```

图 19-30

IP 改为 192.168.1.45，但还是没有任何影响，可以正常上网。

这里有一点要注意的就是，MASQUERADE 和 SNAT 作用一样，都是提供源地址转换的操作。MASQUERADE 是针对外部接口为动态 IP 地址来设置的，不需要使用 to-source 指定转换的 IP 地址。如果网络采用动态获取 IP 地址的连接，如 ADSL 拨号、DHCP 连接等，那么建议使用 MASQUERAD。

还有需要注意的一点就是，使用 PPoE 和 DHCP 接入互联网的时候不要在网络接口的配置文件、network 文件里写上网关，否则肯定会出现两个网关，容易出错。

下面要做的就是 DNAT。由于内部有一个 Web 服务器，外网用户需要访问，其实就是内网发布服务器到互联网，此时就需要做 DNAT 了，一条命令就可以完成。

配置 DNAT 命令的基本语法如下。

iptables -t nat -A PREROUTING -i 网络接口 -p 协议 --dport 端口 -j DNAT --to IP 地址:
端口

```
iptables -t nat -A PREROUTING -i eth1 -p tcp --dport 80 -j DNAT --to
32.1.38.200:80
```

其中，eth1 为防火墙公网接口，这个规则必须在 PREROUTING 里。

如果要求与 80 联机的封包转递到内网 8080 这个 port 的话，需添加如下策略：

```
iptables -t nat -A PREROUTING -p tcp --dport 80-j REDIRECT
--to-ports 8080
```

例如：使用 8080 这个 port 来启动 WWW ，但是其他人都以 port 80 来联机时，就可以使用上面的方式来将对方对你的防火墙的联机转递到内网的 8080 端口 Web 服务器了。添加策略后，看看现有的策略，如图 19-31 所示。

```
[root@iptables ~]# iptables -t nat -L
Chain PREROUTING (policy ACCEPT)
target     prot opt source       destination
DNAT       tcp  --  anywhere     anywhere        tcp dpt:http to:32.1.38.200:80

Chain POSTROUTING (policy ACCEPT)
target     prot opt source       destination
MASQUERADE all  --  32.1.38.0/24  anywhere

Chain OUTPUT (policy ACCEPT)
target     prot opt source       destination
[root@iptables ~]# iptables -t nat -A PREROUTING -i eth1 -p tcp --dport 80 -j DNAT --to 32.1.38.200:80
```

图 19-31

使用内网客户机访问内部 Web 服务器的网站，直接使用的是内部 Web 服务器的 IP 地址。使用外网客户机访问时，访问的地址应该是防火墙的 eth1（外部网卡）的地址，这里不涉及 DNS，所以就直接用 IP 地址来访问，例如，在 IP 为 192.168.1.88 的主机上访问，可以成功地访问内部 Web 服务器，说明内部 Web 服务器发布成功了。

保存 iptables 配置 ：service iptables save。

至此，DNAT 和 SNAT 的实验就都做完了。

四、总结

通过这个项目的练习，可以了解 iptables 防火墙的类型和各个表的定义，学会配置开启路由模式、SNAT、DNAT 和主机安全。

五、实训思考题与作业

1. iptables 中的表、链、规则的用法有哪些？
2. SNAT 和 DNAT 这两个 iptables 在应用上有哪些不同点？
3. 把本项目的实验步骤在计算机上再次演练一遍。

附录 1 Linux 网络操作系统综合测试题

说明

附录 1 给出的两套试卷，是编者给读者的期终测试题，读者可通过这两套试题对本教程学习的效果进行检验。

一、第一套试题（含答案）

本试卷满分：100 分。考试时间：90 分钟。考试形式：闭卷。

网络拓朴图如附图 1-1 所示。

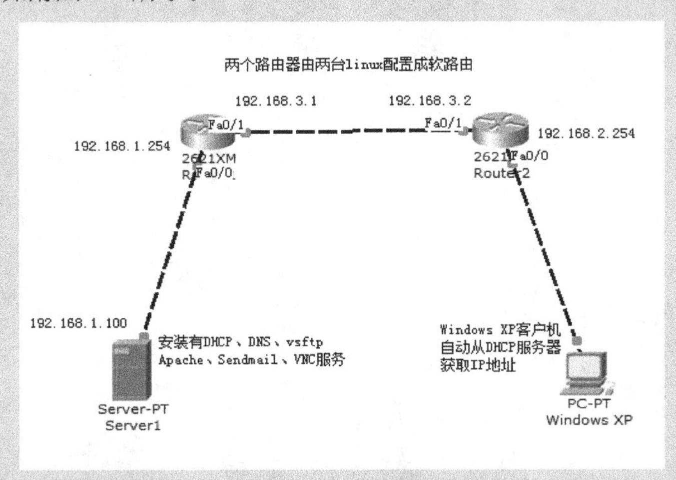

附图 1-1

说明

如附图 1–1 所示，在 VirtualBox 中打开 4 台虚拟机：一台 Linux 服务器，IP 地址为 192.168.1.100；两台路由器，由两台 Linux 配置成软路由；最后一台是 Windows XP，作为测试用的客户机。（请把主要配置和结果截图保存到以自己姓名命名的文件夹中，并用 WinRAR 打包上传到监考老师指定的 FTP 中。）

1．按照以上拓朴图中的设置，正确配置各网络参数，在 Server1 上配置 DHCP 服务，让 Windows XP 自动获取到 192.168.2.0/24 网段中的 IP 地址，并使全网互通。（地址池等相关参数自定。）

2. 在 Server1 上安装配置 DNS 和 Apache 服务，让 Windows XP 打开 IE 浏览器，输入 www.yzsx.com，显示“我的学号是××，我的名字叫×××”。

3. 在 Server1 上安装配置 vsftp 服务，让 Windows XP 只能用 ding 账户（密码 123456）访问，显示内容是 ding.txt，而匿名账户不能访问。

4. 在 Server1 上安装配置远程桌面服务，让 Windows XP 通过 VNCViewer 程序能够访问到 Linux 的远程桌面。

5. 在 Server1 上安装配置 Sendmail 服务，让 Windows XP 通过 Outlook Express 电子邮件客户端使 ding@yzsx.com 与 chen@yzsx.com 这两个邮件账户能够正常收发电子邮件。

【答案及主要截图】

第 1 题答案：

（1）Server1 上的 DHCP 服务器的主配置文件（可以看到，有两个网段 192.168.1.0/24 和 192.168.2.0/24），如附图 1-2 所示。

```
  range dynamic-bootp 10.254.239.40 10.254.239.60;
  option broadcast-address 10.254.239.31;
  option routers rtr-239-32-1.example.org;
}

# A slightly different configuration for an internal subnet.
subnet 192.168.1.0 netmask 255.255.255.0 {
  range 192.168.1.10 192.168.1.20;
  option domain-name-servers 192.168.1.100;
  option domain-name "yzsx.com";
  option routers 192.168.1.254;
  option broadcast-address 192.168.1.255;
  default-lease-time 600;
  max-lease-time 7200;
}
subnet 192.168.2.0 netmask 255.255.255.0 {
  range 192.168.2.10 192.168.2.20;
  option domain-name-servers 192.168.1.100;
  option domain-name "yzsx.com";
  option routers 192.168.2.254;
  option broadcast-address 192.168.2.255;
  default-lease-time 600;
  max-lease-time 7200;
}
                                                        61,36         45%
```

附图 1-2

（2）附图 1-3 所示是软路由 Router1 上的代码，它的直连网段是 192.168.1.0/24 和 192.168.3.0/24，但不知道到 192.168.2.0/24 网段如何走，可以在上面添加一条到 192.168.2.0/24 网段的静态路由。

```
error: "net.bridge.bridge-nf-call-ip6tables" is an unknown key
error: "net.bridge.bridge-nf-call-iptables" is an unknown key
error: "net.bridge.bridge-nf-call-arptables" is an unknown key
kernel.msgmnb = 65536
kernel.msgmax = 65536
kernel.shmmax = 4294967295
kernel.shmall = 268435456
[root@localhost ~]# route
Kernel IP routing table
Destination     Gateway         Genmask         Flags Metric Ref    Use Iface
192.168.3.0     *               255.255.255.0   U     0      0        0 eth2
192.168.1.0     *               255.255.255.0   U     0      0        0 eth1
link-local      *               255.255.0.0     U     1002   0        0 eth1
link-local      *               255.255.0.0     U     1003   0        0 eth2
[root@localhost ~]# route add -net 192.168.2.0 netmask 255.255.255.0 gw 192.168.
3.2
[root@localhost ~]# route
Kernel IP routing table
Destination     Gateway         Genmask         Flags Metric Ref    Use Iface
192.168.3.0     *               255.255.255.0   U     0      0        0 eth2
192.168.2.0     192.168.3.2     255.255.255.0   UG    0      0        0 eth2
192.168.1.0     *               255.255.255.0   U     0      0        0 eth1
link-local      *               255.255.0.0     U     1002   0        0 eth1
link-local      *               255.255.0.0     U     1003   0        0 eth2
[root@localhost ~]# _
```

附图 1-3

（3）附图 1-4 所示是软路由 Router2 上的代码，它的直连网段是 192.168.2.0/24 和 192.168.3.0/24，但不知道到 192.168.1.0/24 网段如何走，可以在上面添加一条到 192.168.1.0/24 网段的静态路由。

```
error: "net.bridge.bridge-nf-call-ip6tables" is an unknown key
error: "net.bridge.bridge-nf-call-iptables" is an unknown key
error: "net.bridge.bridge-nf-call-arptables" is an unknown key
kernel.msgmnb = 65536
kernel.msgmax = 65536
kernel.shmmax = 4294967295
kernel.shmall = 268435456
[root@localhost ~]# route
Kernel IP routing table
Destination     Gateway         Genmask         Flags Metric Ref    Use Iface
192.168.3.0     *               255.255.255.0   U     0      0        0 eth1
192.168.2.0     *               255.255.255.0   U     0      0        0 eth2
link-local      *               255.255.0.0     U     1002   0        0 eth1
link-local      *               255.255.0.0     U     1003   0        0 eth2
[root@localhost ~]# route add -net 192.168.1.0 netmask 255.255.255.0 gw 192.168.
3.1
[root@localhost ~]# route
Kernel IP routing table
Destination     Gateway         Genmask         Flags Metric Ref    Use Iface
192.168.3.0     *               255.255.255.0   U     0      0        0 eth1
192.168.2.0     *               255.255.255.0   U     0      0        0 eth2
192.168.1.0     192.168.3.1     255.255.255.0   UG    0      0        0 eth1
link-local      *               255.255.0.0     U     1002   0        0 eth1
link-local      *               255.255.0.0     U     1003   0        0 eth2
[root@localhost ~]# _
```

附图 1-4

（4）由于 DHCP 服务器和 XP 客户端不在同一个网段，所以要在与 XP 相连的 Router2 上配置 DHCP 中继代理，如附图 1-5 所示。中继代理的配置文件是 /etc/sysconfig/dhcrelay。

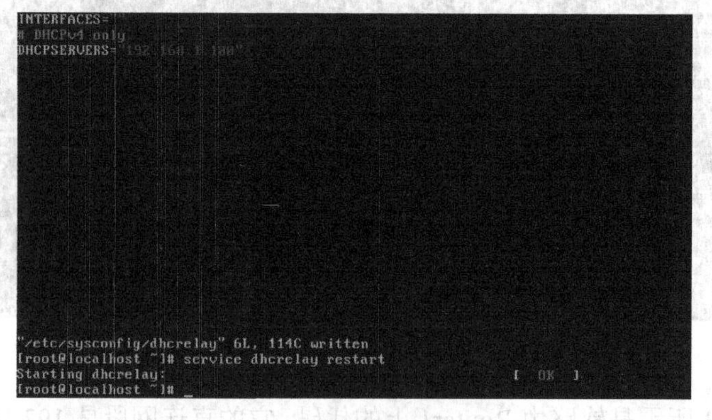

附图 1-5

（5）这时可以发现，在 2 网段的 XP 客户机可以自动获取到 DHCP 服务器分配的 IP 地址，如附图 1-6 所示。

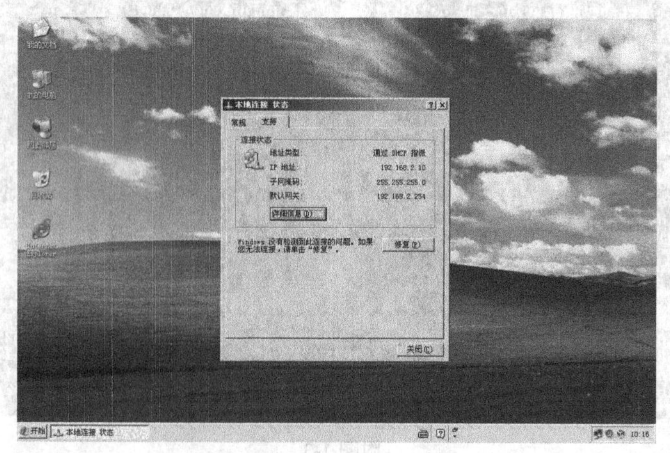

附图 1-6

第 2 题答案：

（1）在 Server1 上安装 DNS 服务，在 XP 上测试，ping www.yzsx.com，返回 192.168.1.100 地址，表明 DNS 正常解析，如附图 1-7 所示。

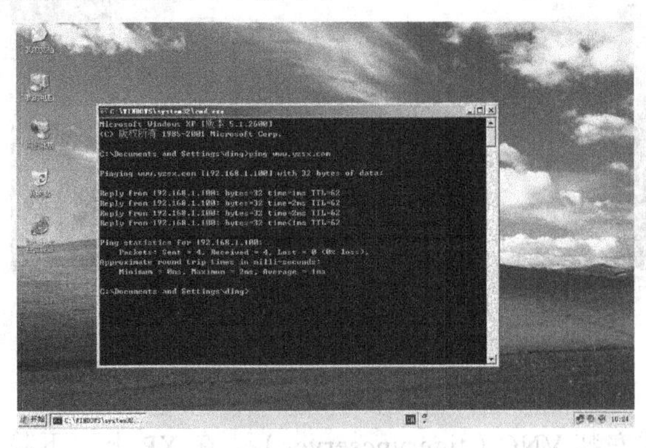

附图 1-7

（2）在 Server1 上正确配置 Apache 服务器，在 XP 客户端打开浏览器，可以显示出正确的内容，如附图 1-8 所示。（详细配置过程略，读者可以参看前面知识点，自行配置。）

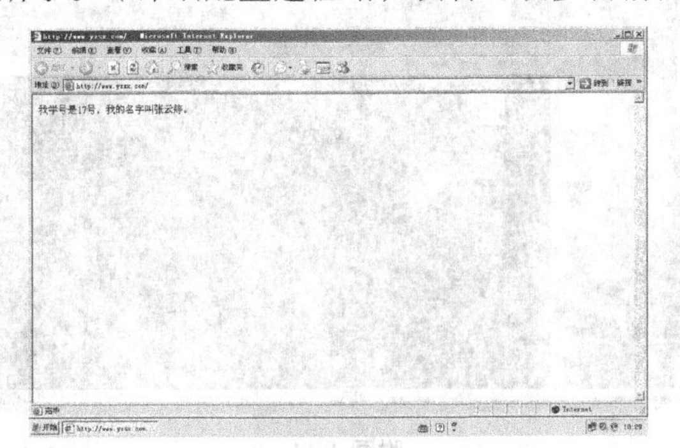

附图 1-8

第 3 题答案：

按照题目要求，正确配置 VSFTP 服务器，并进行测试，如附图 1-9 和附图 1-10 所示。

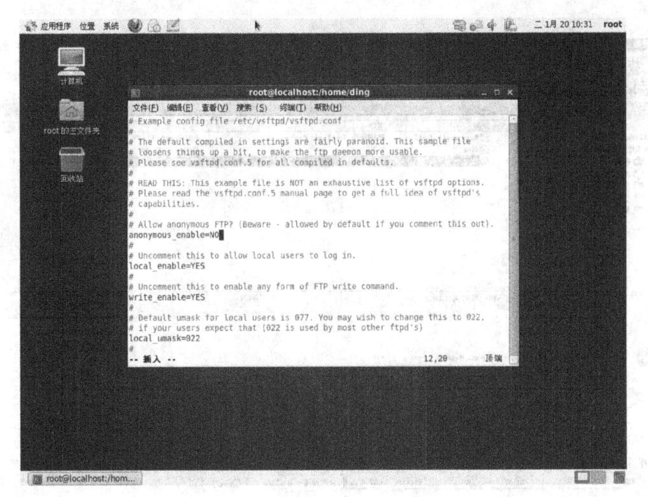

附图 1-9

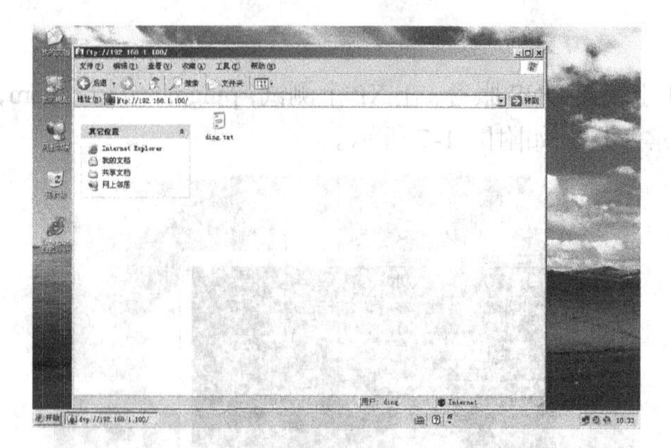

附图 1-10

第 4 题答案：

首先要在服务器端安装 VNC（tigervncserver），在 XP 上要下载 vncviewer 客户端程序，才能用 Windows XP 远程访问 Linux 的桌面，如附图 1-11 所示。

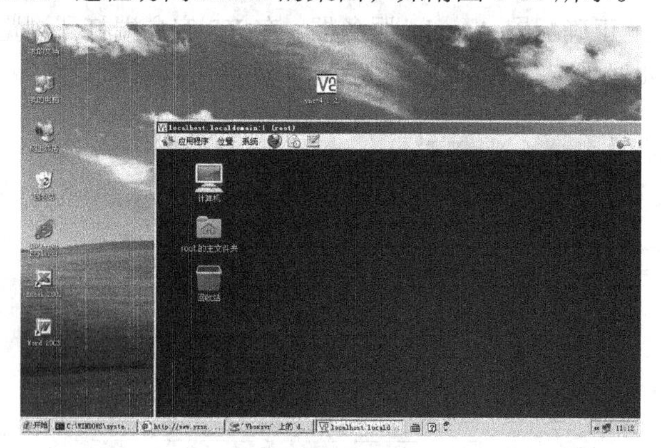

附图 1-11

第 5 题答案：

正确配置 Sendmail 服务器，才能在 XP 中使用 Outlook Express 正确收发电子邮件，如附图 1-12 所示。

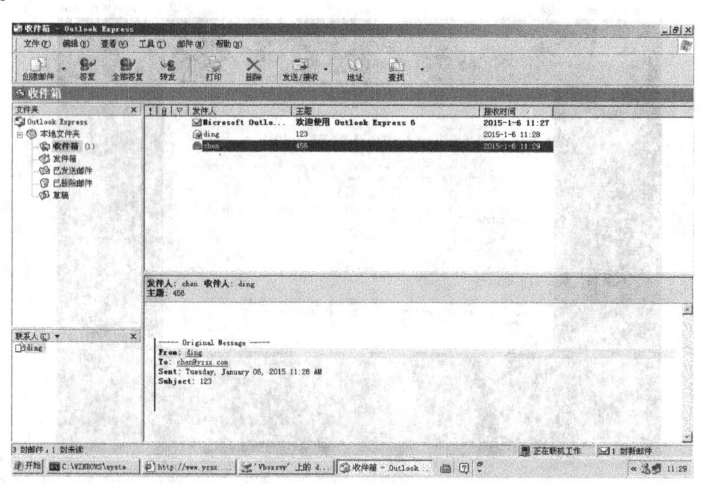

附图 1-12

二、第二套试题（请读者自行上机操作完成）

本试卷满分：100分。考试时间：120分钟。考试形式：闭卷。

本次测试全部在 VirtualBox 虚拟机上完成，虚拟机的网络模式为“内部网络”模式（实际技能比赛为“桥接网卡”模式）。测试用的软件在 d:\systemsoft 文件夹。每题的主要步骤、配置文件和测试通过界面需要截图保存在“你的姓名.doc”文档中放在桌面上。

1. 安装系统（10分）

（1）安装一台 Linux 虚拟机。虚拟机的名称为“dns.yzsx.com”，内存为512MB，硬盘大小为12GB，其中根目录设置为9GB，home分区为2GB，交换分区为1GB。在 dns.yzsx.com 上设置创建用户时的默认规则：密码长度为6，密码更改最长时间为90天，最短时间为5天。

设置两块网卡（虚拟机中添加两块物理网卡），网卡1地址：172.50.18.254，网卡2地址：192.168.1.100。

（2）安装第二台 Linux 虚拟机，虚拟机的名称为“web.yzsx.com”，内存为512MB，硬盘大小为12GB，其中根目录设置为9GB，home分区为2GB，交换分区为1GB。在 web.yzsx.com 上设置禁止远程主机对本地进行 Telnet 访问。在网卡上绑定两个 IP 地址：192.168.1.101 和 192.168.1.102。

（3）安装第三台虚拟机 Windows XP，虚拟机的名称为“ xp client”，内存为256MB，硬盘10GB，其中C盘6GB，D盘4GB。网卡IP地址：172.50.18.200。

2. 网络模式设置（10分）

把虚拟机“dns.yzsx.com”的网卡1与 Windows XP 设置为同一网段；网卡2与虚拟机“web.yzsx.com”设置为同一网段。

3. 连通性设置（10分）

在虚拟机“dns.yzsx.com”上设置软路由，让三台虚拟机能够全网互通。

4. 配置 DNS 服务器（10分）

在 dns.yzsx.com 上设置 DNS 服务，要求能正常解析内网的 Web 站点 web1.yzsx.com（192.168.1.101）、web2.yzsx.com（192.168.1.102）和 mail 站点 mail.yzsx.com（192.168.1.101），并将对外网的 DNS 请求转发到 172.50.18.1 的服务器上。

5. 配置 Web 服务器（10分）

在 web.yzsx.com 上创建两个虚拟站点，要求站点为 web1.yzsx.com 的域名可以访问网站主目录 /web/web1，在测试的客户端浏览器中显示 PHP 的测试页面；站点为 web2.yzsx.com 的域名可以访问网站主目录 /web/web2，在测试的客户端浏览器中显示“Welcom to YZSX!”。

6. 配置 NFS 服务器（10分）

在 web.yzsx.com 服务器上创建 NFS 服务，在/home 中设置一共享文件夹 share（在里面创建测试空文件 123.txt），要求仅 192.168.1.0 网段用户可以访问，有读写权限；要求根用户被映射到 nobody 用户并可访问共享资源。在 dns.yzsx.com 服务器上把共享目录挂载到/123。

7. 远程桌面服务（10分）

在 web.yzsx.com 服务器上安装远程桌面服务，让 dns.yzsx.com 可以远程访问 eb.yzsx.com

的桌面环境。

8. 电子邮件服务（10分）

在 web.yzsx.com 服务器上安装电子邮件服务，创建两个邮件用户 user1 和 user2，让 XP Client 可以收发邮件。

9. MySQL 数据库服务（10分）

在 web.yzsx.com 服务器上安装 MySQL 服务。创建一个新的 MySQL 数据库用户 ding，并用这个用户登录数据库系统，创建一个名为 YzsxDB 的数据库，在这个数据库中创建一个 student 的信息表，表结构中包括 4 个字段：ID、Name、Age、Date，在 ID 中放置学号并设置为主键，Name 存放学生的姓名，Age 存放学生的年龄，Date 中存放学生入学时间。字段和长度自行设定以能正确存放所要写入的内容，在创建的表中创建两条学生信息的记录（姓名用英文），输入结束后查询表的内容。

10. 配置 NAT（10分）

在 dns.yzsx.com 上设置 NAT 服务，要求内网能访问外网，但外网不能访问内网（Web 站点 web1.yzsx.com 除外）。将内网的站点 web1.yzsx.com 发布到外网，外网的地址为 172.50.18.201。

附录2 网络组建与管理学业水平测试题

某省中等职业学校学生专业技能抽查测试
网络组建与管理项目样题
网络配置部分
（本部分满分 400 分）

（1）为方便试卷描述，将两台计算机分别记为 PC1、PC2，3 台路由器分别记为 RA、RB、RC，两台三层交换机分别记为 SWA、SWB。

（2）操作完成后，须将网络设备配置文件保存至 PC1 主机的桌面（文件名称以“设备名称_考生编号”来标识，文件类型为 TXT 文本文档。例如，考生编号为 08，则文件名称为 RA_08.txt、SWA_08.txt 等），并且按序打印文档。

（3）在设备操作过程中，需要及时保存设备配置。比赛结束后，不要关闭任何设备，不要拆动硬件的连接，不要对设备随意添加密码，将试卷留在考场。

项目背景

设某中学有两个校区，其网络拓扑结构如附图 2-1 所示。该校设有语文组、数学组、英语组等教学研究组及教务处等部门，为了实现快捷的信息交流和资源共享，需要统一进行 IP 及业务资源的规划和分配。

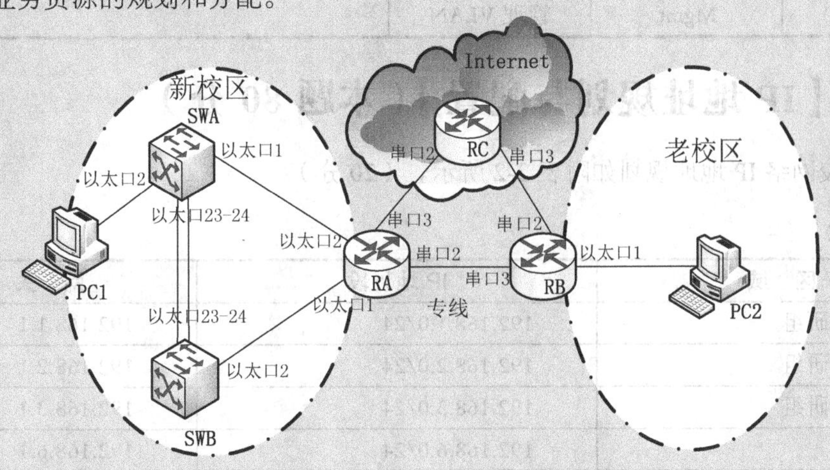

附图 2-1 网络拓扑结构图

根据学校的业务需求，某系统集成公司进行网络规划和部署。为了确保部署成功，前期进行仿真测试。测试环境包括 3 台路由器、2 台三层交换机、2 台服务器。

请考生根据测试要求完成网络物理连接、IP 地址规划、VLAN 规划与配置、路由协议等配置任务。

第一题【网络物理连接】（本题 80 分）

1. 制作双绞线：按 568B 的标准，制作适当长度的网线若干，并验证无误。（60 分）
2. 拓扑连接：根据网络拓扑图，将所有网络设备与主机连接起来。（20 分）

第二题【网络设备基本配置】（本题 30 分）

根据网络拓扑结构为每台网络设备配置主机名，其主机名分别为 RA、RB、RC、SWA、SWB。

第三题【VLAN 配置】（本题 40 分）

为使各部门二层隔离，需要在交换机上进行 VLAN 划分与端口分配。根据附表 2-1 完成 VLAN 配置和端口分配。

附表 2-1

编　号	名　称	说　明	端口映射
VLAN10	Chinese	语文教研组	SWA 和 SWB 上的 3~4 口
VLAN20	Math	数学教研组	SWA 和 SWB 上的 5~8 口
VLAN30	EN	英语教研组	SWA 和 SWB 上的 9~11 口
VLAN60	Educational	教务处	SWA 和 SWB 上的 18~20 口
VLAN80	Server	新校区服务器	
VLAN100	Mgmt	管理 VLAN	

第四题【IP 地址规划与配置】（本题 80 分）

1. 学校网络 IP 地址规划如附表 2-2 所示。（20 分）

附表 2-2

区　域	IP 地址段	网　关
语文教研组	192.168.1.0/24	192.168.1.1
数学教研组	192.168.2.0/24	192.168.2.1
英语教研组	192.168.3.0/24	192.168.3.1
教务处	192.168.6.0/24	192.168.6.1
新校区服务器	192.168.8.0/24	192.168.8.1
老校区服务器	192.168.9.0/24	192.168.9.1

2. 为维护管理方便，对所有网络设备配置 LoopBack 地址或管理地址，所规划的 LoopBack 和管理地址如附表 2-3 所示。（30 分）

附表 2-3

设　备	IP 地址
SWA 的管理地址	192.168.20.1/32
SWB 的管理地址	192.168.20.2/32
RA 的 LoopBack0 地址	192.168.20.10/32
RB 的 LoopBack0 地址	192.168.20.20/32
RC 的 LoopBack0 地址	192.168.20.30/32

3. 路由器 RA、RB、RC 及交换机 SWA、SWB 之间互联规划如附表 2-4 所示。（30 分）

附表 2-4

设　备	互联 IP 地址段
RA–RB	202.135.1.0/29
RA–RC	202.135.2.0/29
RB–RC	202.135.3.0/29
SWA–RA	192.168.30.0/29
SWB–RA	192.168.40.0/29

第五题【交换机配置】（本题 80 分）

1. 将三层交换机设置为 Telnet 登录，登录用户名为 switch，密码为 123456，密码以明文方式存储。设置三层交换机的 Tonsole 口登录密码为 123456。（20 分）

2. 对交换机 SWA 的以太口 3 实施静态 MAC 地址与端口的绑定，MAC 地址为 00-00-00-00-00-01。（20 分）

3. 对交换机 SWB 的以太口 4 开启端口安全，允许最大通过的 MAC 地址数为 10 个，超过则关闭端口。（20 分）

4. 交换机 SWA 与 SWB 通过端口聚合实现链路的冗余备份。（20 分）

第六题【路由配置】（本题 90 分）

1. 新校区 RA 与 SWA、SWB 之间运用 OSPF 动态路由协议，RA 与 RB 通过专线连接，专线以及老校区运行 RIPv2 路由协议。（30 分）

2. 在 RA 与 RB 上发布缺省路由，实现对 Internet 的访问。（20 分）

3. 在 RA 上通过路由重发布，实现全网互通。（20 分）

4. 在路由器 RA 上配置 nat，允许所有用户使用地址池 202.135.2.5-202.135.2.6 访问 Internet。（10 分）

5. 在路由器 RB 上配置 nat，允许所有内网用户使用外部接口的 IP 地址访问 Internet。（10 分）

Windows 操作系统部分

（本部分 300 分）

说明

① PC1 的 IP 为 192.168.8.50，子网掩码为 255.255.255.0，网关为 192.168.8.1。

② 所有 Windows 登录用户名均为 Administrator，密码为 R2xLs2y123。

③ 操作系统如未按要求安装，将在总分中酌情扣分，但扣分上限不超过 80 分。

第一题【系统安装】（本题 80 分）

在标识为“PC1”的计算机上创建以下两台虚拟机。

1. 安装名为“PC1-DC”的 Windows 2003 R2 操作系统，内存为 1 024MB，硬盘大小为 12GB，分别为 C、D、E。主分区 C 盘，容量 6GB；扩展分区为 6GB，两个逻辑分区 D、E 盘都为 3GB。计算机名为“dc”，升级成为域控制器。（40 分）

2. 安装名为“PC1-WEB”的 Windows 2003 R2 操作系统，内存为 512MB，硬盘大小为 10GB，分别为 C、D、E。主分区 C 盘，容量 6GB；扩展分区为 4GB，两个逻辑分区 D、E 盘都为 2GB。计算机名为“web”。添加两块虚拟硬盘，大小为 3GB，将这两块配置为镜像卷。（40 分）

第二题【DC 服务器】（本题 130 分）

1. 将虚拟机“dc”的 IP 地址设置为 192.168.8.51，子网掩码设置为 255.255.255.0，网关设置为 192.168.8.1。（20 分）

2. 把“dc”配置为域控制器服务器，域名为 jncs.net，域功能级别为 2003 模式。（30 分）

3. 该机同时承担 jncs.net 区域的域名解析服务，实现该域所有正向及反向解析。（40 分）

4. 创建域用户和组（说明：密码均为 R2xLs2y123），具体内容如附表 2-5 所示。（40 分）

附表 2-5

组织单位（OU）	全局组	用　户
培训部	Edu	User1（经理）、User2、User3
设计部	Design	User4（经理）、User5、User6
行政部	Admin	User7（经理）、User8、User9

第三题【Web 服务器】（本题 90 分）

1. 将虚拟机“web”的 IP 地址设置为 192.168.8.52，子网掩码设置为 255.255.255.0，网关设置为 192.168.8.1，并加入到 jncs.net 域中。（35 分）

2. 使用“web”发布名为 Web 的网站，网页的存储位置为 C:\web，内容为“欢迎参加江苏省职业院校学生专业技能抽查测试”。（35 分）

3. 利用 PC1 上的 IE 浏览器访问网页，并截取页面，存放至桌面上名为“web 测试”的 Word 文档中。（20 分）

Linux 操作系统部分

（本部分 300 分）

① PC2 的 IP 为 192.168.9.50，子网掩码为 255.255.255.0，网关为 192.168.9.1。

② 所有 CentOS 6.4 系统中的 root 用户的密码均设为：123456。

③ 操作系统如未按要求安装，将在总分中酌情扣分，但扣分上限不超过 80 分。

第一题【系统安装】（本题 80 分）

在标识为“PC2”的计算机上创建以下两个虚拟机。

1. 安装名为“CentOS_1”的 CentOS 6.4 操作系统，内存为 1 024MB，硬盘大小为 12GB。配置为 DNS 服务器。（40 分）

2. 安装名为“CentOS_2”的 CentOS 6.4 操作系统，内存为 512MB，硬盘大小为 10GB。配置为 FTP 服务器。（40 分）

第二题【DNS 服务器】（本题 110 分）

1. 将虚拟机“CentOS_1”的 IP 地址设置为 192.168.9.51，子网掩码设置为 255.255.255.0，网关设置为 192.168.9.1。（20 分）

2. 安装配置 DNS 服务所需要的包。（20 分）

3. 配置 DNS 服务器，建立名为 jszj.com 的域；创建两个主机，分别为 www.jszj.com、ftp.jszj.com，能实现正向解析。（70 分）

第三题【FTP 服务器】（本题 110 分）

1. 将虚拟机“CentOS_2”的 IP 地址设置为 192.168.9.52，子网掩码设置为 255.255.255.0，网关设置为 192.168.9.1。（20 分）

2. 安装配置 FTP 服务所需要的包。（20 分）

3. 配置 FTP 服务，创建两个本地用户 ftpuser1、ftpuser2，密码与用户名同名；不允许匿名用户登录。（50 分）

4. 测试 FTP 服务并截取页面，存放至桌面上名为“ftp 测试”的 Word 文档中。（20 分）

【答案】

一、网络设备部分

（1）RA 的配置文件：

```
ra#show run
Building configuration...

Current configuration : 1285 bytes
```

```
!
version 12.4
no service timestamps log datetime msec
no service timestamps debug datetime msec
no service password-encryption
!
hostname ra
!
!
!
!
spanning-tree mode pvst
!
!
!
!
interface Loopback0
 ip address 192.168.20.10 255.255.255.255
!
interface FastEthernet0/0
 ip address 192.168.40.1 255.255.255.248
 ip nat inside
 duplex auto
 speed auto
!
interface FastEthernet0/1
 ip address 192.168.30.1 255.255.255.248
 ip nat inside
 duplex auto
 speed auto
!
interface Serial0/0/0
 ip address 202.135.2.1 255.255.255.248
 ip nat outside
 clock rate 64000
!
interface Serial0/1/0
 ip address 202.135.1.1 255.255.255.248
 clock rate 64000
!
interface Vlan1
 no ip address
 shutdown
!
router ospf 110
 router-id 1.1.1.1
 log-adjacency-changes
 redistribute rip subnets
 network 192.168.20.10 0.0.0.0 area 0
 network 192.168.30.1 0.0.0.0 area 0
 network 192.168.40.1 0.0.0.0 area 0
 default-information originate
!
router rip
 version 2
```

```
 redistribute ospf 110 metric 1
 network 202.135.1.0
 no auto-summary
!
ip nat pool 1 202.135.2.5 202.135.2.6 netmask 255.255.255.248
ip nat inside source list 1 pool 1 overload
ip classless
ip route 0.0.0.0 0.0.0.0 Serial0/0/0
!
!
access-list 1 permit any
!
!
!
!
!
line con 0
!
line aux 0
!
line vty 0 4
 login
!
!
!
End
```

（2）RB 的配置文件：

```
rb#show run
Building configuration...

Current configuration : 928 bytes
!
version 12.4
no service timestamps log datetime msec
no service timestamps debug datetime msec
no service password-encryption
!
hostname rb
!
!
!
!
spanning-tree mode pvst
!
!
!
!
interface Loopback0
 ip address 192.168.20.20 255.255.255.255
!
interface FastEthernet0/0
 ip address 192.168.9.254 255.255.255.0
 ip nat inside
```

```
 duplex auto
 speed auto
!
interface FastEthernet0/1
 no ip address
 duplex auto
 speed auto
 shutdown
!
interface Serial0/0/0
 ip address 202.135.3.3 255.255.255.248
 ip nat outside
!
interface Serial0/1/0
 ip address 202.135.1.3 255.255.255.248
!
interface Vlan1
 no ip address
 shutdown
!
router rip
 version 2
 network 192.168.9.0
 network 202.135.1.0
 no auto-summary
!
ip nat inside source list 1 interface Serial0/0/0 overload
ip classless
ip route 0.0.0.0 0.0.0.0 Serial0/0/0
!
!
access-list 1 permit any
!
!
!
!
!
line con 0
!
line aux 0
!
line vty 0 4
 login
!
!
!
End
```

（3）RC 的配置文件：

```
rc#show run
Building configuration...

Current configuration : 695 bytes
!
version 12.4
```

```
no service timestamps log datetime msec
no service timestamps debug datetime msec
no service password-encryption
!
hostname rc
!
!
!
spanning-tree mode pvst
!
!
!
!
interface Loopback0
 ip address 192.168.20.30 255.255.255.255
!
interface FastEthernet0/0
 no ip address
 duplex auto
 speed auto
 shutdown
!
interface FastEthernet0/1
 no ip address
 duplex auto
 speed auto
 shutdown
!
interface Serial0/0/0
 ip address 202.135.2.2 255.255.255.248
!
interface Serial0/1/0
 ip address 202.135.3.2 255.255.255.248
 clock rate 64000
!
interface Vlan1
 no ip address
 shutdown
!
ip classless
!
!
!
!
!
!
!
line con 0
!
line aux 0
!
line vty 0 4
 login
!
!
```

```
!
End
```

（4）SWA 的配置文件：

```
swa#show run
Building configuration...

Current configuration : 2763 bytes
!
version 12.2
no service timestamps log datetime msec
no service timestamps debug datetime msec
no service password-encryption
!
hostname swa
!
!
!
!
!
ip routing
!
!
!
!
username switch password 0 123456
!
!
!
spanning-tree mode pvst
!
!
!
!
interface Loopback0
 ip address 192.168.20.1 255.255.255.255
!
interface FastEthernet0/1
 no switchport
 ip address 192.168.30.2 255.255.255.248
 duplex auto
 speed auto
!
interface FastEthernet0/2
!
interface FastEthernet0/3
 switchport access vlan 10
 switchport mode access
 switchport port-security
 switchport port-security mac-address 0000.0000.0001
!
interface FastEthernet0/4
 switchport access vlan 10
 switchport mode access
!
```

```
interface FastEthernet0/5
 switchport access vlan 20
 switchport mode access
!
interface FastEthernet0/6
 switchport access vlan 20
 switchport mode access
!
interface FastEthernet0/7
 switchport access vlan 20
 switchport mode access
!
interface FastEthernet0/8
 switchport access vlan 20
 switchport mode access
!
interface FastEthernet0/9
 switchport access vlan 30
 switchport mode access
!
interface FastEthernet0/10
 switchport access vlan 30
 switchport mode access
!
interface FastEthernet0/11
 switchport access vlan 30
 switchport mode access
!
interface FastEthernet0/12
!
interface FastEthernet0/13
!
interface FastEthernet0/14
!
interface FastEthernet0/15
!
interface FastEthernet0/16
!
interface FastEthernet0/17
!
interface FastEthernet0/18
 switchport access vlan 60
 switchport mode access
!
interface FastEthernet0/19
 switchport access vlan 60
 switchport mode access
!
interface FastEthernet0/20
 switchport access vlan 60
 switchport mode access
!
interface FastEthernet0/21
!
interface FastEthernet0/22
```

```
!
interface FastEthernet0/23
 channel-group 1 mode on
 switchport mode trunk
!
interface FastEthernet0/24
 channel-group 1 mode on
 switchport mode trunk
!
interface GigabitEthernet0/1
!
interface GigabitEthernet0/2
!
interface Port-channel 1
 switchport trunk encapsulation dot1q
 switchport mode trunk
!
interface Vlan1
 ip address 192.168.8.254 255.255.255.0
!
interface Vlan10
 ip address 192.168.1.1 255.255.255.0
!
interface Vlan20
 ip address 192.168.2.1 255.255.255.0
!
interface Vlan30
 ip address 192.168.3.1 255.255.255.0
!
interface Vlan60
 ip address 192.168.6.1 255.255.255.0
!
router ospf 110
 router-id 2.2.2.2
 log-adjacency-changes
 network 192.168.30.2 0.0.0.0 area 0
 network 192.168.20.1 0.0.0.0 area 0
 network 192.168.1.1 0.0.0.0 area 0
 network 192.168.2.1 0.0.0.0 area 0
 network 192.168.3.1 0.0.0.0 area 0
 network 192.168.6.1 0.0.0.0 area 0
 network 192.168.8.254 0.0.0.0 area 0
!
ip classless
!
!
!
line con 0
 password 123456
 login
!
line aux 0
!
line vty 0 4
 login local
```

```
line vty 5 15
 login local
!
!
end
```

（5）SWB 的配置文件：

```
swb#show run
Building configuration...

Current configuration : 2315 bytes
!
version 12.2
no service timestamps log datetime msec
no service timestamps debug datetime msec
no service password-encryption
!
hostname swb
!
!
!
ip routing
!
!
username switch password 0 123456
!
!
!
spanning-tree mode pvst
!
!
interface Loopback0
 ip address 192.168.20.2 255.255.255.255
!
interface FastEthernet0/1
!
interface FastEthernet0/2
 no switchport
 ip address 192.168.40.2 255.255.255.248
 duplex auto
 speed auto
!
interface FastEthernet0/3
 switchport access vlan 10
 switchport mode access
!
interface FastEthernet0/4
 switchport access vlan 10
 switchport mode access
 switchport port-security
 switchport port-security maximum 10
!
interface FastEthernet0/5
 switchport access vlan 20
 switchport mode access
```

```
!
interface FastEthernet0/6
 switchport access vlan 20
 switchport mode access
!
interface FastEthernet0/7
 switchport access vlan 20
 switchport mode access
!
interface FastEthernet0/8
 switchport access vlan 20
 switchport mode access
!
interface FastEthernet0/9
 switchport access vlan 30
 switchport mode access
!
interface FastEthernet0/10
 switchport access vlan 30
 switchport mode access
!
interface FastEthernet0/11
 switchport access vlan 30
 switchport mode access
!
interface FastEthernet0/12
!
interface FastEthernet0/13
!
interface FastEthernet0/14
!
interface FastEthernet0/15
!
interface FastEthernet0/16
!
interface FastEthernet0/17
!
interface FastEthernet0/18
 switchport access vlan 60
 switchport mode access
!
interface FastEthernet0/19
 switchport access vlan 60
 switchport mode access
!
interface FastEthernet0/20
 switchport access vlan 60
 switchport mode access
!
interface FastEthernet0/21
!
interface FastEthernet0/22
!
interface FastEthernet0/23
 channel-group 1 mode on
```

```
 switchport mode trunk
!
interface FastEthernet0/24
 channel-group 1 mode on
 switchport mode trunk
!
interface GigabitEthernet0/1
!
interface GigabitEthernet0/2
!
interface Port-channel 1
 switchport trunk encapsulation dot1q
 switchport mode trunk
!
interface Vlan1
 no ip address
 shutdown
!
router ospf 110
 router-id 3.3.3.3
 log-adjacency-changes
 network 192.168.20.2 0.0.0.0 area 0
 network 192.168.40.2 0.0.0.0 area 0
!
ip classless
!
!
line con 0
 password 123456
!
line aux 0
!
line vty 0 4
 login local
line vty 5 15
 login local
!
!
End
```

二、服务器部分

Windows Server 2003

1. 要求安装系统

（1）PC1-DC

① 打开 VirtualBox，单击“新建”按钮——名称为 PC1-DC，版本选择 Windows Server 2003（64bit），如附图 2-2 所示。

② 设定内存大小，如附图 2-3 所示。

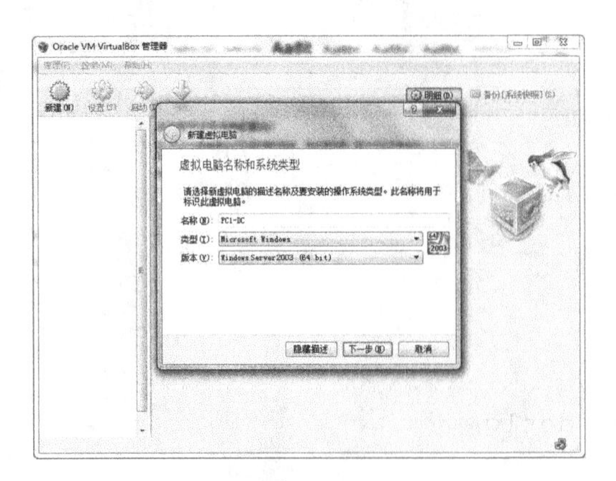

附图 2-2

附图 2-3

③ 创建硬盘，选择默认，文件大小选择 12G，如附图 2-4 和附图 2-5 所示。

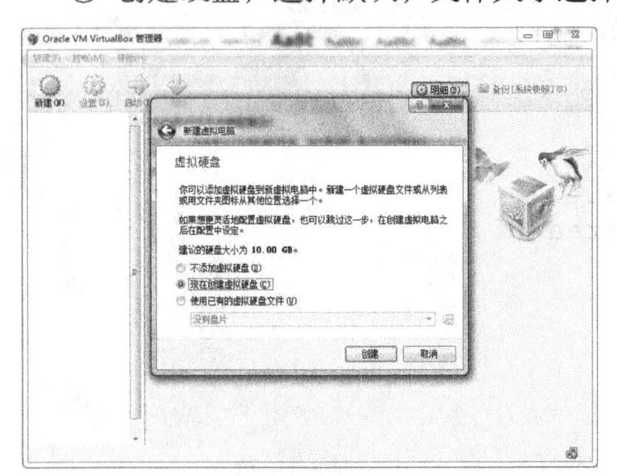

附图 2-4

附图 2-5

④ 选中已经创建好的虚拟机，选择“设置”—“存储”—“没有盘片”，单击右边的光盘图标，选择 2003 cd1 的镜像，如附图 2-6 所示。

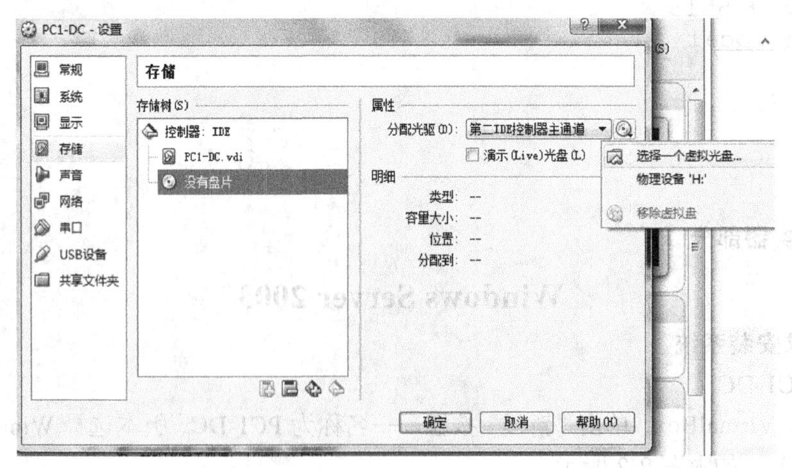

附图 2-6

⑤ 启动虚拟机。

⑥ 安装系统，按回车键选择现在安装，如附图 2-7 所示。

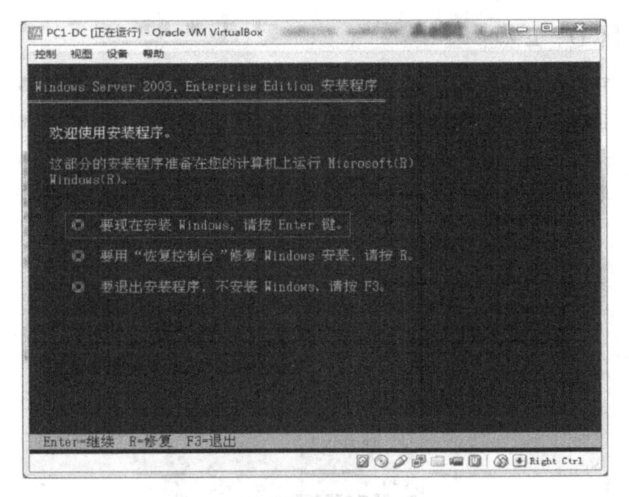

附图 2-7

⑦ 按“C”键创建主分区，只创建 6G 的就可以了，如附图 2-8 所示。

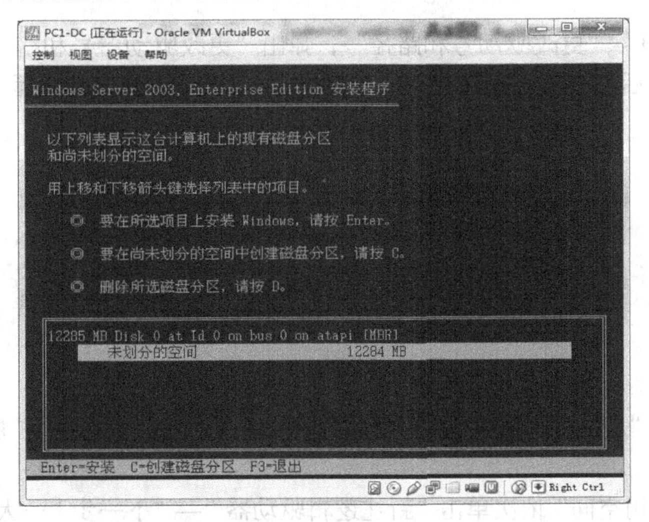

附图 2-8

⑧ 设置 administrator 的密码为：R2xLs2y123（注意大小写）。

⑨ 进入系统后，按提示，依次单击“设置”—“分配光驱”—“选择一个虚拟光盘”，选择 cd2，然后单击“确定”按钮继续安装。

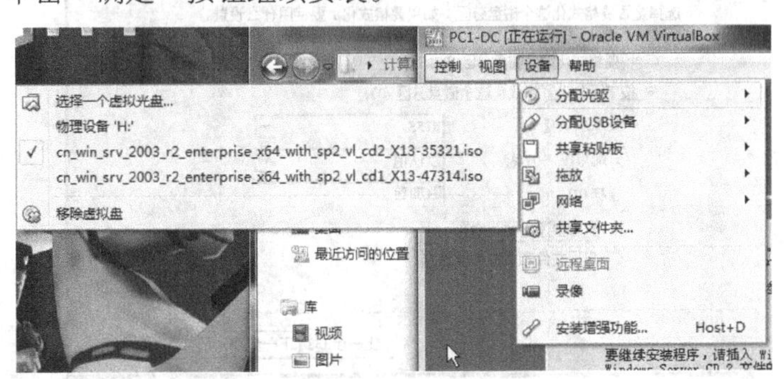

附图 2-9

⑩ 创建逻辑分区 D、E 盘。

单击“开始”—右击“我的电脑”—单击“管理”—“磁盘管理”，如附图 2-10 所示。

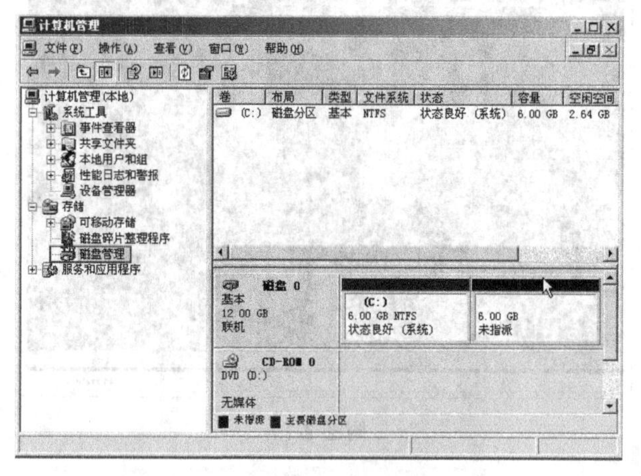

附图 2-10

右击 CD-ROM—“更改驱动号和路径”，弹出“更改驱动器号和路径“对话框”，指派任意一个（G 以后的字母）进行更改，如附图 2-11 所示，弹出提示后单击“是”按钮。

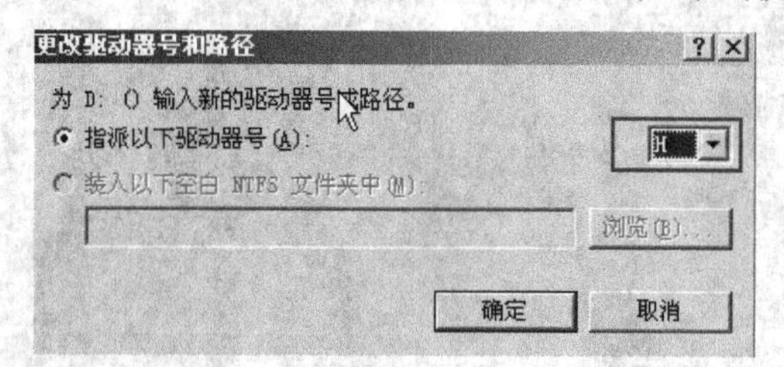

附图 2-11

右击黑色方块“未指派”依次单击“新建分区”，“下一步”，选择扩展分区，一直单击“下一步”按钮。

右击绿色“可用空间”依次单击“新建逻辑驱动器”—“下一步”…大小填写 3072（这是 3G 的大小，具体大小自己计算），勾选“执行快速格式化”复选框，如附图 2-12 所示。

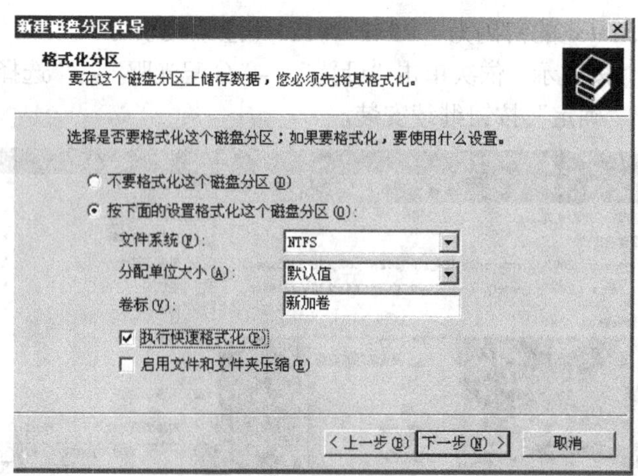

附图 2-12

⑪ 重复以上动作，创建E盘。

网卡桥接，如附图2-13所示。修改计算机名、IP地址等。

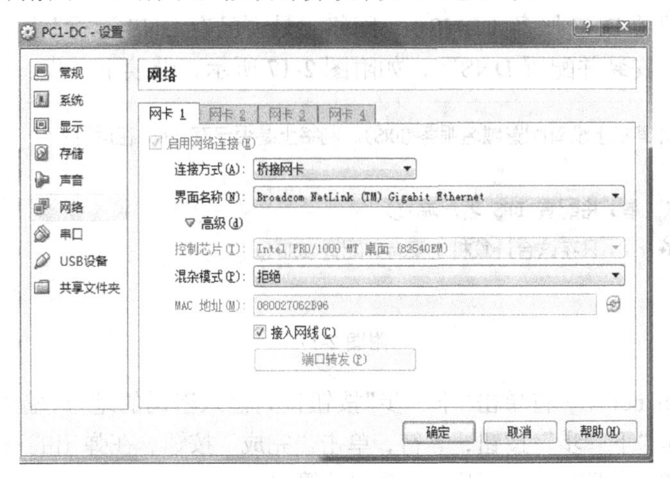

附图2-13

单击“开始”—右击“我的电脑”—单击“属性”—“计算机名”—“更改”，在计算机名中输入“dc”，如附图2-14所示，单击“确定”按钮重启。

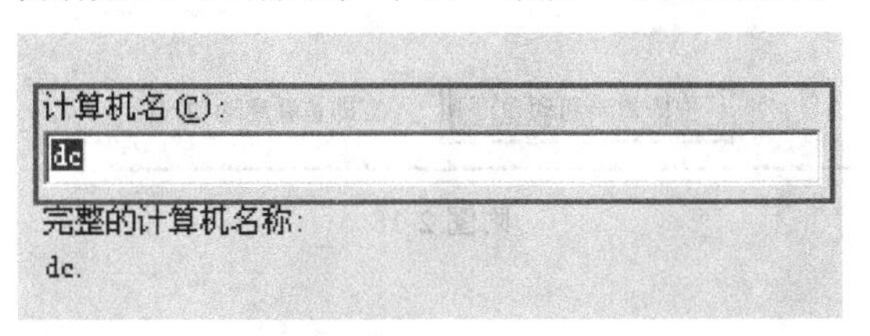

附图2-14

单击“开始”—“控制面板”—“网络连接”—“本地连接”，单击“属性”，弹出如附图2-15所示对话框，双击“Internet协议（TCP/IP）”，选择使用附图2-16所示的地址，单击“确定”按钮。

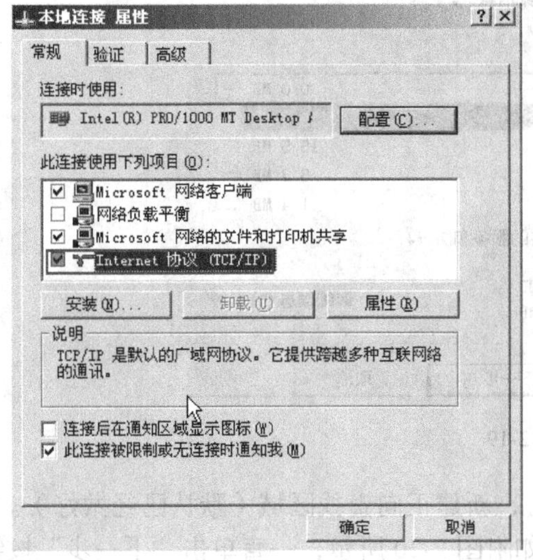

附图2-15

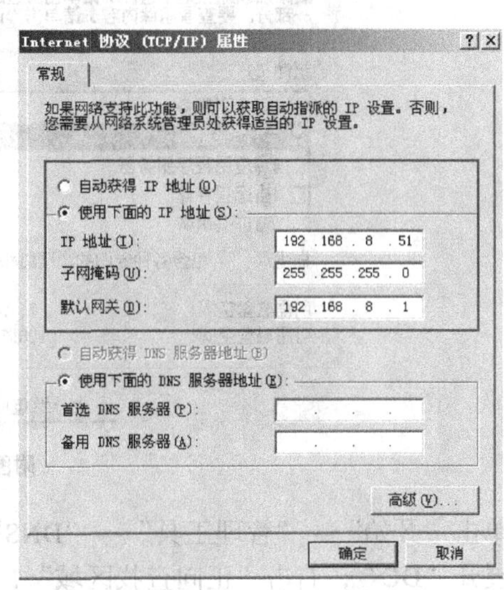

附图2-16

⑫ 域控制器配置。

单击“开始”—“运行”，输入“dcpromo”，一直单击“下一步”按钮，在弹出的“计算机上没有配置 DNS 服务（DNS）。网络上是否已有 DNS 运行”提示框中选择“否，只在这台计算机上安装并配置 DNS”，如附图 2-17 所示，继续下一步。

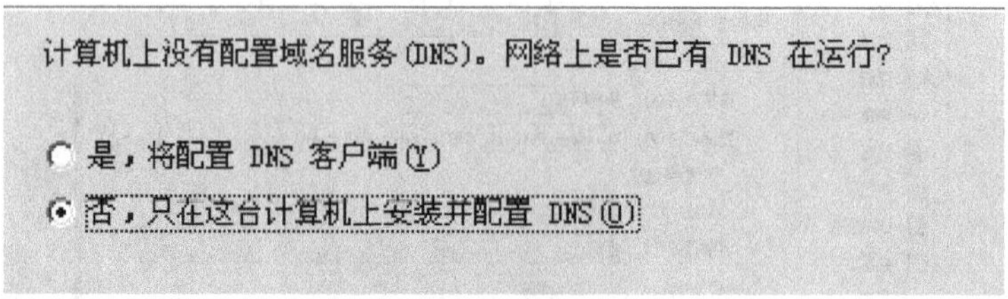

计算机上没有配置域名服务(DNS)。网络上是否已有 DNS 在运行?

是，将配置 DNS 客户端(Y)

否，只在这台计算机上安装并配置 DNS(O)

附图 2-17

填入域名“jncs.net”,一直单击“下一步”按钮直到输入密码的地方,输入和 administrator 一样的密码，继续“下一步”按钮，等待，单击“完成”按钮，在弹出的对话框中选择“立即重新启动”按钮，如附图 2-18 所示，重启计算机。

附图 2-18

⑬ DNS 配置。

单击“开始”—“控制面板”—“添加或删除程序”—“添加删除 Windows 组件”—双击“网络服务”，如附图 2-19 所示，勾选“DNS”（因为上面安装过域控制器，所以 DNS 服务也是一起安装了的）。

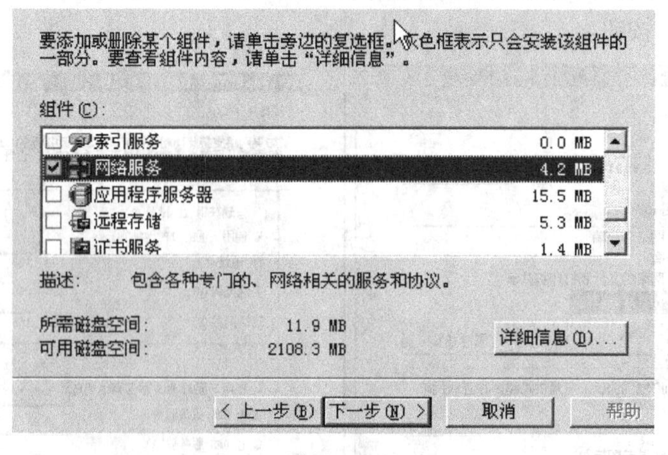

附图 2-19

单击“开始”—“管理工具”—“DNS”，新建正向查找区域（默认已经做好）。

展开“DC”，右击“正向查找区域”，如附图 2-20 所示，一直单击“下一步”按钮，区域名称填写域名，继续单击“下一步”按钮即可。

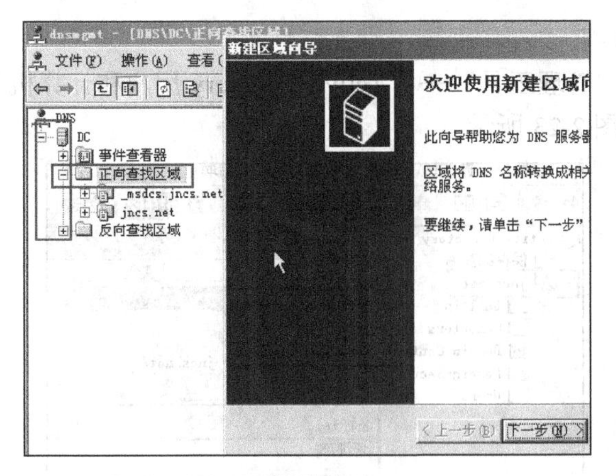

附图 2-20

反向查找区域：右击“反向查找区域”，一直单击“下一步”按钮，网络 ID 填写 192.168.8，如附图 2-21 所示，一直单击“下一步”按钮直至完成。

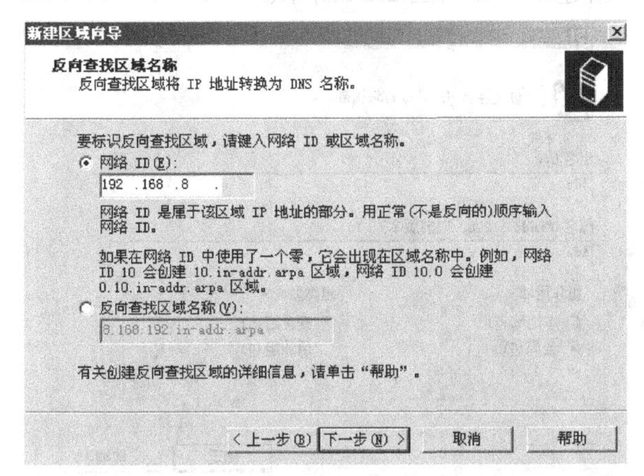

附图 2-21

添加主机：右击“jncs.net”，添加主机，名称填为“www”，地址填写另一个 Server 2003 的地址，因为是为它进行地址解析的。勾选“创建相关的指针（PTR）记录”，如附图 2-22 所示，单击“添加主机”。

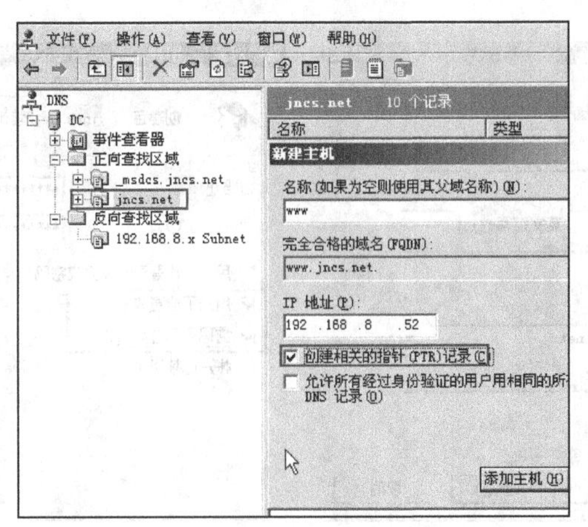

附图 2-22

⑭ 创建域用户和组。

单击“开始”—“管理工具”—“Active Directory 用户和计算机”，单击上面的创建组织单位按钮，如附图 2-23 所示。

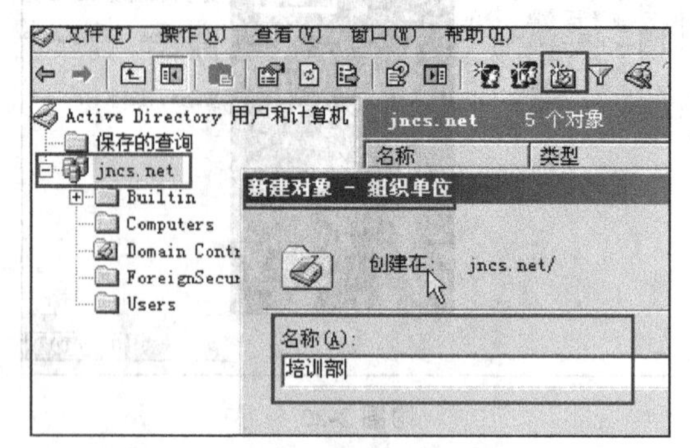

附图 2-23

右击“培训部”，新建组，如附图 2-24 所示。

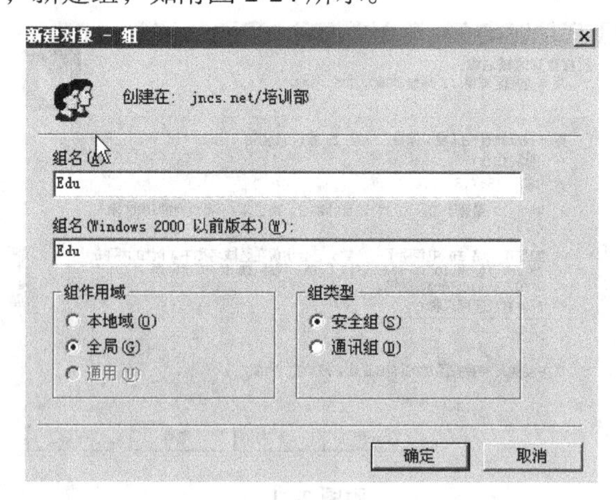

附图 2-24

右击“培训部”，新建用户，有职位（经理）的，在姓名里填写，如附图 2-25 所示。单击“下一步”按钮，勾选“用户不能更改密码”和“密码永不过期”复选框，如附图 2-26 所示。

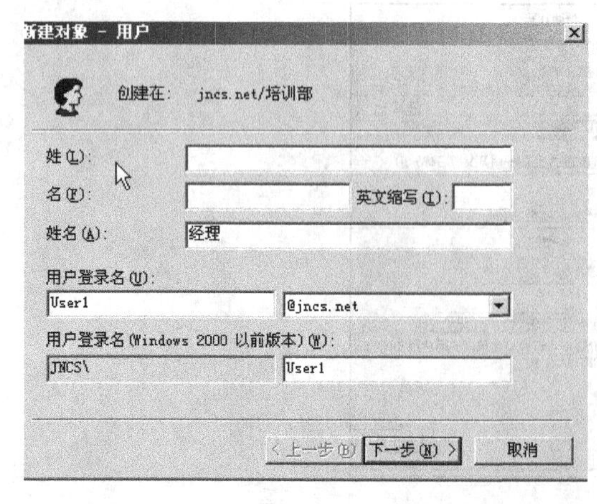

附图 2-25

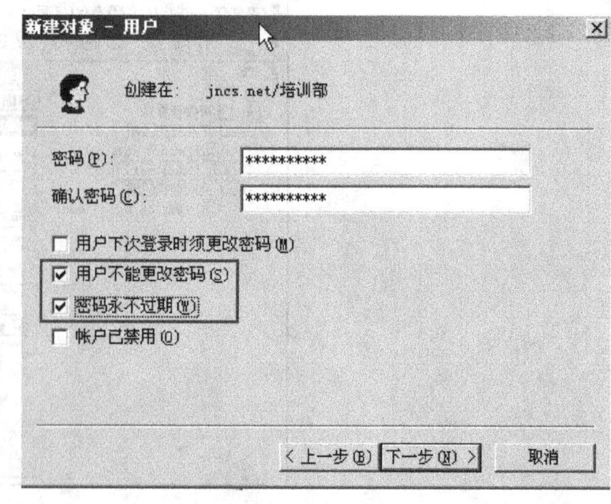

附图 2-26

依次创建其他组织单位、全局组、用户。

（2）PC1-WEB 有许多步骤与上面类似，重复部分不再写出，这里只列出不同部分。

创建镜像卷：将虚拟机关机，选定 PC1-WEB，单击“设置”—“存储”—单击“添加磁盘”按钮，如附图 2-27 所示，单击“添加新磁盘”按钮—单击“下一步”按钮，在选择文件大小时选择 3GB。添加两块磁盘。

附图 2-27

开机后，会有初始化磁盘，一直单击“下一步”按钮即可。

单击“开始”，右击“我的电脑”单击“管理”—“磁盘管理”，如附图 2-28 所示。

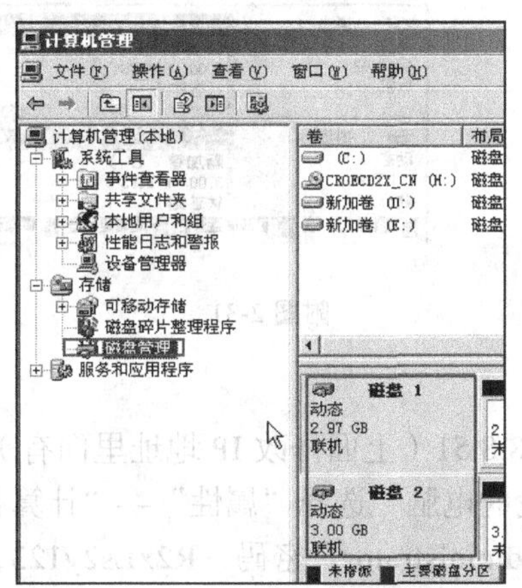

附图 2-28

右击“磁盘 1”，弹出“转换成动态磁盘”对话框，勾选“磁盘 2”复选框，如附图 2-29 所示。

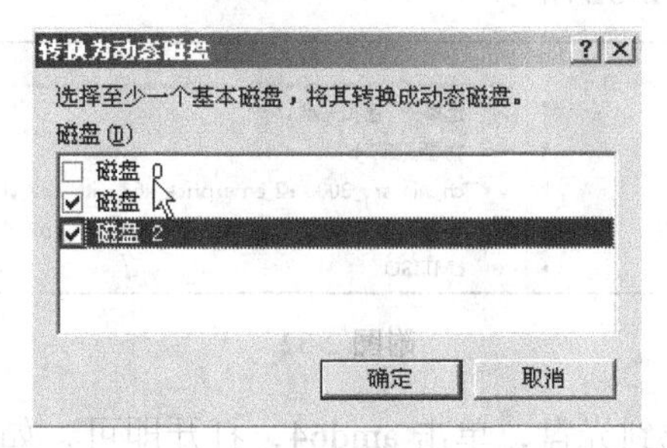

附图 2-29

右击“磁盘 1”单击“新建卷”—“镜像卷”，双击可用下面的磁盘 2，单击“下一步”按钮，勾选执行快速格式化。

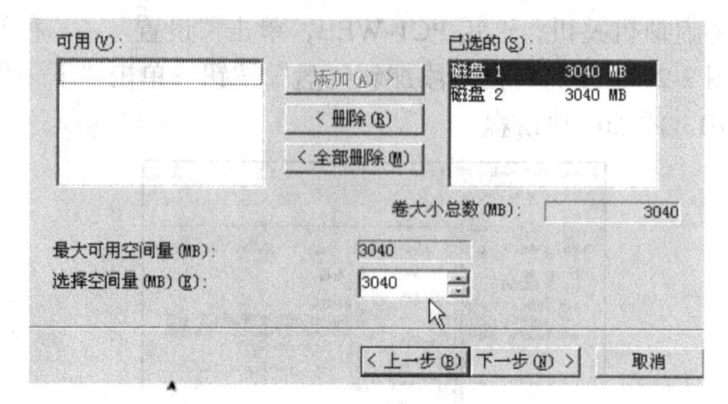

附图 2-30

完成后如附图 2-30 所示。

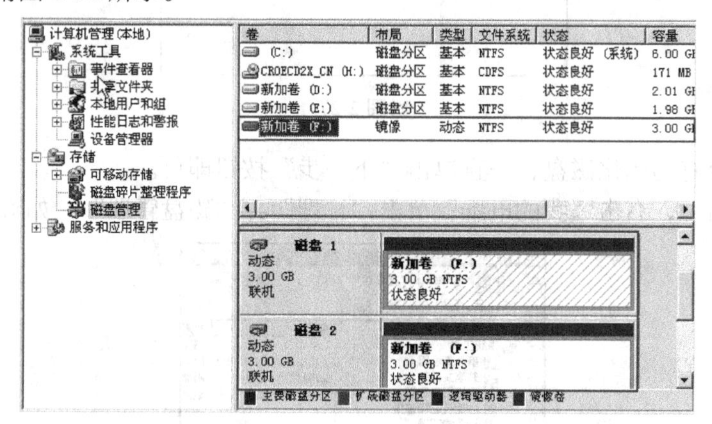

附图 2-31

2. 加入域

设置 DNS 地址为 192.168.8.51（上面修改 IP 地址里面有）。

单击“开始”，右击“我的电脑”选择“属性”—“计算机名”，“更改”，单击域，输入“jncs.net”。用户名：administrator，密码：R2xLs2y123，重启即可。

3. Web 服务器

（1）单击“开始”—“控制面板”—“添加或删除程序”—“添加删除 Windows 组件”，勾选“应用程序”。如果出现所需文件的对话框，单击虚拟机的“设备”—“分配光驱”，选择 cd1，如附图 2-32 所示。

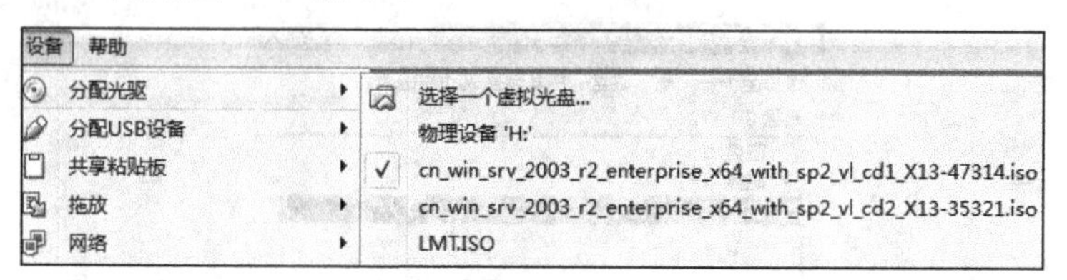

附图 2-32

单击“浏览”按钮，找到光盘，单击 amd64，打开即可，如附图 2-33 所示。

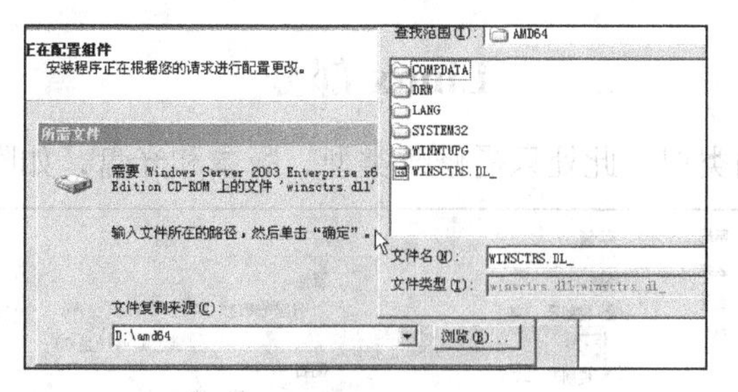

附图 2-33

（2）在 C 盘创建 web 文件夹，进入 web 文件夹，新建一个 txt 文件，打开 txt 文件，输入“欢迎参加 2014 年江苏省中等职业学校学生专业技能抽查测试”，保存，将该文件重命名为“index.htm”，如附图 2-34 所示，回车。

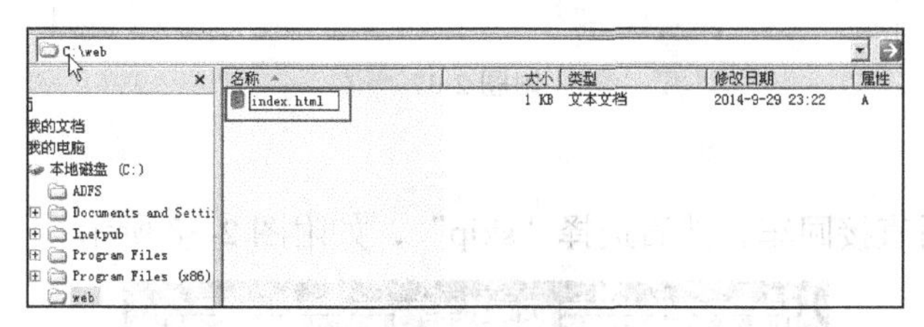

附图 2-34

（3）单击“开始”—“管理工具”—“Internet 信息服务器”，展开网站，右击默认网站，删除，如图 2-35 所示。

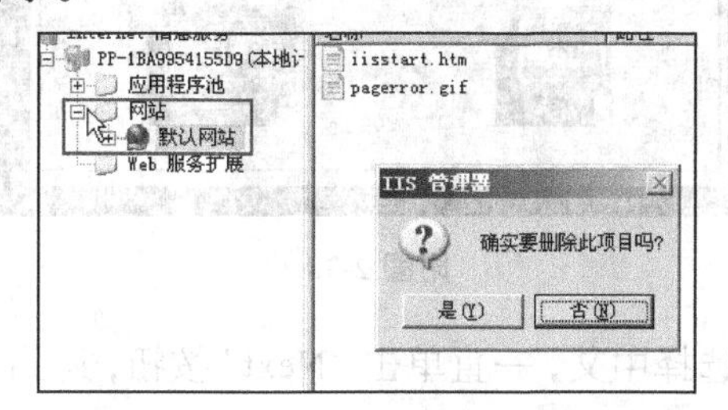

附图 2-35

右击“网站”，新建网站，任意写一个描述，IP 选择本机 IP，路径选择 c:\web。

测试页面，如附图 2-36 所示。

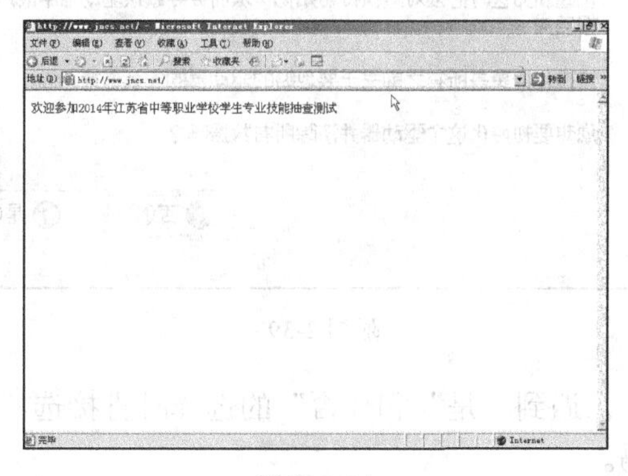

附图 2-36

Linux 部分

创建虚拟机和上面类似，此处只需修改类型、版本和光盘，如附图 2-37 所示。

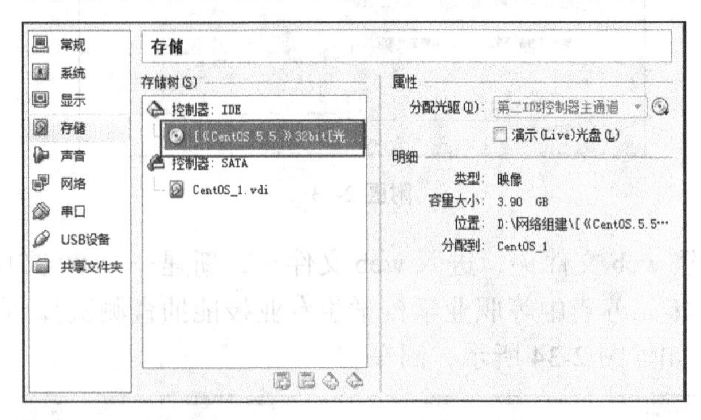

附图 2-37

1. 系统安装

① 光盘引导后直接回车，然后选择“skip”，如附图 2-38 所示。

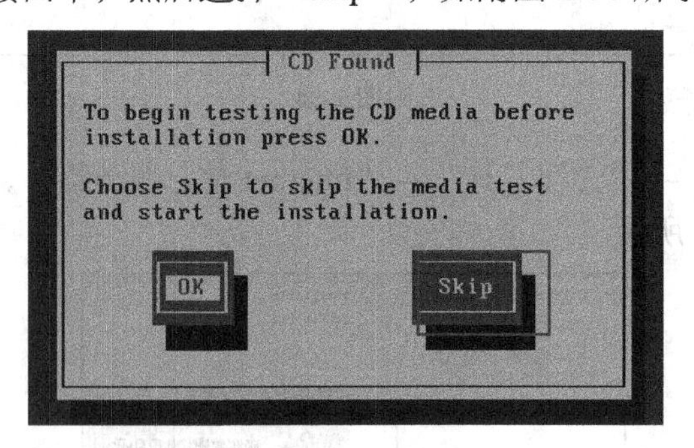

附图 2-38

② 选择语言时，可以选择中文，一直单击“Next”按钮，遇到初始化磁盘时选择“是”，如附图 2-39 所示。

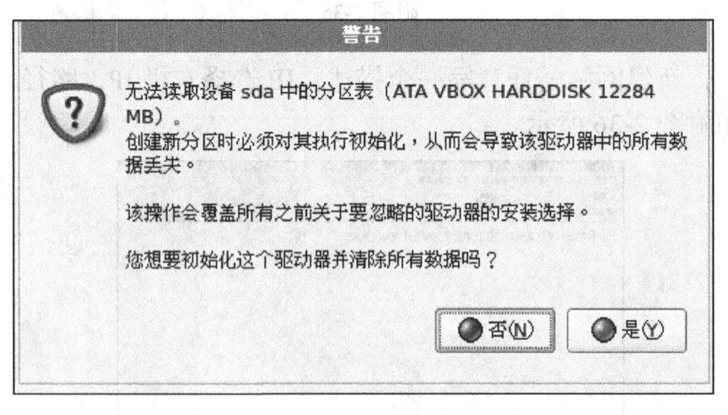

附图 2-39

一直单击“下一步”，遇到“是”和“否”的选择时直接选“是”，在需要输密码的对话框时，输入两遍密码。

服务选择时，选择“现在定制”，如附图 2-40 所示。

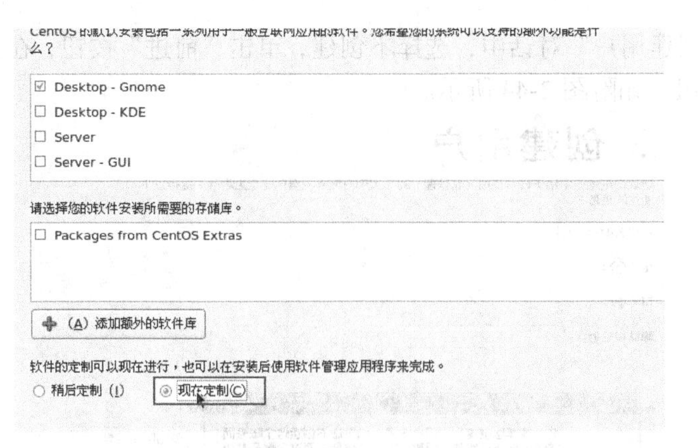

附图 2-40

勾选所需的服务（如 DNS 和 FTP），如附图 2-41 所示。

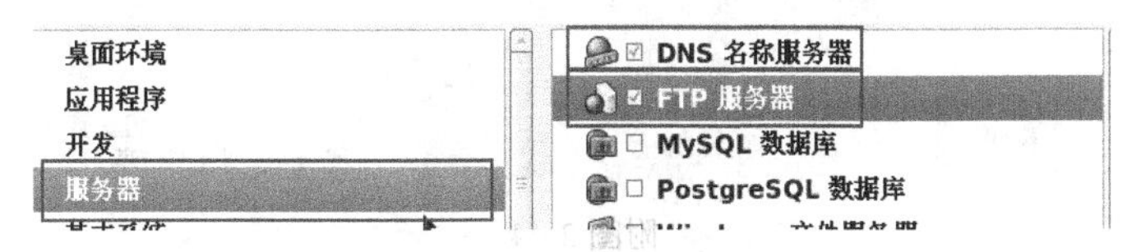

附图 2-41

继续单击“下一步”按钮，然后重新引导。

开机后单击前进——选择禁用防火墙。

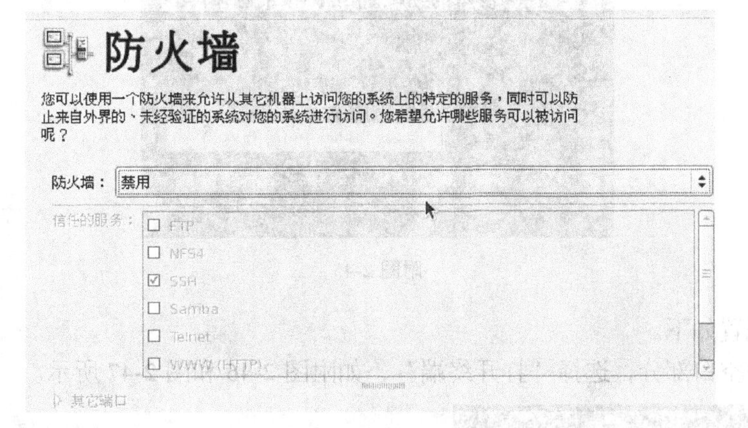

附图 2-42

SELinux 也选择禁用，如附图 2-43 所示。

附图 2-43

在弹出的“创建用户”对话中，选择不创建，单击“前进”按钮，在弹出的对话框中，单击“继续”按钮，如附图 2-44 所示。

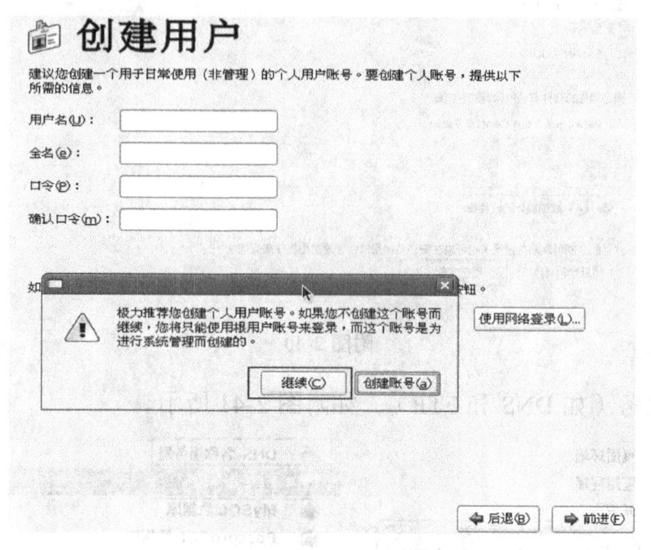

附图 2-44

一直单击“前进”按钮直至完成，重启计算机。

登录时用户名是 root，密码是之前所设的密码，如附图 2-45 所示。

附图 2-45

服务器配置如下。

右击桌面空白部分，选择“打开终端”，如附图 2-46 和图 2-47 所示。

附图 2-46

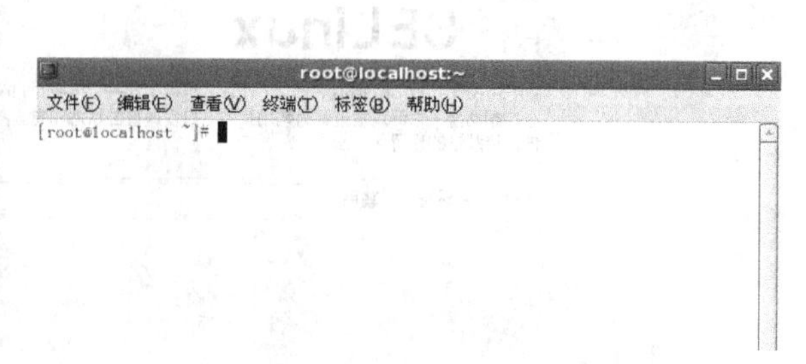

附图 2-47

2. DNS 服务器

（1）设置 IP 地址等网络配置。

在终端里输入 system-config-network，会弹出一个对话框，双击“etho”，选择“静态设置的 IP 地址”，手动设置后，单击“确定”按钮，如附图 2-48 所示。（确定看不到的话，按住 Alt+O 组合键即可。）

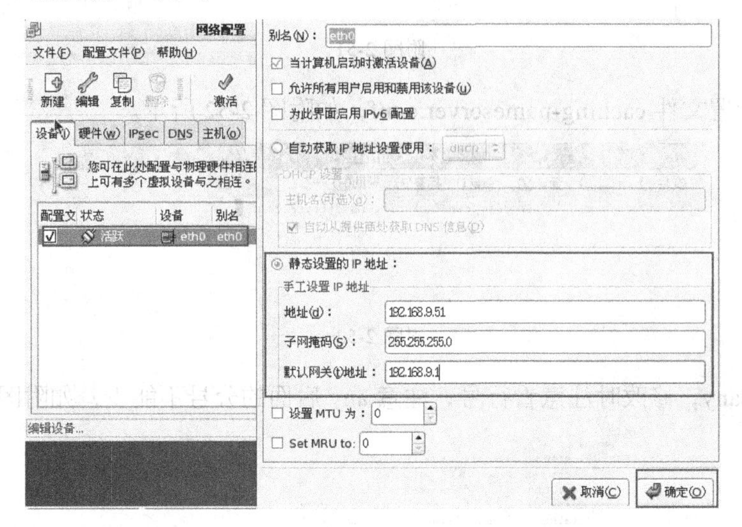

附图 2-48

要使静态 IP 生效，在终端里面输入命令：service network restart，如附图 2-49 所示。

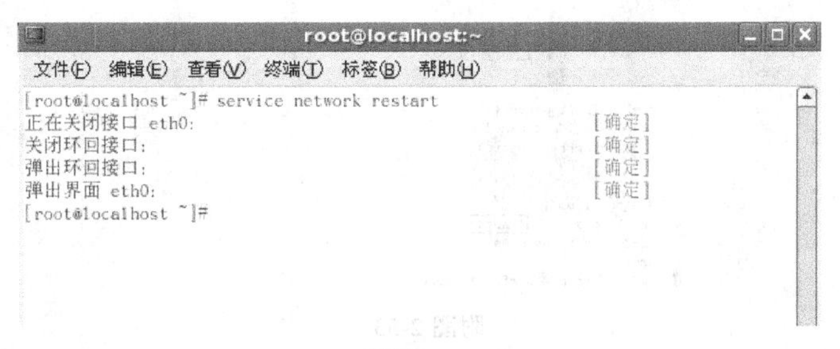

附图 2-49

（2）DNS 服务配置。

① 安装 caching-nameserver。

单击“设备”—“分配光驱”，选择“centos”。

② 在终端里输入 cd /media/CentOS_5.5_Final/CentOS，如附图 2-50 所示。

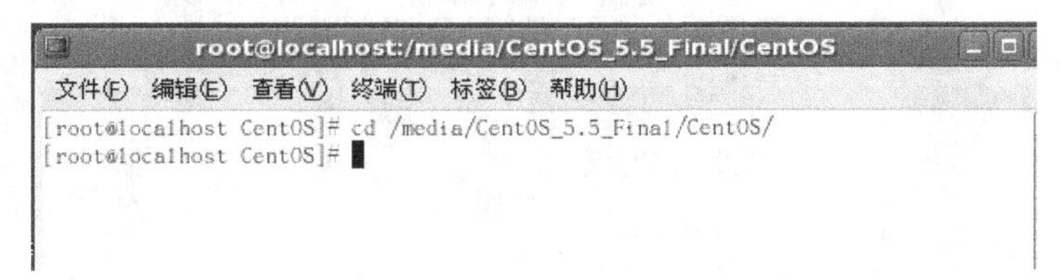

附图 2-50

③ 输入 rpm –ivh cach（然后按下 Tab 键，会自动补全），如附图 2-51 所示，按回车键后就自动安装了。

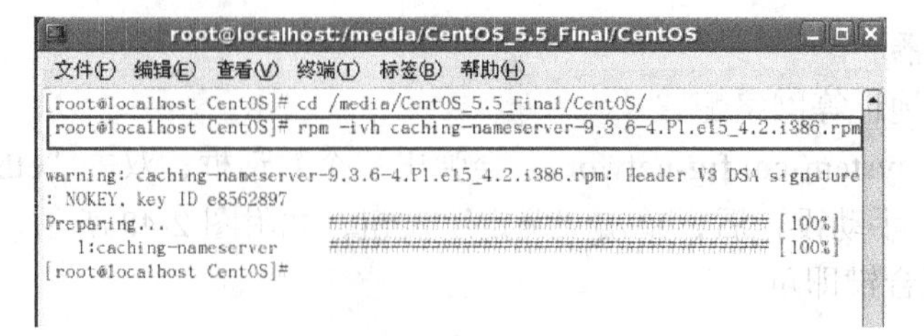

附图 2-51

④ 编辑配置文件 caching-nameserver.conf，如附图 2-52 所示。

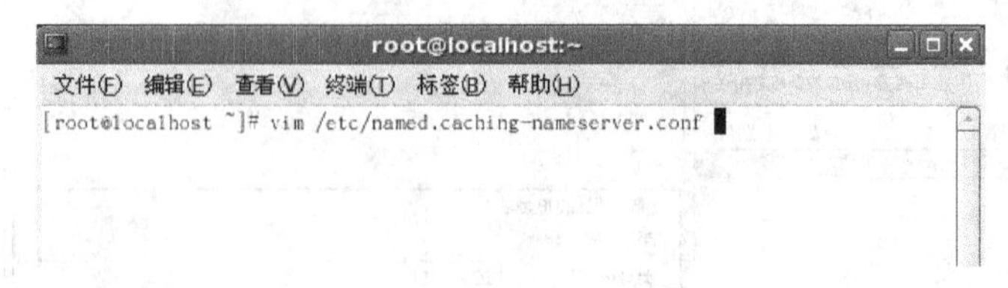

附图 2-52

修改 6 个 any，修改时注意看行号，注意 any 后面的分号不能少，如附图 2-53 所示。

```
14 options {
15         listen-on port 53 { any; };
16         listen-on-v6 port 53 { any; };
17         directory       "/var/named";
18         dump-file       "/var/named/data/cache_dump.db";
19         statistics-file "/var/named/data/named_stats.txt";
20         memstatistics-file "/var/named/data/named_mem_stats.txt";
21
22         // Those options should be used carefully because they disable port
23         // randomization
24         // query-source    port 53;
25         // query-source-v6 port 53;
26
27         allow-query     { any; };
28         allow-query-cache { any; };
29 };
30 logging {
31         channel default_debug {
32                 file "data/named.run";
33                 severity dynamic;
34         };
35 };
36 view localhost_resolver {
37         match-clients      { any; };
38         match-destinations { any; };
39         recursion yes;
40         include "/etc/named.rfc1912.zones";
```

附图 2-53

按 shift+: 组合键，输入“wq”，按回车键就可以保存了，如附图 2-54 所示。

```
root@localhost:~
文件(F) 编辑(E) 查看(V) 终端(T) 标签(B) 帮助(H)
12 // caching-nameserver package upgrade.
13 //
14 options {
15         listen-on port 53 { any; };
16         listen-on-v6 port 53 { any; };
17         directory       "/var/named";
18         dump-file       "/var/named/data/cache_dump.db";
19         statistics-file "/var/named/data/named_stats.txt";
20         memstatistics-file "/var/named/data/named_mem_stats.txt";
21
22         // Those options should be used carefully because they disable port
23         // randomization
24         // query-source    port 53;
25         // query-source-v6 port 53;
26
27         allow-query     { any; };
28         allow-query-cache { any; };
29 };
30 logging {
31         channel default_debug {
32                 file "data/named.run";
33                 severity dynamic;
34         };
35 };
36 view localhost_resolver {
37         match-clients      { any; };
38         match-destinations { any; };
39         recursion yes;
40         include "/etc/named.rfc1912.zones";
:wq
```

附图 2-54

输入 named.rfc1912.zones，如附图 2-55 所示。

root@localhost:~
文件(F) 编辑(E) 查看(V) 终端(T) 标签(B) 帮助(H)
[root@localhost ~]# vim /etc/named.caching-nameserver.conf
[root@localhost ~]# vim /etc/named.
named.caching-nameserver.conf named.rfc1912.zones
[root@localhost ~]# vim /etc/named.rfc1912.zones

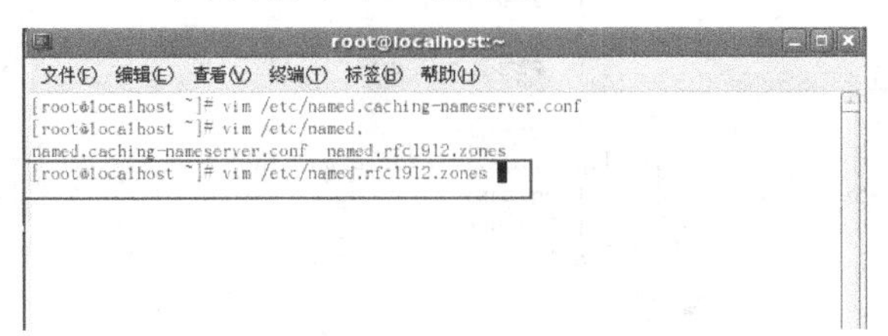

附图 2-55

用鼠标框住两部分代码并复制，下移到最下面，如附图 2-56 所示按下 I 键，右移分号和面，回车，然后右击粘贴。

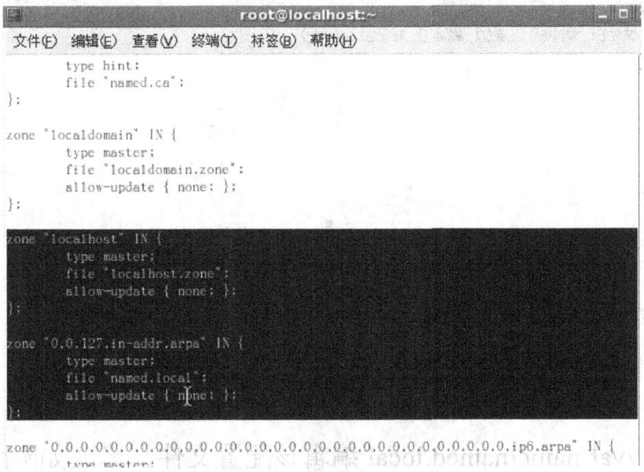

root@localhost:~
文件(F) 编辑(E) 查看(V) 终端(T) 标签(B) 帮助(H)
type hint;
file "named.ca";
};
zone "localdomain" IN {
type master;
file "localdomain.zone";
allow-update { none; };
};
zone "localhost" IN {
type master;
file "localhost.zone";
allow-update { none; };
};
zone "0.0.127.in-addr.arpa" IN {
type master;
file "named.local";
allow-update { none; };
};
zone "0.0.0.0.0.0.0.0.0.0.0.0.0.0.0.0.0.0.0.0.0.0.0.0.0.0.0.0.0.0.0.0.ip6.arpa" IN {

附图 2-56

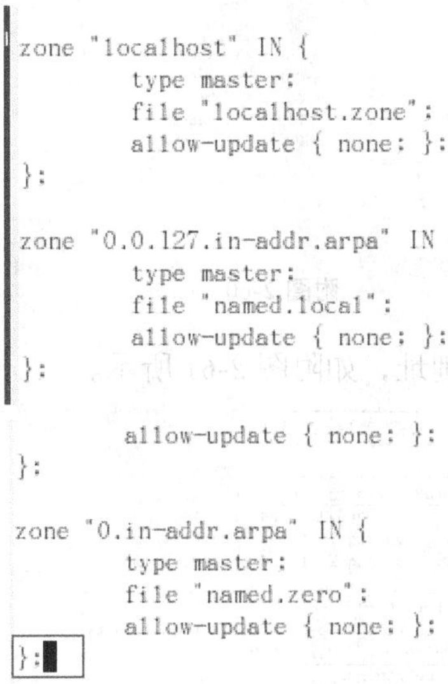

zone "localhost" IN {
type master;
file "localhost.zone";
allow-update { none; };
};
zone "0.0.127.in-addr.arpa" IN {
type master;
file "named.local";
allow-update { none; };
};
allow-update { none; };
};
zone "0.in-addr.arpa" IN {
type master;
file "named.zero";
allow-update { none; };
};

附图 2-57

（3）修改配置文件如附图 2-58 所示。

```
zone "jszj.com" IN {
        type master;
        file "localhost.zone";
        allow-update { none; };
};

zone "1.168.192.in-addr.arpa" IN {
        type master;
        file "named.local";
        allow-update { none; };
};
```

附图 2-58

修改后保存。

在终端输入 vim /var/name/localhost.zone 编辑该配置文件，修改如附图 2-59 所示。

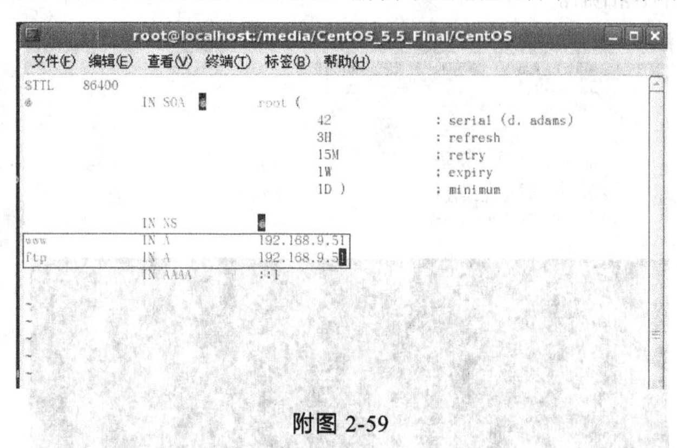

附图 2-59

在终端输入 vim /var/name/named.local 编辑该配置文件，修改如附图 2-60 所示。

```
root@localhost:/media/CentOS_5.5_Final/CentOS
文件(F) 编辑(E) 查看(V) 终端(T) 标签(B) 帮助(H)
$TTL    86400
@       IN      SOA     localhost. root.localhost. (
                                1997022700 ; Serial
                                28800      ; Refresh
                                14400      ; Retry
                                3600000    ; Expire
                                86400 )    ; Minimum
        IN      NS      localhost.
51      IN      PTR     www.jszj.com.
51      IN      PTR     ftp.jszj.com.
```

附图 2-60

启动服务后，分别 ping 两个地址，如附图 2-61 所示。

```
[root@localhost CentOS]# service named restart
停止 named:                                         [确定]
启动 named:                                         [确定]
[root@localhost CentOS]# ping www.jszj.com
PING www.jszj.com (192.168.9.51) 56(84) bytes of data.
64 bytes from 192.168.9.51: icmp_seq=1 ttl=64 time=0.047 ms
64 bytes from 192.168.9.51: icmp_seq=2 ttl=64 time=0.027 ms

--- www.jszj.com ping statistics ---
2 packets transmitted, 2 received, 0% packet loss, time 10042ms
rtt min/avg/max/mdev = 0.027/0.037/0.047/0.010 ms
[root@localhost CentOS]# ping ftp.jszj.com
PING ftp.jszj.com (192.168.9.51) 56(84) bytes of data.
64 bytes from 192.168.9.51: icmp_seq=1 ttl=64 time=0.011 ms
64 bytes from 192.168.9.51: icmp_seq=2 ttl=64 time=0.025 ms
64 bytes from 192.168.9.51: icmp_seq=3 ttl=64 time=0.030 ms
```

附图 2-61

启动服务：service named restart。

服务开机启动：输入 chkconfig named on。

3. FTP 服务器

服务器地址配置参照前文，这里不再赘述了。

FTP 服务器默认装机的时候已经安装了，所以这里不再安装。

新建用户，命令如下：

```
Useradd ftpuser1
Passwd user1
```

输入密码，如附图 2-62 所示。

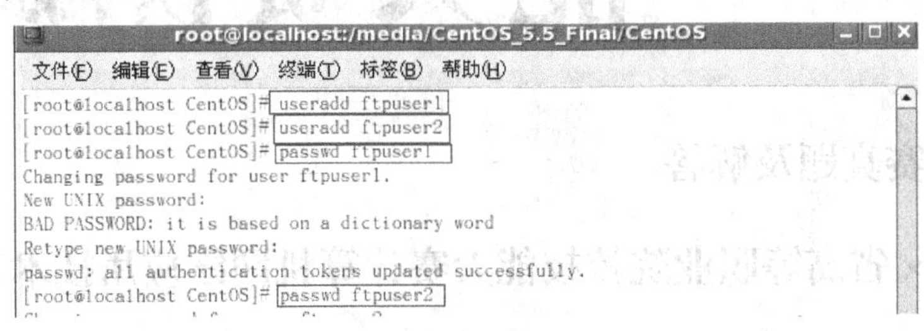

附图 2-62

FTP 配置文件修改：vim /etc/vsftp/vsftpd.conf。

修改如附图 2-63 所示。

```
# READ THIS: This example file is NOT an exhaustive list of vsftpd options.
# Please read the vsftpd.conf.5 manual page to get a full idea of vsftpd's
# capabilities.
#
# Allow anonymous FTP? (Beware - allowed by default if you comment this out).
anonymous_enable=NO
#
# Uncomment this to allow local users to log in.
local_enable=YES
#
# Uncomment this to enable any form of FTP write command.
```

附图 2-63

启动服务：service vsftpd restart。

开机启动：chhkconfig vsftpd on。

测试，如附图 2-64 所示。

```
[root@localhost ftpuser1]# service vsftpd restart
关闭 vsftpd:                                          [失败]
为 vsftpd 启动 vsftpd:                                [确定]
[root@localhost ftpuser1]# ftp 127.0.0.1
Connected to 127.0.0.1.
220 (vsFTPd 2.0.5)
530 Please login with USER and PASS.
530 Please login with USER and PASS.
KERBEROS_V4 rejected as an authentication type
Name (127.0.0.1:root): ftpuser1
331 Please specify the password.
Password:
230 Login successful.
Remote system type is UNIX.
Using binary mode to transfer files.
ftp> dir
227 Entering Passive Mode (127,0,0,1,245,213)
150 Here comes the directory listing.
-rw-r--r--    1 0        0               9 Sep 29 17:10 1.txt
226 Directory send OK.
ftp>
```

附图 2-64

附录 3 网络组建与管理技能大赛测试题

【一】省赛真题及解答

2014 年 × × 省高等职业院校技能大赛计算机网络应用技术项目竞赛

赛题说明

一、竞赛时间

竞赛时间为 240 分钟。

二、竞赛注意事项

竞赛所需的硬件、软件和辅助工具由组委会统一布置，选手不得私自携带任何软件、移动存储工具、辅助工具、移动通信工具等进入赛场。

请根据大赛所提供的比赛环境，检查所列的硬件设备、软件清单、材料清单是否齐全，计算机设备是否能正常使用。

操作过程中，需要及时保存设备配置。比赛结束后，所有设备保持运行状态，不要拆、动硬件连接。

比赛完成后，比赛设备、软件和赛题请保留在座位上，禁止将比赛所用的所有物品（包括试卷和草纸）带离赛场。

所有需要提交的文档均要求按照模板制作，文档模板请参考“D:\大赛软件资料\”目录中相关模板文档。

对竞赛结果文档正文部分进行适当的排版，注意不要修改页眉页脚设置，但要求在页眉填写工位号和 3 位选手姓名。

竞赛结果的电子版文件需要按照监考老师的要求，在竞赛结束前复制到监考老师提供的 U 盘进行保存。

裁判以各参赛队提交的竞赛结果文档为主要评分依据。所有提交的文档必须按照赛题所规定的命名规则命名，文档中有对应题目的小标题，截图有其对应的简要说明，否则按无效内容处理。

三、竞赛相关设备及材料清单

（一）软件资源

赛场提供竞赛所需的软件资源、设备所需的管理程序、驱动程序和技术手册等，请在对应的目录下查询使用。

附表 3-1

序　号	软件名称	存放路径
1	Windows XP Pro (中文版)	D:\大赛软件资料
2	Windows 7 (中文版)	D:\大赛软件资料
3	Centos 5.5	D:\大赛软件资料
4	Oracle VM VirtualBox 4.0.4	D:\大赛软件资料
5	RAR 4.0 (中文版)	D:\大赛软件资料
6	Microsoft Office 2007(中文版)	D:\大赛软件资料
7	Windows 2003 Server R2(中文版)	D:\大赛软件资料
8	Windows 2008 Server(中文版)	D:\大赛软件资料
9	Windows Server 2008 R2(中文版)	D:\大赛软件资料
10	锐捷设备管理软件、驱动程序和技术手册	D:\大赛软件资料

（二）硬件设备清单

网络相关设备统一采用星网锐捷网络有限公司提供的相关产品，设备清单如附表 3-2 所示。

附表 3-2

设备类型	设备型号	设备数量（台）
路由器	RG-RSR20-18	4 台
路由器 3G 模块	SIC-3G-WCDMA	2 块
三层交换机	RG-S3760E-24	2 台
二层交换机	RG-S2628G-I	2 台
防火墙	RG-WALL160M	1 台
网页防护系统	RG-WG 1000S	1 台
入侵检测和防御系统	RG-IDP 500S	1 台
无线控制器	RG-WS3302	1 台
无线 AP	RG-AP220E	2 台
无线适配器	RG-E-120	2 块
串口模块	SIC-1HS	8 块
V.35DTE-V.35DCE 线缆	V.35DTE-V.35DCE 1 米	6 条
出口网关	RG-EG1000C	1 台
PC	主频 1G 以上，内存 2G 或以上	4 台
网线跳线	赛场提供	1 组

四、竞赛项目背景及网络拓扑

（一）项目描述

为适应公司发展的需要，某企业计划进行网络改造升级。此次网络工程包括总部和子机构两部分。随着业务的发展，原有网络已经不能满足高效管理的需要，网站服务器和网络经常遭到来自互联网的攻击或入侵，网络安全对企业发展的影响也越来越明显。

（二）网络升级规划

1. 网络拓扑结构图

网络拓扑结构图，如附图 3-1 所示。

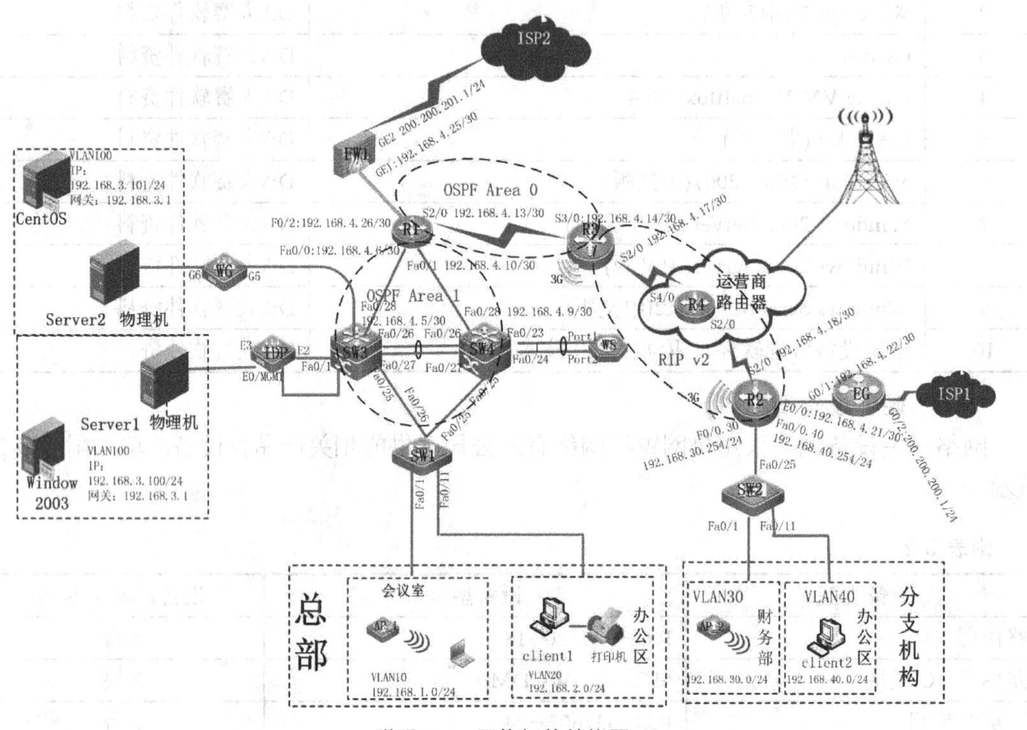

附图 3-1　网络拓扑结构图

2. 网络拓扑图描述

本次网络改造，总公司局域网核心采用双交换机冗余的构架，通过 VRRP 结合 MSTP 技术实现负载均衡和链路备份。两台核心交换机分别连接到核心路由器，核心路由器连接到网络出口防火墙，通过配置防火墙来实现内网用户访问 Internet 以及保护内网安全的目的。服务器集中放置在总部网络中心机房，通过部署 IDP 对网络中访问服务器的数据进行检测。对于会议室区域则采用无线接入的方式，可以保证用户通过无线网络来访问网络中的资源。

总部网络与分支机构网络通过帧中继互联，并且由于分支机构对总部服务器数据访问的实时性，当 Frame-Relay 专线故障时，分支机构业务能切换到 3G 备份线路，通过 3G 备份线路与总部进行通信。随着 IPv4 地址资源的枯竭，本次网络设计了 IPv6 的使用（内部测试使用），总部采用无状态自动获取 IPv6 地址的方式，分支机构由于设备不支持 IPv6 协议，故采用 ISATAP 隧道方式。

第一部分 网络构建与网络安全部署项目

一、答题注意事项

● 请各位选手在所使用的计算机桌面创建"工位号_设备名_竞赛结果文件"目录（如5号工位的client1创建桌面文件夹名为：5_client1_竞赛结果文件），在竞赛结束时，将该文件夹复制到监考老师指定的U盘，用于评分。

● 竞赛结果要求以Word文档方式提交，第一部分是锐捷网络设备的赛题，这部分竞赛结果文件命名为：工位号_ruijie1.doc，工位号_ruijie2.doc，（如5号工位第一部分竞赛结果文件命名为：5_ruijie1.doc或5_ruijie2.doc，分别对应选手1和选手2。），文档格式请参照"D:\大赛软件资料\XXX_ruijie（竞赛结果文件模板）.doc"的文件格式。

● 请在竞赛结果文件的页眉处将工位号、参赛选手姓名填写完整。

二、网络设备初始化信息

锐捷网络设备初始化信息表如附表3-3所示。

附表3-3

设　备	管理方式	用户名	密　码	管理接口	管理地址
FW	Web	admin	firewall	MGT LAN	https://192.168.10.100:6666
	Console	admin	firewall	console	无
IDP	Console	admin	admin	MGT	
WG	Web	administrator	admin	GE1	https://192.168.1.18
WS	Console	空	空	Console	无
AP	Console	空	空	Console	无
EG	Console	空	空	Console	无
Router	Console	空	空	Console	无
Switch	Console	空	空	Console	无

上述通过Console进行管理的设备，需要把"超级终端"的连接速率"每秒位数"设置为"9600"，其中，IDP需要把"超级终端"的连接速率每秒位数设置为"57600"，其他按默认值进行设置。

三、网络设备配置要求

（一）IP地址配置（30分）

根据提供的网络拓扑图和IP规划表（如附表3-4所示）对网络设备进行命名以及配置IP地址，请注意：不允许给路由交换等网络设备设置赛题未要求的密码。

附表 3-4

设　备	设备名称	设备接口	IP 地址
路由器 (RG-RSR20-18)	R1	Fa0/0	192.168.4.6/30
		Fa0/1	192.168.4.10/30
		F0/2	192.168.4.26/30
		S2/0	192.168.4.13/30
	R2	Fa0/0.30	192.168.30.254/24
		Fa0/0.40	192.168.40.254/24
		E0/0	192.168.4.21/30
		S2/0	192.168.4.18/30
		Loopback0	192.168.4.252/32
	R3	S2/0	192.168.4.17/30
		S3/0	192.168.4.14/30
		Loopback0	192.168.4.253/32
	R4	S4/0	连接 R3
		S2/0	连接 R2
防火墙 （RG-WALL160M）	FW1	GE1	192.168.4.25/30
		GE2	200.200.201.1/24
三层交换机 (RG-S3760E-24)	SW3	VLAN10	192.168.1.253/24
		VLAN20	192.168.2.253/24
		VLAN100	192.168.3.1/24
		VLAN200	
		Fa0/28	192.168.4.5/30
	SW4	VLAN10	192.168.1.254/24
		VLAN20	192.168.2.254/24
		VLAN200	192.168.5.254/24
		Fa0/28	192.168.4.9/30
二层交换机 （RG-S2628G-I）	SW1	VLAN10	192.168.1.251/24
	SW2	VLAN30	192.168.30.253/24
出口网关 （RG-EG1000C）	EG	G0/1	192.168.4.21/30
		G0/2	200.200.200.1/24
网页防护系统（RG-WG 1000S）	WG	VLAN1	192.168.3.112/24
入侵检测防御系统 （RG-IDP 500S）	IDP	MGMT	192.168.3.113/24
无线控制器 （RG-WS3302）	WS	VLAN200	192.168.5.1/24
		VLAN10	
		Lookback 1	1.1.1.1/32
AP1	FIT AP		动态获取
AP2	FAT AP		192.168.30.253/24

（二）设备端口分配表（20分）

按照附表3-5中的信息，在接入交换机SW1～SW4上创建VLAN，并将端口加入到相应的VLAN中。

附表3-5

设　备	VLAN-ID	端　口
SW1	VLAN10	Fa0/1-10,Gi0/25-26（F0/1连接AP1）
	VLAN20	Fa0/11- 20, Gi0/25-26（Fa0/11连接client1）
	VLAN200	Fa0/21（FIT AP）
SW2	VLAN30	Fa0/1-Fa0/10
	VLAN40	Fa0/11-Fa0/20，Fa0/21（FAT AP）
SW3	VLAN100	Fa0/1-10,Gi0/26-27),Gi0/25
	VLAN200	AG1(Gi0/26-27), Gi0/25
	VLAN10	AG1(Gi0/26-27), Gi0/25
	VLAN20	AG1(Gi0/26-27), Gi0/25
SW4	VLAN10	AG1(Gi0/26-27),AG2(Fa0/23-24), Gi0/25
	VLAN20	AG1(Gi0/26-27),AG2(Fa0/23-24), Gi0/25
	VLAN200	AG1(Gi0/26-27),AG2(Fa0/23-24), Gi0/25

（三）分支机构网络构建（60分）

为方便用户接入网络，总部和分支机构的网络用户都采取IP地址自动获取方式，并且用户只有通过动态获取的IP地址才能访问网络，且要求部署防止ARP欺骗，服务器端采用静态IP地址的形式，在SW3上对服务器所接端口开启端口安全，并对服务器的IP地址和MAC地址做绑定（端口安全策略：最大接入数2个，违规后关闭接口）。（注：分支机构的FAT AP为了方便管理，必须按照IP地址规划表格的地址进行静态配置，需要保障FAT AP能被正常管理。）

（四）总部核心网络构建（50分）

总部核心交换机SW3和SW4之间使用双线路连接，分别下联到接入交换机SW1，采用生成树协议MSTP，实现网络中的二层的负载均衡和冗余备份。分别在SW3、SW4两台交换机创建MSTP实例:分别为Instance 10和Instance 20，其中Instance 10关联VLAN 10，Instance 20关联VLAN 20。SW3为Instance10根交换机，为Instance0和Instance20的备份根交换机；SW4为Instance0和Instance20的根交换机，为Instance10备份根交换机。结合VRRP技术实现VLAN10、VLAN20内的用户网关的冗余备份，其中SW3为VLAN10的Master Router(优先级为105)，为VLAN20的Backup Router；SW4为VLAN20的Master Router (优先级为105)，为VLAN10的Backup Router，需开启VRRP的相关功能，当上联接口不可达时，VRRP的优先级减10。（注：根桥优先级统一设置为4096，备份根桥优先级统一设置为8192。）

（五）STP的技术应用（30分）

由于办公区的某些办公室预留上网接口不够，存在办公区有使用不可网管交换机或者HUB的情况，为了预防这种情况下出现环路以及用户端接口不断UP/DOWN引起生成树震荡，利用STP的知识需要做一些适当优化，请写出优化配置。

（六）无线网络部署（50 分）

总部和分支机构需要建设无线覆盖，总部采用无线控制器和 FIT AP 的部署模式，分支机构采用 FAT AP 的部署模式，要求如下。

1. 通过相关配置（采用 WPA2 认证，密码是 0123456789，AES 加密），用户通过无线 AP 正常访问网络。

2. 无线用户 IP 地址通过在 Windows 服务器上架设 DHCP 来实现，FIT AP 的地址通过无线控制器来进行分配（无线控制器 Lookback 0 地址为 1.1.1.1/32）。

3. 保障无线使用质量，无线用户连接 AP 连接速率小于 11Mbit/s 时，不允许连接该无线网络（FAT AP 模式下不做此项要求）。

4. 分支机构无线网采用 FAT AP 的部署模式，为了提高获取 IP 的效率，DHCP 服务在 EG 上开启。（注：DHCP 部分，DNS Server 统一为 192.168.3.100，网关为各自 VLAN 的网关地址，如 VLAN 10 网关为 192.168.1.1；SSID 名字统一为“JS_”+“VLAN 号”，如总部无线 SSID 为 JS_VLAN10。）

（七）路由规划（120 分）

总部路由协议采用 OSPF，OSPF 的区域划分如拓扑附图 3-1 所示(SW3、SW4 所有接口)，R1 下联 SW3、SW4 的接口在区域 1，R1 与 R3 互联的串行接口在区域 0，R3 是下联分支机构汇聚路由器，总部网络和分支机构网络之间采用帧中继互联，将路由器 R4 模拟成帧中继交换机，将总部站点和站点通过虚链路建立一条逻辑链路，这条虚链路的 DLCI 值如附表 3-6 所示。

附表 3-6

路由器	DLCI 值
R2	203
R3	302

分支机构有一台专用上联总部的路由器 R2 和一台连接到 Internet 的出口设备 EG，总部汇聚路由器 R3 与分支机构上连路由器 R2 运行 RIPv2 协议，配置相关路由协议，实现如下需求。

1. R2、R3、R4 配置相关 Frame-Relay 参数确保 R3 与 R2 能互通。

2. 分支机构只需要访问总部的服务器网段以及设备互联网段，所以在 R2 的路由表里只需看到总部服务器和互联管理网段路由，请在 R3 上通过 route-map 实现，route-map 统一命名为 permit_server，ACL 号统一为 66。

3. 由于分支机构众多，总部的 SW3、SW4 需要精简路由表，只需有一条 OSPF 的缺省路由即可。

4. 分支机构上网只能通过分支机构的 EG 出口（出口 NAT 设备）。

5. 为了加速 OSPF 邻居的快速收敛，减少在 OSPF 邻居建立时选择 DR/BDR 的时间，需统一 OSPF 建立邻居的网络类型为 Point-to-Point。

6. 总部内网运行 OSPF，要求 R1 和 R3 之间的 OSPF 协议配置基于接口的验证，采用 MD5 验证方式， 密码为 admin12345。

7. SW3、SW4 之间不需要建立 OSPF 邻居关系。

（八）备份链路设计（40 分）

由于分支机构对总部服务器数据访问的实时性，当 Frame-Relay 专线故障时，R2 能切换到 3G 备份，通过 3G 备份线路与总部进行通信，请在路由器 R2 和 R3 上配置 3G，实现总部和分支机构之间互联的一条备用链路。（假定3G对应的ISP已经做好配置，本3G配置只需考虑Client的PPP拨号配置和LNS的L2TP拨入配置以及静态路由配置部分即可；将R2配置成Client的PPP拨号，在R3配置LNS的L2TP，当分支机构的帧中继链路不通的时候，通过3G拨号，从R3获得IP地址：192.168.6.1）。

（九）IPV6网络建设（40分）

随着IPv4地址资源的枯竭，本次网络设计了IPv6的使用（内部测试使用），总部采用无状态自动获取IPv6地址，分支机构由于设备不支持IPv6协议，故采用ISATAP隧道方式，将隧道建立在总部的SW4上，要求实现如下需求。

1. 总部服务器开启IPv4/IPv6双协议栈，确保总部用户和分支机构用户能通过IPv6访问服务器发布的Web相关服务。

2. SW3、SW4之间采用IPv6静态路由，分支机构用户与SW4建立ISATAP隧道访问IPv6 Web。

3. IPv6地址规划表格如附表3-7所示。

附表3-7

设　备	接　口	IPv6地址
SW3	VLAN 999	2001:3:3:4::2/64
	VLAN 10	2001:3:3:10::1/64
	VLAN 20	2001:3:3:20::1/64
	VLAN 100	2001:3:3:100::1/64
SW4	VLAN 999	2001:3:3:4::1/64
	Tunnel 1	2001:3:3:3::1/64

（十）Web网站安全防护（60分）

为了保证总部服务器区Web应用的安全，在总部部署了一台Web应用防火墙（WG），需要在该防火墙上部署相关策略，满足以下需求。

1. 在总部和分支机构通过无线连接到网络时，此时不能访问总部的Web应用。

2. 在Web防火墙开启防DOS攻击：

①便于Web防火墙故障后能迅速恢复网络，Web防火墙采用透明模式进行部署；

②保护对象为服务器网段，除①、②两项安全策略外，其他采用缺省即可。

● WG配置提交截图：①禁止无线用户访问服务器的截图；②WG的DOS防攻击策略的截图；③部署模式和管理地址的截图；④服务器保护对象的截图。

● 将截图粘贴到竞赛结果文件指定位置：工位号_ruijie1.doc或工位号_ruijie2.doc中的第13题“Web网站安全防护答案：WG防火墙相关截图”位置。

（十一）入侵检测系统实施（60分）

为保证总部服务器区安全，部署了一台入侵检测防御系统(IDP)，对常见的攻击进行隔离与保护，通过在IDP上部署相关策略，满足如下需求。（网络攻击与检测）（注：IDP所需管理软件已经由赛场工程师准备好，请查阅赛场说明，直接使用安装好的管理界面和数据库。）

1. 通过 IDP 管理终端服务器在总部服务器与 SW3 之间以透明模式部署 IDP 并开启端口监控模式。

2. 丢弃 Virus Eicar test string 蠕虫病毒并中断来源。

3. 启用 RBL Vioation 检查，仅中断来源端。

● IDP 提交截图：①系统设置—端口设置截图；②病毒/木马防御策略截图；③RBL 预设反应截图。

● 将截图粘贴到竞赛结果文件指定位置：工位号_ruijie1.doc 或工位号_ruijie2.doc 中的第 14 题“入侵检测系统答案：IDP 入侵检测系统相关截图”位置。

（十二）网络安全防护（40 分）

总部出口部署了一台防火墙提供员工上网，需要对防火墙（FW1）进行相关配置，实现如下需求。（网络安全策略）

1. 配置相关路由和 NAT 确保用户能正常上网。

2. 将总部服务器区的 Web 应用以及 FTP 应用映射到外网。

3. 开启防攻击策略。

● 防火墙提交截图：①防火墙防攻击策略截图；②接口 IP 配置截图；③路由配置截图；④服务器 NAT 配置截图。

● 将截图粘贴到竞赛结果文件指定位置：工位号_ruijie1.doc 或工位号_ruijie2.doc 中的第 15 题“网络安全防护答案：FW1 防火墙相关截图”位置。

（十三）竞赛结果文件的提交

竞赛结果文件命名为：工位号_ruijie1.doc 或工位号_ruijie2.doc，分别对应选手 1 和选手 2，文档格式严格参照“d:\大赛软件资料\XXX_ruijie（竞赛结果文件模板）.doc”文件。内容包括：

1. R1 的 show running-config 信息；
2. R2 的 show running-config 信息；
3. R3 的 show running-config 信息；
4. R4 的 show running-config 信息；
5. 3G 卡的 show running-config 信息；
6. SW1 的 show running-config 信息；
7. SW2 的 show running-config 信息；
8. SW3 的 show running-config 信息；
9. SW4 的 show running-config 信息；
10. WS 的 show running-config 信息；
11. EG 的 show running-config 信息；
12. FAT AP(AP2)的 show running-config 信息；
13. WG 相关配置截图；
14. IDP 配置相关截图；
15. FW1 防火墙配置相关截图。

第二部分 系统应用平台与企业业务系统安全构建

一、答题注意事项

● 赛场提供 4 台计算机，其中 2 台作为服务器使用，另 2 台作为客户机使用。

● 服务器操作系统在 Windows 平台上利用 Oracle VM VirtualBox 虚拟机系统实现，所有的系统应用和企业业务系统在虚拟机上完成。

● 请各位选手在所有的计算机桌面创建“工位号_设备名_竞赛结果文件”目录（如 5 号工位的 server1 服务器创建桌面文件夹名为：5_server1_竞赛结果文件），在竞赛结束时，将该文件夹复制到监考老师指定的 U 盘，用于评分。

● 请各位选手按题目要求完成各项服务器配置，并注意按照要求完成关键步骤的截图保存，窗口截图将作为评分的唯一依据。

● 所有的截图、配置文件等竞赛结果要求以 Word 文档方式提交，如 Server1 中 Windows 2003 系统的所有截图及运行结果，按照试题顺序粘贴在文件名为工位号_server1.doc（如 5 号工位 server1 的文件命名为：5_server1.doc）的文档中，文档格式请参照“d:\2012 大赛资料\XXX_server1（竞赛结果文件模板）.doc”的文件格式。

● Server2 中 CentOS Linux 系统的所有截图及运行结果，按照试题顺序粘贴在文件名为工位号_server2.doc（如 5 号工位的文件命名为：5_server2.doc）的文档中，文档格式请参照“d:\2012 大赛资料\XXX_server2（竞赛结果文件模板）.doc”的文件格式。

● 请在竞赛结果文件的页眉处将工位号、参赛选手姓名填写完整。

● 竞赛结果文件中要求有试题的题号和小标题，并对每个截图进行必要的说明，无截图的项目不得分。

二、设备规划

台式机系统设置规划表如附表 3-8 所示。

附表 3-8

设备标签	设备名称	功 能	IP 地址
Server1	Server1 物理机	个人计算机	192.168.3.21/24
	虚拟机 Windows 2003	DNS、DHCP、SMTP/POP3、流式媒体服务器	192.168.3.100/24
Server2	Server2 物理机	个人计算机	192.168.3.22/24
	虚拟机 CentOS	VSFTP、Httpd	192.168.3.101/24
Client1	Client1（客户机、工作机）	超级终端调试网络设备使用	自动获取 IP
Client2	Client2（客户机、工作机）	超级终端调试网络设备使用	自动获取 IP

三、项目实施

为了满足企业业务需要，要求架设 DNS、DHCP、MAIL、HTTP、FTP 等网络服务，并通过安全设置，确保服务的安全性和健壮性。

（一）Windows 2003 服务器配置

1. Windows 2003 系统安装配置【30 分】

（1）在 Server 1 服务器上，安装 Oracle VM VirtualBox 虚拟机软件。

（2）在 Server 1 的 Oracle VM VirtualBox 虚拟机上，利用赛场提供的 Windows 2003 R2 的光盘镜像文件，按照以下要求，完成 Windows 2003 的安装：Windows 2003 系统内存达 1GB、C 盘空间达 10GB，按附表 3-8 台式机系统设备规划表完成 Server1 和 Windows 2003 系统 IP 地址的配置。

（3）Windows 2003 系统的 administrator 用户密码设为 admin12345。

（4）更改 Windows 2003 系统的计算机名为“工位号_win2003”（如 5 号工位的 Windows2003 计算机名命名为 5_win2003）。

（5）保存结果文件。

① 在上述操作完成后，将 Oracle VM VirtualBox 管理器界面截图，确保在截图中可以看到内存大小、硬盘大小、网卡信息。将截图粘贴到竞赛结果文件指定位置。【10 分】

② 在 Oracle VM VirtualBox 虚拟机中，确保运行着 Windows 登录界面，截图，确保可以看到 Windows Server 2003 登录界面。将截图粘贴到竞赛结果文件指定位置。【10 分】

③ 在 Windows 2003 系统中，进入 cmd 命令行窗口，运行 ipconfig /all，将运行结果截图，确保截图可以看到 IP 和主机信息。将截图粘贴到竞赛结果文件指定位置。【10 分】

2. Windows 2003 系统中 DNS 服务配置【20 分】

（1）要求在 Windows 2003 服务器上安装并配置 DNS 服务器，作为整个公司网络的主域服务器，域名为 nj.cn，实现域名解析服务。

（2）实现 ftp.nj.cn 对应 192.168.3.101、www1.nj.cn 对应 192.168.3.101、www2.nj.cn 对应 192.168.3.101、mail.nj.cn 对应 192.168.3.100、smtp.nj.cn 对应 192.168.3.100、pop3.nj.cn 对应 192.168.3.100 的域名解析和相应的反向查询服务；并为 nj.cn 域的电子邮件服务器建立邮件 mx 记录。

（3）实现 v6.nj.cn 对应[2001:3:3:100::100]的域名解析。

（4）保存结果文件。

① 将域 nj.cn 的正向查询区域记录内容界面截图保存，将截图粘贴到竞赛结果文件指定位置。【10 分】

② 将反向查询区域内容界面截图保存，将截图粘贴到竞赛结果文件指定位置。【10 分】

3. Windows 2003 系统中流媒体服务器配置【20 分】

公司为了会议和学习的需要，需要建设流媒体服务器，请在 Windows 2003 服务器上按要求完成流媒体服务器的配置，确保已有视频资源可以持续地、循环地被各分支机构点播。

（1）在 Windows 2003 服务器上，完成流媒体服务器的安装，并配置发布点，确保在网络内任何位置都可以通过 mms://media.nj.cn 来看视频，视频源选择 C:\WMPub\WMRoot\legacy_content_clip.wmv 文件。

（2）保存结果文件。

① 将 Windows Media Services 管理界面截图，并确保截图能显示“源”的位置。【10 分】

② 在 Server1 主机上，用 IE 浏览器访问 URL：mms://media.nj.cn，然后将地址栏和播放界面一同截图保存。【10 分】

4. Windows 2003 系统中电子邮件服务器的配置【80 分】

公司为满足业务需要，需要建设企业内部的电子邮件系统，请利用 Windows 2003 系统本身的组件，完成邮件服务器的建设，并确保在网络内任何地方都可以正常使用其 SMTP 和 POP3 协议。

（1）在 Windows 2003 系统中创建 nj.cn 域的邮件系统，得到 user@nj.cn 这样的电子邮件系统。该邮件服务器的 SMTP 地址为 smtp.nj.cn，POP3 地址为 pop3.nj.cn，电子邮件账户为类似 user@nj.cn（采用明文身份验证即可）。确保在 Server1、Server2、Client1、Client2 等计算机上可以利用 Outlook 2007 配置并实现邮件收发。

（2）邮件存储目录采用系统默认目录，邮件账户管理采用 Windows 2003 系统账户管理联动的方式，创建 user@nj.cn、teacher@nj.cn、student@nj.cn 3 个邮件用户，用户密码设为 admin12345。

（3）在 Server1 上，利用 Office 自带的 Outlook 2007 作为邮件收发的客户端工具，配置 teacher@nj.cn 和 student@nj.cn 邮件的接收和发送功能，这两个账户可以配置在同一个 Outlook 2007 中。

（4）通过 Outlook 2007 ，从 student@nj.cn 上发邮件给 teacher@nj.cn 并抄送给 bill @nj.cn(注：不要在邮件服务器上创建 bill@nj.cn 账户，这里测试的就是账户不存在的情况)，邮件主题和内容都写“邮件测试。”。

（5）在 Outlook 2007 中，对 student@nj.cn 账户和 teacher@nj.cn 账户执行发送域接收邮件操作。

（6）保存结果文件。

① 在 POP3 服务管理界面中，展开所有数据项，对整个 POP3 管理界面进行截图，确保可以看到全部已创建的邮件账户。【10 分】

② 将 POP3 服务器属性页面进行截图，确保截图中可以看到“根邮件目录”信息。【10 分】

③ 在 SMTP 虚拟服务器的管理界面中，显示“域”的内容，并对整个 SMTP 虚拟服务器管理界面进行截图，确保截图中可以看到邮件域名。【10 分】

④ 在 SMTP 虚拟服务器的管理界面中，对 nj.cn 域名的属性进行截图，确保截图中可以看到“投递目录”。【10 分】

⑤ 将 Outlook 2007 中 teacher@nj.cn 的账户配置信息截图，确保截图中包含发送服务器地址、接收服务器地址和用户名。【10 分】

⑥ 在 Outlook 2007 中，对 student@nj.cn 的“已发送邮件”截图保存，确保截图包括整个 Outlook2007 界面。【10 分】

⑦ 对 teacher@nj.cn 的收件箱进行截图，确保截图包括整个 Outlook2007 界面。【10 分】

⑧ 双击收件箱中已收到的邮件，将打开的邮件阅读界面截图，确保截图中可以看到发送人、接收人和抄送信息。【10 分】

（二）CentOS Linux 服务器配置

1. CentOS 系统安装配置【30 分】

（1）在 Server 2 服务器上，安装 Oracle VM VirtualBox 虚拟机软件。

（2）在 Server 2 的 Oracle VM VirtualBox 虚拟机上，利用赛场提供的 CentOS 的光盘镜像文件，按照以下要求，完成 CentOS 的安装：CentOS 系统内存达 1GB、硬盘空间达 10GB，要求安装图形桌面环境，并按附表 3-8 台式机系统设备规划表完成 Server2 和 CentOS 系统 IP 地址的配置。

（3）CentOS 系统的 root 用户密码设为 admin12345，创建一个普通用户 student，密码为 admin12345。

（4）设置 CentOS 服务器主机名称为 www.nj.cn。

（5）保存结果文件。

① 在上述操作完成后，将 Oracle VM VirtualBox 管理器界面截图，确保在截图中可以看到内存大小、硬盘大小、网卡信息。将截图粘贴到竞赛结果文件指定位置。【10 分】

② 在 Oracle VM VirtualBox 虚拟机中，确保运行着 CentOS Linux 的图形登录界面(如果在桌面环境中，可以通过“注销”退出桌面)，截图，确保可以看到 CentOS Linux 的图形登录界面。将截图粘贴到竞赛结果文件指定位置。【10 分】

③ 在 CentOS Linux 系统中，进入“终端”命令行窗口，运行“hostname; ifconfig”，将运行结果截图，确保截图可以看到主机和 IP 信息。将截图粘贴到竞赛结果文件指定位置。【10 分】

2. CentOS 上 HTTP 虚拟主机的安装【50 分】

为了满足企业信息发布的需要，企业要求各部门都有自己的主页来发布信息。在 CentOS 中实现 HTTP 虚拟主机系统。

（1）在 CentOS 中上，实现 HTTP 服务，完成相关软件包的安装。配置基于名称的虚拟主机：虚拟主机 www1.nj.cn，IP 地址是 192.168.3.101，网页主目录是/var/www/html/www1，管理员邮件地址是 www1@nj.cn；虚拟主机 www2.nj.cn，IP 地址是 192.168.3.101，网页主目录是/var/www/html/www2，管理员邮件地址是 www1@nj.cn。

（2）创建 www1.nj.cn 的首页文件 index.html，文件内容为“欢迎访问 www1 的部门主页！”。

（3）创建 www1.nj.cn 的首页文件 index.html，文件内容为“欢迎访问 www2 的部门主页！”。

（4）在 CentOS 中，对网卡 eth0，配置 IPv6 地址[2001:3:3:100::100]，掩码是/64。

（5）创建该 IPv6 地址的 v6.nj.cn 虚拟主机，对应网页主目录为/var/www/html/v6，管理员邮件地址为 v6@nj.cn，并创建 v6.nj.cn 站点的首页文件 index.html，文件内容为“欢迎访问我的 IPv6 网站主页！”。

（6）保存结果文件。

① 在上述操作完成后，打开一个“终端”命令行窗口，执行：

```
grep  VirtualHost  /etc/httpd/conf/httpd.conf  |  grep  --v  '#'
```

将输出结果截图，并将截图粘贴到竞赛结果文件指定位置。【10 分】

② 在 Server2 上，通过 IE 浏览器，访问 http://www1.nj.cn，将浏览器显示结果截图，确保截图包含 www1.nj.cn 地址和网页显示的内容，将截图粘贴到竞赛结果文件指定位置。【10 分】

③ 在 Server2 上，通过 IE 浏览器，访问 http://www2.nj.cn，将浏览器显示结果截图，确保截图包含 www2.nj.cn 地址和网页显示的内容，将截图粘贴到竞赛结果文件指定位置。【10 分】

④ CentOS 在配置完指定的 IPv6 地址[2001:3:3:100::100]/64 后，在终端命令行窗口中，执行“ifconfig”，将显示内容截图，确保截图中包含该 IPv6 地址。将截图粘贴到竞赛结果文件指定位置。【10 分】

⑤ 在 Server2 上，通过 IE 浏览器，访问 http://[2001:3:3:100::100]/，将浏览器显示结果截图，确保截图包含 http://[2001:3:3:100::100]/地址和网页显示的内容，将截图粘贴到竞赛结果文件指定位置。【10 分】

3. CentOS 上 FTP 服务器配置【70 分】

FTP 文件下载服务是公司数据共享的重要手段，既方便大文件的分发，也方便各部门更新其主页。

（1）在 CentOS 上安装 VSFTP，设定匿名用户下载文件的主目录为/var/ftp/pub，在该目录下创建 test.txt 文件，内容为“用来测试 Ftp 服务！”，确保匿名用户可以下载该文件。

（2）在/var/ftp/pub 目录下创建 upload 目录，确保匿名用户可以在 upload 目录里上传文件，但不能删除文件。

（3）在 vsftp 配置文件中，开放本地用户对 FTP 服务的登入，利用 CentOS 用户管理工具创建用户 www1，主目录为/var/www/html/www1，shell 为/sbin/nologin，确保 www1 用户在 FTP 访问中能对该目录进行读写删除操作。

（4）配置 vsftp 的 IPv6 网络支持，实现基于 IPv6 网络的 FTP 服务，监听 2121 端口。

（5）在 CentOS 上通过 FireFox 网页浏览器，输入地址：ftp://[2001:3:3:100::100]:2121 访问 FTP 服务器，测试基于 IPv6 的 FTP 站点。

（6）保存结果文件。

① 在上述操作完成后，在 CentOS 中打开一个“终端”命令行窗口，执行：

```
netstat -nat | grep 21
```

将输出结果截图，并将截图粘贴到竞赛结果文件指定位置。【10 分】

② 在 Server2 上，通过 IE 浏览器，访问 ftp://ftp.nj.cn，将浏览器显示结果截图，确保截图包含 ftp://ftp.nj.cn 地址和网页显示的内容。【10 分】

③ 在 Server2 上，通过 IE 浏览器，访问 ftp://ftp.nj.cn，按照浏览器提示，请单击“页面”，然后单击“在 Windows 资源管理器中打开 FTP 站点”。进入 pub 目录，再进入 upload 目录，当前正编辑的竞赛结果文件文档，上传到 upload 目录，上传完毕，将显示结果截图，确保截图包含 ftp.nj.cn 路径和 upload 文件夹显示的内容，将截图粘贴到竞赛结果文件指定位置。【10 分】

④ 在 CentOS 中打开一个“终端”命令行窗口，执行：

```
grep www1 /etc/passwd
```

将输出结果截图，确保截图中显示 www1 用户信息，并将截图粘贴到竞赛结果文件指定位置。【10 分】

⑤ 检测基于 IPv6 的 VSFTP 配置，配置文件检测，在 CentOS 中打开一个“终端”命令行窗口，执行：

ll /etc/vsftpd　注：ll 为小写的 LL，即列表查看目录文件和文件属性。

将输出结果截图，确保截图中可以看到 vsftpd.conf 等文件属性。【10 分】

⑥ 检测基于 IPv6 的 vsftp 配置，端口检测，在 CentOS 中打开一个“终端”命令行窗口，执行：

```
netstat -nat | grep 2121
```

将输出结果截图，并将截图粘贴到竞赛结果文件指定位置。【10 分】

⑦ 测试基于 IPv6 的 FTP 站点，在 CentOS 上通过 FireFox 网页浏览器，输入地址：ftp://[2001:3:3:100::100]:2121 访问 FTP 服务器，将显示结果截图，确保截图中可以看到 FTP 的 IPv6 地址和 FTP 站点显示的内容。【10 分】

⑧ 下载配置文件：将配置好的 httpd.conf 和 vsftpd.conf 及基于 IPv6 配置的 vsftpd 的配置文件复制到/var/ftp/pub 目录，然后下载到 Server2 桌面“竞赛结果文件”目录中。

第三部分　团队协作与工程文档

一、团队协作、精神风貌【50分】

二、工程相关文档【50分】

（一）竞赛结果文件的准确性及规范性【30分】

1. 第一部分，路由交换等锐捷网络设备配置相关的竞赛结果文件的规范性。【15分】

2. 第二部分，系统应用平台与企业业务系统安全构建相关的竞赛结果文件的规范性。【15分】

（二） 项目总结报告【20分】

请各位选手结合竞赛项目背景和项目实施情况，按照以下几个方面，提交项目总结报告。形成“xxx_项目实施报告.doc”文件（xxx为工位号），并保存到桌面提交文档的文件夹中。

1. 项目建设目标【5分】

2. 项目实施计划，分工及任务要求【5分】

3. 工程具体实施过程【5分】

4. 存在问题及解决办法【5分】

【答案】

第一部分 网络配置项目答案

1. 路由器 R1 的 show running-config 配置信息

```
R1#show run

Building configuration...
Current configuration : 1419 bytes
version RGOS 10.3(5b6), Release(132193)(Thu Mar 22 18:30:26 CST 2012 -ngcf67)
hostname R1
no service password-encryption
!
!
control-plane
control-plane protocol
 no acpp
control-plane manage
 no port-filter
 no arp-car
 no acpp
!
control-plane data
 no glean-car
 no acpp
enable secret 5 $1$dF87$A13wyF8w6uC2yzw3
interface Serial 2/0
 encapsulation PPP                                        【1分】
 ip ospf authentication message-digest                    【2分】
 ip ospf message-digest-key 1 md5 admin12345              【2分】
 ip address 192.168.4.13 255.255.255.252                  【1分】
 clock rate 64000
!
interface FastEthernet 0/0
 ip ospf network point-to-point
 ip address 192.168.4.6 255.255.255.252                   【1分】
 duplex auto
 speed auto
!
interface FastEthernet 0/1
 ip ospf network point-to-point                           【2分】
 ip address 192.168.4.10 255.255.255.252                  【1分】
 duplex auto
 speed auto
!
interface FastEthernet 0/2
 ip address 192.168.4.26 255.255.255.252                  【1分】
 duplex auto
 speed auto
router ospf 1                                             【1分】
 router-id 192.168.4.251
```

```
 area 1
 area 1 nssa no-summary                                    【2分】
 network 192.168.4.4 0.0.0.3 area 1                        【2分】
 network 192.168.4.8 0.0.0.3 area 1                        【2分】
 network 192.168.4.12 0.0.0.3 area 0                       【2分】
 default-information originate                             【2分】
ip route 0.0.0.0 0.0.0.0 192.168.4.25                      【2分】
voice-port 6/0
!
voice-port 6/1
!
ref parameter 50 400
line con 0
line aux 0
line vty 0 4
 login
 password 123456
 ###########################################################
##########################
```

2. 路由器 R2 的 show running-config 配置信息

```
 R2#show run
Building configuration...
Current configuration : 1420 bytes
version RGOS 10.3(5b6), Release(132193)(Thu Mar 22 18:30:26 CST 2012 -ngcf67)
hostname R2
no service password-encryption
service dhcp                                               【2分】
ip helper-address 192.168.4.22                             【2分】
control-plane
!
control-plane protocol
 no acpp
control-plane manage
 no port-filter
 no arp-car
 no acpp
!
control-plane data
 no glean-car
 no acpp
!
!
enable secret 5 $1$1v2b$1w8B60Fu1D8x5D11
interface Serial 2/0
 encapsulation frame-relay ietf                            【2分】
 frame-relay lmi-type ansi                                 【1分】
 ip address 192.168.4.18 255.255.255.252                   【1分】
 clock rate 64000                                          【1分】
```

```
!
interface FastEthernet 0/0
 ip address 192.168.4.21 255.255.255.252                         【1分】
 duplex auto
 speed auto
!
interface FastEthernet 0/1
 duplex auto
 speed auto
!
interface FastEthernet 0/2
 duplex auto
 speed auto
!
interface FastEthernet 0/2.30
 encapsulation dot1Q 30                                          【2分】
 ip address 192.168.30.254 255.255.255.0                         【1分】
!
interface FastEthernet 0/2.40
 encapsulation dot1Q 40                                          【2分】
 ip address 192.168.40.254 255.255.255.0                         【1分】
!
interface Loopback 0
 ip address 192.168.4.252 255.255.255.255                        【1分】
router rip                                                       【1分】
 version2                                                        【1分】
 network 192.168.4.0                                             【2分】
 network 192.168.30.0                                            【2分】
 network 192.168.40.0                                            【2分】
 no auto-summary                                                 【1分】
ip route 0.0.0.0 0.0.0.0 192.168.4.22                            【2分】
voice-port 6/0
!
voice-port 6/1
!
ref parameter 50 400
line con 0
line aux 0
line tty 1
 modem InOut
line vty 0 4
 login
 password 123456
!
!
end
R2#
R2#
R2#
 ###############################################
##########################
```

3. 路由器 R3 的 show running-config 配置信息

```
R3#Show running-config
Building configuration...
Current configuration : 1977 bytes
version RGOS 10.3(5b6), Release(132193)(Thu Mar 22 18:30:26 CST
2012 -ngcf67)
hostname R3
route-map Permit Server permit 10                            【2分】
 match ip address 66                                         【2分】
username R1 password admin12345
username R1 password admin12345
username js password admin12345
no service password-encryption
ip access-list standard 66                                   【2分】
 10 permit 192.168.3.0 0.0.0.255                             【2分】
 20 permit 192.168.4.0 0.0.0.255                             【2分】
ip local pool 3G Backup 192.168.6.1 192.168.6.1              【2分】
control-plane
!
control-plane protocol
 no acpp
!
control-plane manage
 no port-filter
 no arp-car
 no acpp
!
control-plane data
 no glean-car
 no acpp
enable secret 5 $1$3KyL$vrw9xsCyspv40wt8
vpdn enable                                                  【2分】
!
vpdn-group 1                                                 【1分】
! Default L2TP VPDN group
 accept-dialin                                               【1分】
  protocol l2tp                                              【2分】
  virtual-template 1                                         【2分】
!
interface Serial 2/0
 encapsulation frame-relay ietf                              【1分】
 frame-relay lmi-type ansi                                   【1分】
 ip address 192.168.4.17 255.255.255.252                     【1分】
!
interface Serial 3/0
 encapsulation PPP                                           【2分】
 ip ospf authentication message-digest                       【2分】
 ip ospf message-digest-key 1 md5 admin12345                 【2分】
 ip address 192.168.4.14 255.255.255.252                     【1分】
 ipv6 enable                                                 【2分】
```

```
!
interface FastEthernet 0/0
 duplex auto
 speed auto
!
interface FastEthernet 0/1
 duplex auto
 speed auto
!
interface Loopback 0
 ip address 192.168.4.253 255.255.255.255                    【1分】
!
interface Virtual-Template 1                                 【2分】
 ppp authentication pap                                      【2分】
 ip unnumbered Loopback 0                                    【1分】
 peer default ip address pool 3G Backup                      【2分】
router ospf 1                                                【1分】
 router-id 192.168.4.253                                     【1分】
 redistribute rip metric-type 1 subnets                      【2分】
 network 192.168.4.12 0.0.0.3 area 0                         【2分】
router rip                                                   【1分】
 version 2                                                   【1分】
 network 192.168.4.0                                         【2分】
 no auto-summary                                             【1分】
 redistribute ospf 1 metric 14 match internal external route-map
Permit Server                                                【2分】
ip route 192.168.30.0 255.255.255.0 192.168.6.1              【2分】
ip route 192.168.40.0 255.255.255.0 192.168.6.1              【2分】
!
ref parameter 50 400
line con 0
line aux 0
line vty 0 4
 login
 password 123456
end
R3#
```

##

4. 路由器 R4 的 show running-config 配置信息

```
FRSW#sh running-config
Building configuration...
Current configuration : 872 bytes

!
version RGOS 10.3(5), Release(73492)(Tue Dec 29 17:49:54 CST 2009
-ubuntu62)
hostname FRSW
```

```
frame-relay switching
!
no service password-encryption
enable secret 5 $1$ARRd$4ururysD0yzuuuxv
interface Serial 2/0
```

encapsulation frame-relay ietf 【2分】

frame-relay intf-type dce 【2分】

frame-relay lmi-type ansi 【1分】

frame-relay route 302 interface Serial 4/0 203 【2分】

```
!
interface Serial 4/0
```

encapsulation frame-relay ietf 【1分】

frame-relay intf-type dce 【1分】

frame-relay lmi-type ansi 【1分】

frame-relay route 203 interface Serial 2/0 302 【2分】

clock rate 64000 【1分】

```
interface FastEthernet 0/0
 duplex auto
 speed auto
interface FastEthernet 0/1
 duplex auto
 speed auto
!
ref parameter 50 400
line con 0
line aux 0
line vty 0 4
 login
 password 123456
end
```

##

5. 3G卡的show running-config 配置信息

```
3G_Backup#sh run

Building configuration...
Current configuration : 650 bytes

!
version RGOS 10.3(5b3-t), Release(62608)(Thu Dec 29 21:19:54 CST 2011 -ngcf66)
hostname 3G_Backup
```

dialer-list 1 protocol ip permit 【2分】

```
no service password-encryption
```

interface Async 1 【2分】

encapsulation PPP 【2分】

ppp pap sent-username js password admin12345 【2分】*密码可以与答案不同*

```
async mode dedicated                                    【1分】
ip address negotiate                                    【2分】
dialer in-band                                          【1分】
dialer apn js.nj.com
dialer string *99#
dialer-group 1                                          【2分】
interface Serial 1/0
clock rate 115200                                       【1分】
ip route 192.168.3.0 255.255.255.0 Async 1 120          【2分】
ref parameter 50 400
line con 0
line tty 1 6
 no exec
line vty 0 4
 login
end
```

##

6. 交换机 SW1 的 show running-config 配置信息

```
SW1#

Show running-config
Building configuration...
Current configuration : 3735 bytes
version RGOS 10.2(5), Release(67430)(Fri Oct 23 17:54:38 CST 2009 -ngcf49)
vlan 1
!
vlan 10                                                 【1分】
!
vlan 20                                                 【1分】
!
vlan 99                                                 【1分】
!
vlan 200                                                【1分】
no service password-encryption
ip dhcp snooping                                        【2分】
ip default-gateway 192.168.1.253
!
ip arp inspection vlan 10,20,200                        【2分】
!
enable secret 5 $1$yLhr$EqyCC5sx6zytD7ux
spanning-tree                                           【1分】
spanning-tree mst configuration                         【2分】
 instance 0 vlan 1-9, 11-19, 11-4094
 instance 10 vlan 10                                    【2分】
 instance 20 vlan 20                                    【2分】
```

```
hostname SW1
interface FastEthernet 0/1
 switchport access vlan 10                                   【2分】
 spanning-tree bpduguard enable                              【2分】
 spanning-tree portfast                                      【2分】
!
interface FastEthernet 0/2
 switchport access vlan 10
 spanning-tree bpduguard enable
 spanning-tree portfast
!
interface FastEthernet 0/3
 switchport access vlan 10
 spanning-tree bpduguard enable
 spanning-tree portfast
!
interface FastEthernet 0/4
 switchport access vlan 10
 spanning-tree bpduguard enable
 spanning-tree portfast
!
interface FastEthernet 0/5
 switchport access vlan 10
 spanning-tree bpduguard enable
 spanning-tree portfast
!
interface FastEthernet 0/6
 switchport access vlan 10
 spanning-tree bpduguard enable
 spanning-tree portfast
!
interface FastEthernet 0/7
 switchport access vlan 10
 spanning-tree bpduguard enable
 spanning-tree portfast
!
interface FastEthernet 0/8
 switchport access vlan 10
 spanning-tree bpduguard enable
 spanning-tree portfast
!
interface FastEthernet 0/9
 switchport access vlan 10
 spanning-tree bpduguard enable
 spanning-tree portfast
!
interface FastEthernet 0/10
 switchport access vlan 10
 spanning-tree bpduguard enable
 spanning-tree portfast
!
interface FastEthernet 0/11
 switchport access vlan 20                                   【1分】
 spanning-tree bpduguard enable                              【2分】
```

spanning-tree portfast 【2分】

```
!
interface FastEthernet 0/12
 switchport access vlan 20
 spanning-tree bpduguard enable
 spanning-tree portfast
!
interface FastEthernet 0/13
 switchport access vlan 20
 spanning-tree bpduguard enable
 spanning-tree portfast
!
interface FastEthernet 0/14
 switchport access vlan 20
 spanning-tree bpduguard enable
 spanning-tree portfast
!
interface FastEthernet 0/15
 switchport access vlan 20
 spanning-tree bpduguard enable
 spanning-tree portfast
!
interface FastEthernet 0/16
 switchport access vlan 20
 spanning-tree bpduguard enable
 spanning-tree portfast
!
interface FastEthernet 0/17
 switchport access vlan 20
 spanning-tree bpduguard enable
 spanning-tree portfast
!
interface FastEthernet 0/18
 switchport access vlan 20
 spanning-tree bpduguard enable
 spanning-tree portfast
!
interface FastEthernet 0/19
 switchport access vlan 20
 spanning-tree bpduguard enable
 spanning-tree portfast
!
interface FastEthernet 0/20
 switchport access vlan 20
 spanning-tree bpduguard enable
 spanning-tree portfast
!
interface FastEthernet 0/21
 spanning-tree bpduguard enable
!
interface FastEthernet 0/22
 spanning-tree bpduguard enable
!
interface FastEthernet 0/23
 spanning-tree bpduguard enable
```

```
!
interface FastEthernet 0/24
 spanning-tree bpduguard enable
!
interface GigabitEthernet 0/25
 switchport mode trunk                                              【2分】
 ip dhcp snooping trust                                             【2分】
 ip arp inspection trust                                            【2分】
!
interface GigabitEthernet 0/26
 switchport mode trunk                                              【2分】
 ip dhcp snooping trust                                             【2分】
 ip arp inspection trust                                            【2分】
!
interface VLAN 10
 ip address 192.168.1.251 255.255.255.0
 no shutdown
!
ip igmp snooping ivgl
ip igmp snooping vlan 10 mrouter interface GigabitEthernet 0/25
ip igmp snooping vlan 10 mrouter interface GigabitEthernet 0/26
ip igmp snooping vlan 20 mrouter interface GigabitEthernet 0/25
ip igmp snooping vlan 20 mrouter interface GigabitEthernet 0/26
!
line con 0
line vty 0 4
 login
 password 123456
!
!
end
```

##

7. 交换机 SW2 的 show running-config 配置信息

```
SW2#show running-config

Building configuration...
Current configuration : 3216 bytes

!
version RGOS 10.2(5), Release(67430)(Fri Oct 23 17:54:38 CST 2009
-ngcf49)
vlan 1
!
vlan 30                                                             【1分】
!
vlan 40                                                             【1分】
no service password-encryption

ip dhcp snooping binding 001a.a9c1.9c02 vlan 30 ip 192.168.30.253
```

```
interface FastEthernet 0/1
```
【2分】上面这条命令，MAC地址可以不同，其他参数需要正确

```
 ip dhcp snooping                                        【2分】
 ip default-gateway 192.168.30.254
 ip arp inspection vlan 30,40                            【2分】
 enable secret 5 $1$yLhr$EqyCC5sx6zytD7ux
 spanning-tree
 hostname SW2
 interface FastEthernet 0/1
  switchport access vlan 30                              【1分】
  spanning-tree bpduguard enable                         【2分】
  spanning-tree portfast                                 【2分】
 interface FastEthernet 0/2
  switchport access vlan 30
  spanning-tree bpduguard enable
  spanning-tree portfast
 interface FastEthernet 0/3
  switchport access vlan 30
  spanning-tree bpduguard enable
  spanning-tree portfast
 interface FastEthernet 0/4
  switchport access vlan 30
  spanning-tree bpduguard enable
  spanning-tree portfast
 !
 interface FastEthernet 0/5
  switchport access vlan 30
  spanning-tree bpduguard enable
  spanning-tree portfast
 !
 interface FastEthernet 0/6
  switchport access vlan 30
  spanning-tree bpduguard enable
  spanning-tree portfast
 !
 interface FastEthernet 0/7
  switchport access vlan 30
  spanning-tree bpduguard enable
  spanning-tree portfast
 !
 interface FastEthernet 0/8
  switchport access vlan 30
  spanning-tree bpduguard enable
  spanning-tree portfast
 !
 interface FastEthernet 0/9
  switchport access vlan 30
  spanning-tree bpduguard enable
  spanning-tree portfast
 !
 interface FastEthernet 0/10
  switchport access vlan 30
  spanning-tree bpduguard enable
  spanning-tree portfast
```

```
!
interface FastEthernet 0/11
```
switchport access vlan 40 【1分】

spanning-tree bpduguard enable 【2分】

spanning-tree portfast 【2分】

```
!
interface FastEthernet 0/12
 switchport access vlan 40
 spanning-tree bpduguard enable
 spanning-tree portfast
!
interface FastEthernet 0/13
 switchport access vlan 40
 spanning-tree bpduguard enable
 spanning-tree portfast
!
interface FastEthernet 0/14
 switchport access vlan 40
 spanning-tree bpduguard enable
 spanning-tree portfast
!
interface FastEthernet 0/15
 switchport access vlan 40
 spanning-tree bpduguard enable
 spanning-tree portfast
!
interface FastEthernet 0/16
 switchport access vlan 40
 spanning-tree bpduguard enable
 spanning-tree portfast
!
interface FastEthernet 0/17
 switchport access vlan 40
 spanning-tree bpduguard enable
 spanning-tree portfast
!
interface FastEthernet 0/18
 switchport access vlan 40
 spanning-tree bpduguard enable
 spanning-tree portfast
!
interface FastEthernet 0/19
 switchport access vlan 40
 spanning-tree bpduguard enable
 spanning-tree portfast
!
interface FastEthernet 0/20
 switchport access vlan 40
 spanning-tree bpduguard enable
 spanning-tree portfast
!
interface FastEthernet 0/21
!
interface FastEthernet 0/22
```

```
!
interface FastEthernet 0/23
!
interface FastEthernet 0/24
!
interface GigabitEthernet 0/25
 switchport mode trunk                                    【2分】
 ip dhcp snooping trust                                   【2分】
 ip arp inspection trust                                  【2分】
 description R2
!
interface GigabitEthernet 0/26
!
interface VLAN 30
 ip address 192.168.30.252 255.255.255.0
 no shutdown
!
!
line con 0
line vty 0 4
 login
 password 123456
!
```

##

8. 交换机 SW3 的 show running-config 配置信息

```
SW3#SH RUN
Building configuration...
Current configuration : 3362 bytes
version RGOS 10.4(2) Release(75955)(Mon Jan 25 19:01:04 CST 2010
-ngcf34)
hostname SW3
nfpp
vlan 1
vlan 10                                                   【1分】
 name Wireless_User_Lan

vlan 20                                                   【1分】
 name Office_User_Lan
!
vlan 100                                                  【1分】
 name Server
!
vlan 200                                                  【1分】
!
vlan 999                                                  【1分】
!
!
no service password-encryption
```

```
service dhcp                                                    【2分】
ip helper-address 192.168.3.100                                 【2分】
ip multicast-routing
enable secret 5 $1$N342$xz9t59rEsv9744p8
spanning-tree
spanning-tree mst configuration                                 【2分】
 instance 0 vlan 1-9, 11-19, 21-4094
 instance 10 vlan 10                                            【2分】
 instance 20 vlan 20                                            【2分】
spanning-tree mst 0 priority 8192                               【2分】
spanning-tree mst 1 priority 4096                               【2分】
spanning-tree mst 2 priority 8192                               【2分】
interface FastEthernet 0/1
 switchport access vlan 100
 switchport port-security binding 0800.2726.f192 vlan 100 192.168.3.100
```

【2分】上面这条命令MAC地址是192.168.3.100服务器的MAC地址，答案可以不同

```
 switchport port-security binding 082e.5f1b.c440 vlan 100 192.168.3.21
```

【2分】上面这条命令MAC地址是192.168.3.21服务器的MAC地址，答案可以不同

```
 switchport port-security maximum 2                             【2分】
 switchport port-security violation shutdown                    【2分】
 switchport port-security                                       【2分】
!
interface FastEthernet 0/2
 switchport access vlan 100
!
interface FastEthernet 0/3
 switchport access vlan 100
!
interface FastEthernet 0/4
 switchport access vlan 100
!
interface FastEthernet 0/5
 switchport access vlan 100
!
interface FastEthernet 0/6
 switchport access vlan 100
!
interface FastEthernet 0/7
 switchport access vlan 100
!
interface FastEthernet 0/8
 switchport access vlan 20
!
interface FastEthernet 0/9
!
interface FastEthernet 0/10
!
interface FastEthernet 0/11
```

```
!
interface FastEthernet 0/12
!
interface FastEthernet 0/13
!
interface FastEthernet 0/14
!
interface FastEthernet 0/15
!
interface FastEthernet 0/16
!
interface FastEthernet 0/17
interface FastEthernet 0/18
interface FastEthernet 0/19
interface FastEthernet 0/20
interface FastEthernet 0/21
interface FastEthernet 0/22
interface FastEthernet 0/23
 switchport access vlan 13
!
interface FastEthernet 0/24
 switchport access vlan 13
!
interface GigabitEthernet 0/25
 switchport mode trunk                                    【2分】
 description SW1
!
interface GigabitEthernet 0/26
 port-group 1                                             【2分】
!
interface GigabitEthernet 0/27
 port-group 1                                             【2分】
!
interface GigabitEthernet 0/28
 no switchport                                            【2分】
 ip ospf network point-to-point                           【2分】
 no ip proxy-arp
 ip address 192.168.4.5 255.255.255.252                   【1分】
!
interface AggregatePort 1                                 【2分】
 switchport mode trunk                                    【2分】
 description SW4
!
interface VLAN 10
 ip pim dense-mode
 no ip proxy-arp
 ip address 192.168.1.253 255.255.255.0                   【1分】
 vrrp 1 priority 105                                      【1分】
 vrrp 1 ip 192.168.1.1                                    【1分】
 vrrp 1 track 192.168.4.6                                 【1分】
 ipv6 address 2001:3:3:10::1/64                           【1分】
```

```
 ipv6 enable                                                   【2分】
 no ipv6 nd suppress-ra
!
interface VLAN 20
 ip pim dense-mode
 no ip proxy-arp
 ip address 192.168.2.253 255.255.255.0                        【1分】
 vrrp 2 ip 192.168.2.1                                         【1分】
 ipv6 address 2001:3:3:20::1/64                                【1分】
 ipv6 enable                                                   【2分】
 no ipv6 nd suppress-ra
!
interface VLAN 100
 ip pim dense-mode
 no ip proxy-arp
 ip address 192.168.3.1 255.255.255.0                          【1分】
 ipv6 address 2001:3:3:100::1/64                               【1分】
 ipv6 enable                                                   【1分】
 no ipv6 nd suppress-ra
!
interface VLAN 999
 no ip proxy-arp
 ipv6 address 2001:3:3:4::2/64                                 【1分】
 ipv6 enable                                                   【1分】
ipv6 route 2001:3:3:3::/64 2001:3:3:4::1                       【1分】
router ospf 1                                                  【1分】
 passive-interface default                                     【2分】
 no passive-interface GigabitEthernet 0/28
 area 1 nssa no-summary                                        【2分】
 network 192.168.4.4 0.0.0.3 area 1                            【2分】
 network 192.168.0.0 0.0.255.255 area 1                        【2分】
line con 0
line vty 0 4
 login
 password 123456
end
```

##

9. 交换机 SW4 的 show running-config 配置信息

```
SW4#SH RUN

Building configuration...
Current configuration : 3429 bytes
version RGOS 10.4(2) Release(75955)(Mon Jan 25 19:01:04 CST 2010
-ngcf34)
hostname SW4
nfpp
```

```
vlan 1
vlan 10                                                    【1分】
 name Wireless_User_Lan
!
vlan 13
!
vlan 20                                                    【1分】
 name Office_User_Lan
!
vlan 100                                                   【1分】
 name Server
!
vlan 200                                                   【1分】
 name Wireless_User_AP
!
vlan 999                                                   【1分】
no service password-encryption
service dhcp                                               【2分】
ip helper-address 192.168.3.100                            【2分】
ip multicast-routing
enable secret 5 $1$Qhrj$syFBC5ys9BFwps5w
!
spanning-tree
spanning-tree mst configuration                            【1分】
 instance 0 vlan 1-9, 11-19, 21-4094
 instance 10 vlan 10                                       【1分】
 instance 20 vlan 20                                       【1分】
spanning-tree mst 0 priority 4096
spanning-tree mst 1 priority 8192                          【1分】
spanning-tree mst 2 priority 4096                          【1分】
interface FastEthernet 0/1
 switchport access vlan 10
interface FastEthernet 0/2
 switchport access vlan 10
interface FastEthernet 0/3
interface FastEthernet 0/4
interface FastEthernet 0/5
interface FastEthernet 0/6
interface FastEthernet 0/7
interface FastEthernet 0/8
interface FastEthernet 0/9
interface FastEthernet 0/10
interface FastEthernet 0/11
interface FastEthernet 0/12
interface FastEthernet 0/13
interface FastEthernet 0/14
interface FastEthernet 0/15
interface FastEthernet 0/16
 switchport access vlan 10
!
interface FastEthernet 0/17
interface FastEthernet 0/18
```

```
interface FastEthernet 0/19
interface FastEthernet 0/20
!
interface FastEthernet 0/21
!
interface FastEthernet 0/22
!
interface FastEthernet 0/23
 port-group 2                                            【2分】
!
interface FastEthernet 0/24
 port-group 2                                            【2分】
!
interface GigabitEthernet 0/25
 switchport mode trunk                                   【2分】
 description SW1
!
interface GigabitEthernet 0/26
 port-group 1                                            【2分】
!
interface GigabitEthernet 0/27
 port-group 1                                            【2分】
!
interface GigabitEthernet 0/28
 no switchport                                           【2分】
 ip ospf network point-to-point                          【2分】
 no ip proxy-arp
 ip address 192.168.4.9 255.255.255.252                  【1分】
!
interface AggregatePort 1                                【2分】
 switchport mode  trunk                                  【2分】
 description SW3
!
interface AggregatePort 2                                【2分】
 switchport mode trunk                                   【2分】
 description WS
!
interface Loopback 0
 ip address 192.168.4.254 255.255.255.255
!
interface VLAN 10
 ip pim dense-mode
 no ip proxy-arp
 ip address 192.168.1.254 255.255.255.0                  【1分】
 vrrp 1 ip 192.168.1.1                                   【1分】
 vrrp 1 track 192.168.4.10                               【1分】
!
interface VLAN 20
 ip pim dense-mode
 no ip proxy-arp
 ip address 192.168.2.254 255.255.255.0                  【1分】
```

```
 vrrp 2 priority 105                                    【2分】
 vrrp 2 ip 192.168.2.1                                  【1分】
 vrrp 2 track 192.168.4.10                              【2分】
!
interface VLAN 100
 ip pim dense-mode
 no ip proxy-arp
!
interface VLAN 200
 no ip proxy-arp
 ip address 192.168.5.254 255.255.255.0                 【1分】
!
interface VLAN 999
 no ip proxy-arp
 ipv6 address 2001:3:3:4::1/64                          【1分】
 ipv6 enable                                            【2分】
!
interface Tunnel 1                                      【2分】
 ipv6 address 2001:3:3:3::1/64                          【2分】
 ipv6 enable                                            【2分】
 no ipv6 nd suppress-ra
 -ipv6 ospf 1 area 0
 tunnel source GigabitEthernet 0/28                     【1分】
 tunnel mode ipv6ip isatap                              【1分】
!
!
ipv6 route 2001:3:3:10::/64 2001:3:3:4::2               【1分】
ipv6 route 2001:3:3:20::/64 2001:3:3:4::2               【1分】
ipv6 route 2001:3:3:100::/64 2001:3:3:4::2              【1分】
!
router ospf 1
 router-id 192.168.4.254
 redistribute static subnets                            【2分】
 passive-interface default                              【2分】
 no passive-interface GigabitEthernet 0/28              【2分】
 no passive-interface VLAN 200                          【2分】
 area 1 nssa no-summary                                 【2分】
 network 192.168.4.8 0.0.0.3 area 1                     【2分】
 network 192.168.0.0 0.0.255.255 area 1                 【2分】
ip route 1.1.1.1 255.255.255.255 192.168.5.1            【2分】
line con 0
line vty 0 4
 login
 password 123456
end
```

##

########################

10. 无线控制器（WS）的 show running-config 的配置信息

```
WS#SH RUN

Building configuration...
Current configuration : 2572 bytes

!
version RGOS 10.4(1T7), Release(121059)(Mon JAN 5 23:57:55 CST 2009 -ngcf63)
hostname WS
nfpp
 no nd-guard enable
vlan 1
!
vlan 10                                                        【1分】
 name Wireless_User_Lan
!
vlan 200                                                       【1分】
 name Wireless_AP
!
!
no service password-encryption
service dhcp                                                   【2分】
ip fragment-quota 200
!
!
ip dhcp pool Wireless AP                                       【2分】
 option 138 ip 1.1.1.1                                         【2分】
 network 192.168.5.0 255.255.255.0                             【2分】
 default-router 192.168.5.1 255.255.255.0                      【2分】
wlan-config 1 <NULL> JS VLAN10                                 【2分】
 enable-broad-ssid                                             【2分】
!
!
ap-group default
!
!
ap-group 1      上面这条命令有ap-group就可得分，后面参数可以不同 【2分】
 interface-mapping 1 10                                        【1分】
ap-config all
 antenna transmit 5 radio 1
 antenna transmit 5 radio 2
ap-config AP 1                                                 【1分】
 wmm edca-radio best-effort aifsn 2 cwmin 4 cwmax 5 txop 100 802.11b
 wmm edca-radio best-effort aifsn 2 cwmin 4 cwmax 5 txop 100 802.11a
 wmm edca-radio back-ground aifsn 7 cwmin 5 cwmax 6 txop 100 802.11b
 wmm edca-radio back-ground aifsn 7 cwmin 5 cwmax 6 txop 100 802.11a
 antenna transmit 5 radio 1
 antenna transmit 5 radio 2
 radio-type 2 802.11a
 radio-type 1 802.11b
```

```
 ap-group 1                                                    【2分】
!
ac-controller
 country CN
 802.11b 11nsupport mcs tx 15
 802.11b network  rate 1 disabled
 802.11b network  rate 2 disabled
 802.11b network  rate 5 disabled
 802.11b network  rate 11 mandatory
 802.11b network  rate 6 disabled
 802.11b network  rate 9 disabled
 802.11b network  rate 12 support
 802.11b network  rate 18 support
 802.11b network  rate 24 support
 802.11b network  rate 36 support
 802.11b network  rate 48 support
 802.11b network  rate 54 support
 802.11a 11nsupport mcs tx 15
 802.11a network rate 6 disabled
 802.11a network rate 9 disabled
 802.11a network rate 12 mandatory
 802.11a network rate 18 support
 802.11a network rate 24 mandatory
 802.11a network rate 36 support
 802.11a network rate 48 support
 802.11a network rate 54 support
!
enable secret 5 $1$CCsX$zpq2w8C0yvz8wAA5
wids
!
interface GigabitEthernet 0/1
 port-group 2                                                  【2分】
!
interface GigabitEthernet 0/2
 port-group 2                                                  【2分】
!
interface AggregatePort 2                                      【2分】
 switchport mode trunk                                         【2分】
!
interface Loopback 1
 ip address 1.1.1.1 255.255.255.255                            【1分】
!
interface VLAN 10
!
interface VLAN 200
 ip address 192.168.5.1 255.255.255.0                          【1分】
!
wlansec 1                                                      【1分】
 security rsn enable                                           【2分】
 security rsn ciphers aes enable                               【2分】
 security rsn akm psk enable                                   【2分】
 security rsn akm psk set-key ascii 0123456789                 【2分】
```

ip route 0.0.0.0 0.0.0.0 192.168.5.254 【2分】

```
!
!
line con 0
line vty 0 4
 login
 password 123456
!
!
End
```

##

11. 出口网关（EG）的 show running-config 配置信息

```
EG#SH RUN

Building configuration...
Current configuration : 2711 bytes
version RGOS 10.3(4T90), Release(109312)(Wed Mar  2 20:44:20 CST 2011 -ngcf63)
hostname EG
sys-mode gateway
no nat-log enable
flow-audit enable
webmaster level 0 username admin password 7 13041647042f
webmaster level 1 username manager password 7 130813440c261739
webmaster level 2 username guest password 7 1302074f1e35
http update mode auto-update
http update server 0.0.0.0 port 80
http update time daily 08:30
!
no bypass couple 0
no bypass couple 1
specify interface GigabitEthernet 0/0 lan
specify interface GigabitEthernet 0/1 lan
specify interface GigabitEthernet 0/2 wan
specify interface GigabitEthernet 0/3 lan
specify interface GigabitEthernet 0/4 lan
specify interface GigabitEthernet 0/5 wan
specify interface GigabitEthernet 0/6 wan
web-coding gb2312
!
no service password-encryption
```

service dhcp 【2分】

```
ip nat-log on
!
```

ip dhcp excluded-address 192.168.30.253 【2分】

!

ip dhcp pool vlan30 【2分】

network 192.168.30.0 255.255.255.0 【2分】

dns-server 192.168.3.100 【2分】

```
 default-router 192.168.30.254                                    【2分】
!
ip dhcp pool vlan40                                               【1分】
 network 192.168.40.0 255.255.255.0                               【1分】
 dns-server 192.168.3.100                                         【1分】
 default-router 192.168.40.254                                    【2分】
ip access-list standard 99                                        【2分】
 10 permit 192.168.30.0 0.0.0.255                                 【2分】
 20 permit 192.168.40.0 0.0.0.255                                 【2分】
control-plane
!
control-plane protocol
 no acpp
!
control-plane manage
 no port-filter
 no arp-car
 no acpp
!
control-plane data
 no glean-car
 no acpp
!
!
bridge-map 0
bridge-map 1
bridge-map 2
!
!
url-audit optimize-cache 30
url-audit only-get
url-audit except-regexp .*=. *&.*=.*
url-audit except-postfix
url-filter-notice display You are forbidden to visit the website,
please contact webmaster!
content-audit data-store-days 60
enable secret 5 $1$sgjD$D98zv6x9Dsv3yyvs                          【1分】
enable service web-server                                         【1分】
interface GigabitEthernet 0/0
 duplex auto
 speed auto
!
interface GigabitEthernet 0/1
 ip nat inside                                                    【2分】
 ip address 192.168.4.22 255.255.255.252                          【1分】
 duplex auto
 speed auto
!
interface GigabitEthernet 0/2
 ip nat outside                                                   【2分】
 ip address 200.200.200.1 255.255.255.0                           【1分】
```

```
 duplex auto
 speed auto
!
interface GigabitEthernet 0/3
 duplex auto
 speed auto
!
interface GigabitEthernet 0/4
 duplex auto
 speed auto
!
interface GigabitEthernet 0/5
 duplex auto
 speed auto
!
interface GigabitEthernet 0/6
 duplex auto
 speed auto
!
!
```

ip nat pool Internet prefix-length 28 【1分】

address 200.200.200.1 200.200.200.1 match interface GigabitEthernet 0/2 【2分】

ip nat inside source list 99 pool Internet overload 【2分】

上面这条命令的访问控制列表号，考生可以自己定义。

ip route 192.168.0.0 255.255.0.0 192.168.4.21 【2分】

ref parameter 50 200 【1分】

```
line con 0
line vty 0 4
 login
 password 123456
end
```

##

12. 无线 AP（FAT AP）的 show running-config 配置信息

```
Building configuration...
Current configuration : 2456 bytes

!
version RGOS 10.4(1T10), Release(127462)(Mon JAN 5 21:53:00 CST 2009 -ngcf62)
hostname FAT-AP
nfpp
 no nd-guard enable
```

vlan 1

!

```
vlan 10
```

!

vlan 30 【1分】

```
!
```

```
!
no service password-encryption
ip fragment-quota 200
no logging on
enable secret 5 $1$EEh7$u4y6xv41985yzF2p
wids
!
!
dot11 wlan 30                                                    【2分】
 vlan 30                                                         【1分】
 broadcast-ssid                                                  【2分】
 ssid JS VLAN30                                                  【2分】
link-check enable

interface GigabitEthernet 0/1
 encapsulation dot1Q 30                                          【2分】
!
interface Dot11radio 1/0
 encapsulation dot1Q 30                                          【2分】
 apsd enable
 wmm edca-radio voice aifsn 1 cwmin 2 cwmax 3 txop 47
 wmm edca-radio video aifsn 1 cwmin 3 cwmax 4 txop 94
 wmm edca-radio best-effort aifsn 2 cwmin 4 cwmax 5 txop 100
 wmm edca-radio back-ground aifsn 7 cwmin 5 cwmax 6 txop 100
 wmm edca-client voice aifsn 2 cwmin 2 cwmax 3 txop 47 len 0
 wmm edca-client voice cac optional
 wmm edca-client video aifsn 4 cwmin 2 cwmax 2 txop 47 len 257
 wmm edca-client video cac optional
 wmm edca-client best-effort aifsn 3 cwmin 4 cwmax 10 txop 1 len
519
 wmm edca-client back-ground aifsn 7 cwmin 4 cwmax 10 txop 0 len 0
 station-role root-ap
 mac-mode fat
 no short-preamble
 chan-width 20
 radio-type 802.11b
 antenna transmit 7
 channel 1
 mcast_rate 54
 loadblance 60
 coverage-rssi 10
 country-code CNI
 wlan-id 30                                                      【1分】
!
interface Dot11radio 2/0
 no ip proxy-arp
 apsd enable
 wmm edca-radio voice aifsn 1 cwmin 2 cwmax 3 txop 47
 wmm edca-radio video aifsn 1 cwmin 3 cwmax 4 txop 94
 wmm edca-radio best-effort aifsn 2 cwmin 4 cwmax 5 txop 100
 wmm edca-radio back-ground aifsn 7 cwmin 5 cwmax 6 txop 100
 wmm edca-client voice aifsn 2 cwmin 2 cwmax 3 txop 47 len 0
 wmm edca-client voice cac optional
```

```
 wmm edca-client video aifsn 2 cwmin 3 cwmax 4 txop 94 len 0
 wmm edca-client video cac optional
 wmm edca-client best-effort aifsn 3 cwmin 4 cwmax 10 txop 0 len 0
 wmm edca-client back-ground aifsn 2 cwmin 7 cwmax 5 txop 100 len
515
 station-role root-ap
 mac-mode fat
 no short-preamble
 chan-width 20
 radio-type 802.11a
 antenna transmit 7
 channel 161
 mcast_rate 54
 loadblance 60
 coverage-rssi 10
 country-code CNI
!
interface BVI 30                                         【1分】
 no ip proxy-arp
 ip address 192.168.30.253 255.255.255.0                 【1分】
ip route 0.0.0.0 0.0.0.0 192.168.30.254                  【2分】
line con 0
 password ruijie
line vty 0
 privilege level 15
 login
 password 123456
line vty 1 4
 login
 password 123456
end
##################################################
#########################
```

13. Web 网站安全防护答案：WG 防火墙配置相关截图

（1）禁止无线用户访问服务器的截图，如附图 3-2 所示。【15 分】

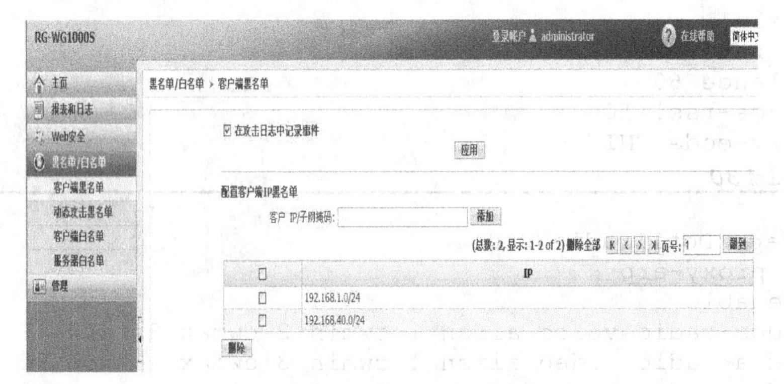

附图 3-2

（2）WG 的 DOS 防攻击策略的截图，如附图 3-3 所示。【15 分】

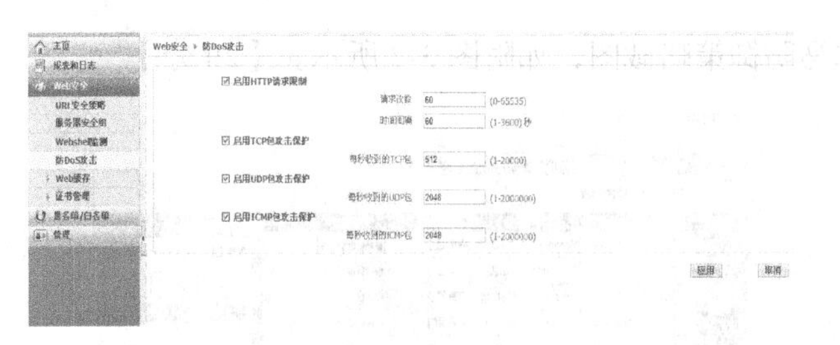

附图 3-3

（3）部署模式和管理地址的截图，如附图 3-4 所示。【15 分】

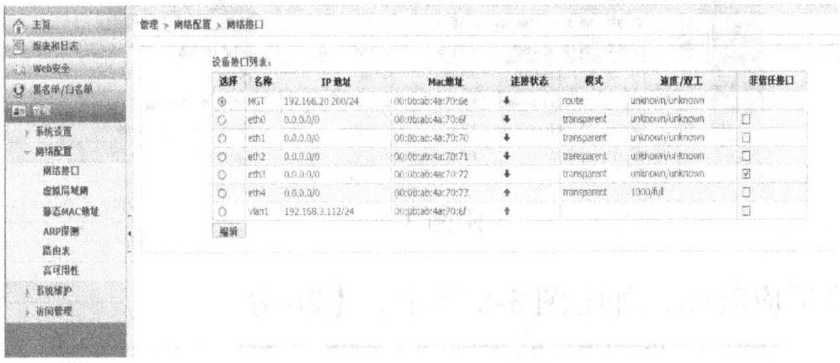

主页 / 报表和日志 / Web安全 / 黑名单/白名单 / 管理 / 系统设置 / 网络配置 / 网络接口 / 虚拟局域网 / 静态MAC地址 / ARP探测 / 路由表 / 高可用性 / 系统维护 / 访问管理

管理 > 网络配置 > 网络接口

设备接口列表：

选择	名称	IP 地址	Mac地址	连接状态	模式	速度/双工	非信任接口
◉	MGT	192.168.20.200/24	00:0b:ab:4a:70:6e	↓	route	unknown/unknown	
○	eth0	0.0.0.0/0	00:0b:ab:4a:70:6f	↓	transparent	unknown/unknown	☐
○	eth1	0.0.0.0/0	00:0b:ab:4a:70:70	↓	transparent	unknown/unknown	☐
○	eth2	0.0.0.0/0	00:0b:ab:4a:70:71	↓	transparent	unknown/unknown	☐
○	eth3	0.0.0.0/0	00:0b:ab:4a:70:72	↓	transparent	unknown/unknown	☑
○	eth4	0.0.0.0/0	00:0b:ab:4a:70:73	↑	transparent	1000/full	☐
○	vlan1	192.168.3.112/24	00:0b:ab:4a:70:6f	↑			☐

编辑

附图 3-4

（4）服务器保护对象的截图，如附图 3-5 所示。【15 分】

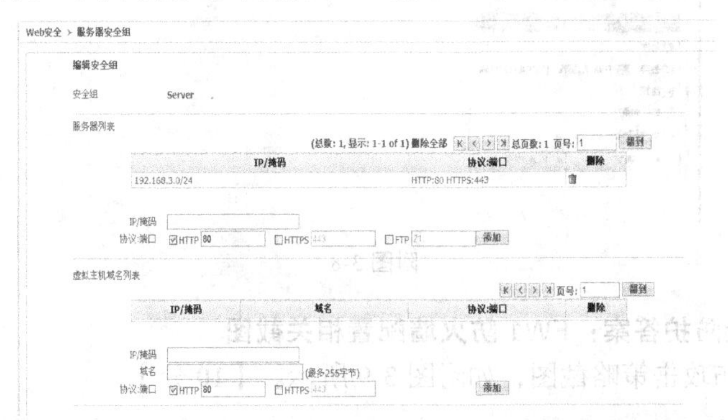

附图 3-5

14. 入侵检测系统答案：IDP 入侵检测系统配置相关截图

（1）系统设置—端口设置截图，如附图 3-6 所示。【20 分】

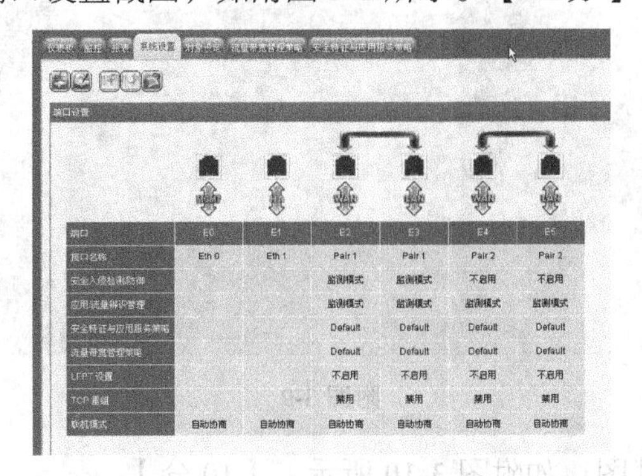

附图 3-6

（2）病毒/木马防御策略截图，如附图 3-7 所示。【20 分】

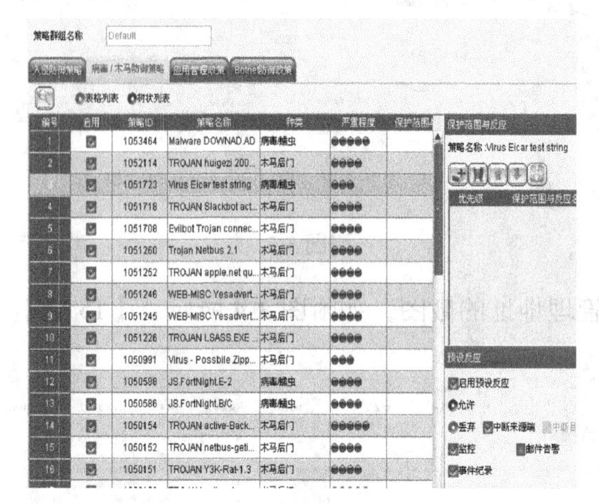

附图 3-7

（3）RBL 预设反应截图，如附图 3-8 所示。【20 分】

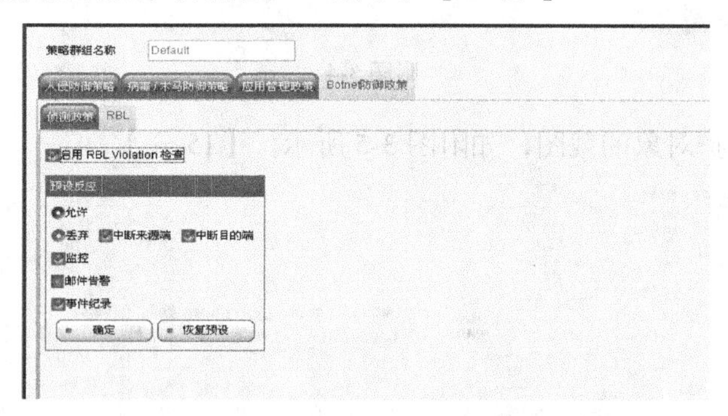

附图 3-8

15. 网络安全防护答案：FW1 防火墙配置相关截图

（1）防火墙防攻击策略截图，如附图 3-9 所示。【10 分】

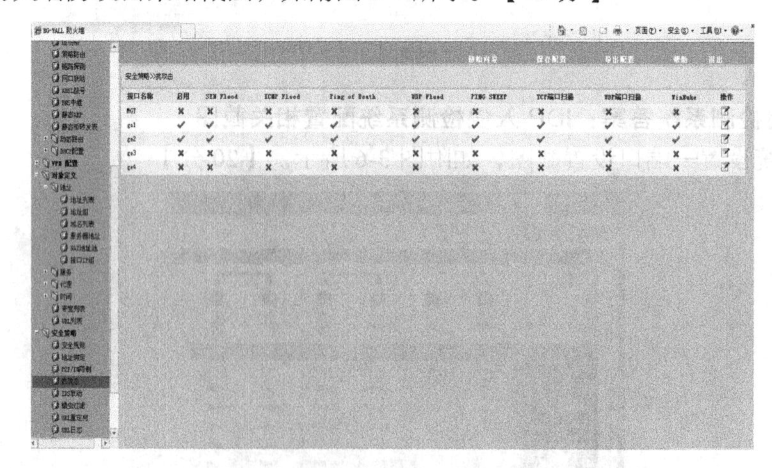

附图 3-9

（2）接口 IP 配置截图，如附图 3-10 所示。【10 分】

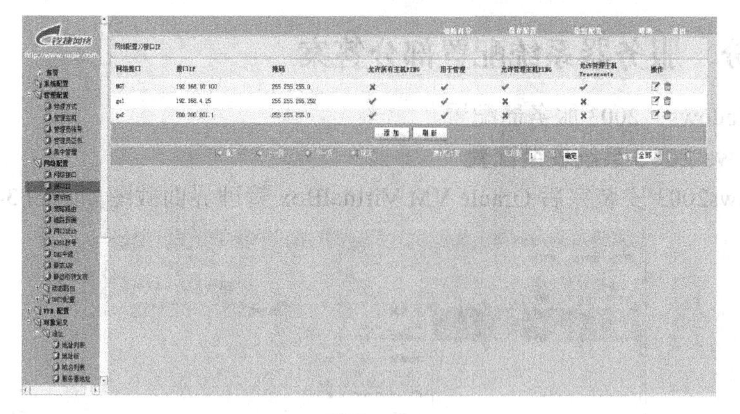

附图 3-10

（3）路由配置截图，如附图 3-11 所示。【 10 分 】

网络配置>>策略路由
下一跳接口绑定
高级路由
以下网口是否允许按源IP路由
按NAT前进行源路由
MGT ge1 ge2 ge3 ge4
确定

类型	源地址	目的地址	下一跳	metric	操作
路由	any	192.168.0.0/255.255.0.0	192.168.4.26	0	
路由	any	0.0.0.0/0.0.0.0	200.200.201.254	0	
*	any	192.168.4.24/255.255.255.252	*	0	
*	any	200.200.201.0/255.255.255.0	*	0	
*	any	192.168.10.0/255.255.255.0	*	0	

添加 刷新路由

下一跳	绑定端口	备注	操作
无记录			

添加

图附 3-11

（4）服务器 NAT 配置截图，如附图 3-12 所示。【 10 分 】

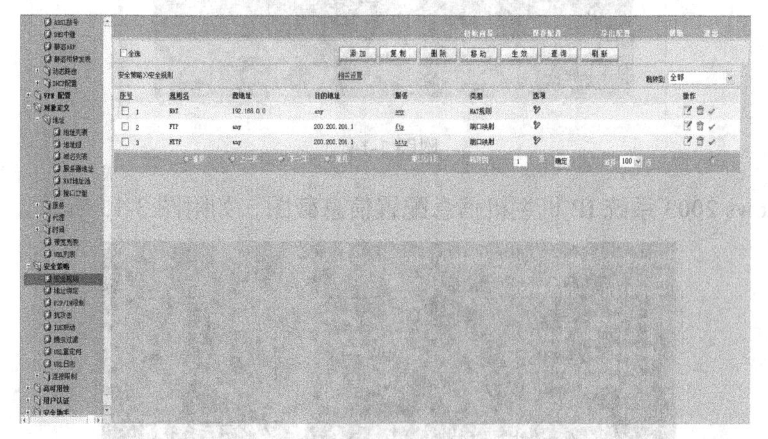

附图 3-12

第二部分　服务器系统配置部分答案

（一）Windows　2003 服务器配置

1. Windows 2003 系统安装配置

① Windows2003 安装完后 Oracle VM VirtualBox 管理界面截图如附图 3-13 所示。

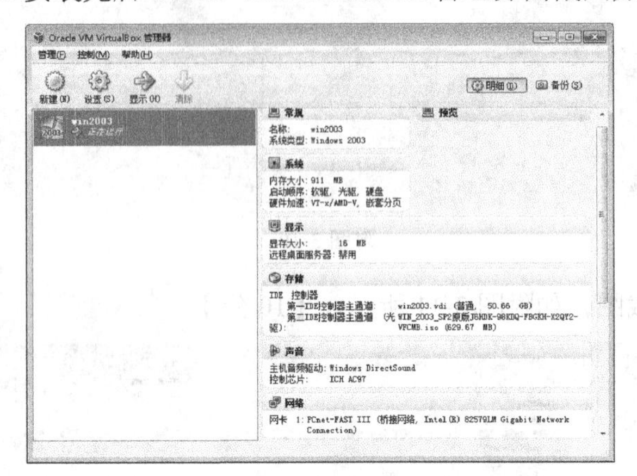

附图 3-13

② Windows Server 2003 登录界面截图，如附图 3-14 所示。

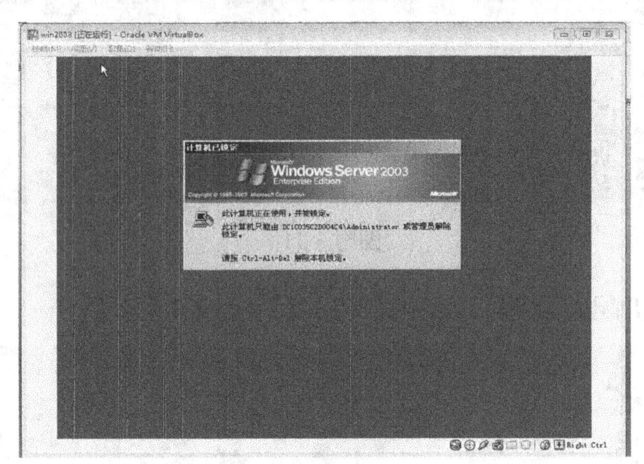

附图 3-14

③ Windows 2003 系统 IP 机主机信息配置信息截图，如附图 3-15 所示。

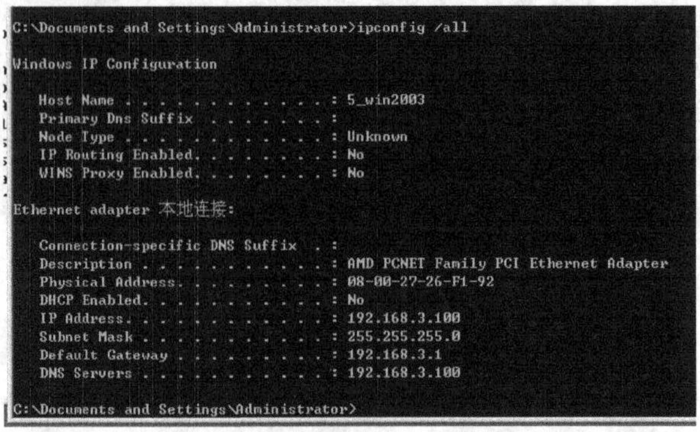

```
C:\Documents and Settings\Administrator>ipconfig /all

Windows IP Configuration

   Host Name . . . . . . . . . . . . : 5_win2003
   Primary Dns Suffix  . . . . . . . :
   Node Type . . . . . . . . . . . . : Unknown
   IP Routing Enabled. . . . . . . . : No
   WINS Proxy Enabled. . . . . . . . : No

Ethernet adapter 本地连接:

   Connection-specific DNS Suffix  . :
   Description . . . . . . . . . . . : AMD PCNET Family PCI Ethernet Adapter
   Physical Address. . . . . . . . . : 08-00-27-26-F1-92
   DHCP Enabled. . . . . . . . . . . : No
   IP Address. . . . . . . . . . . . : 192.168.3.100
   Subnet Mask . . . . . . . . . . . : 255.255.255.0
   Default Gateway . . . . . . . . . : 192.168.3.1
   DNS Servers . . . . . . . . . . . : 192.168.3.100

C:\Documents and Settings\Administrator>
```

附图 3-15

2. Windows 2003 系统中 DNS 服务配置

① 将域 nj.cn 的正向查询区域记录内容界面截图，如附图 3-16 所示。

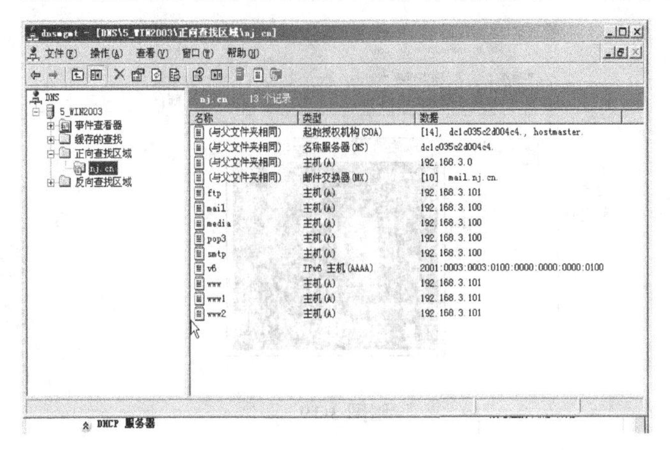

附图 3-16

② 将反向查询区域内容界面截图，如附图 3-17 所示。

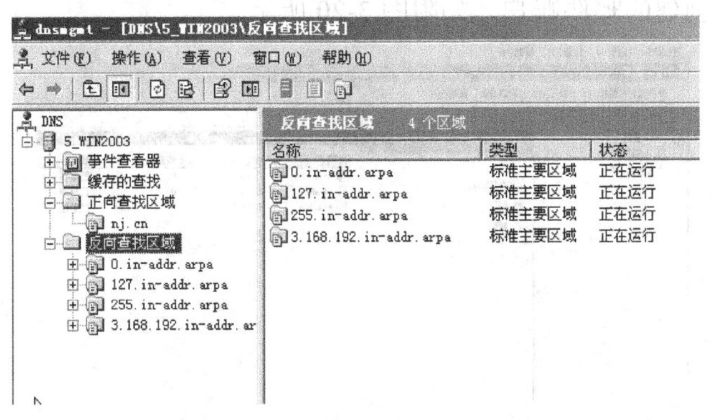

附图 3-17

3. Windows 2003 系统中流媒体服务器配置

① 将 Windows Media Services 管理界面截图，如附图 3-18 所示。

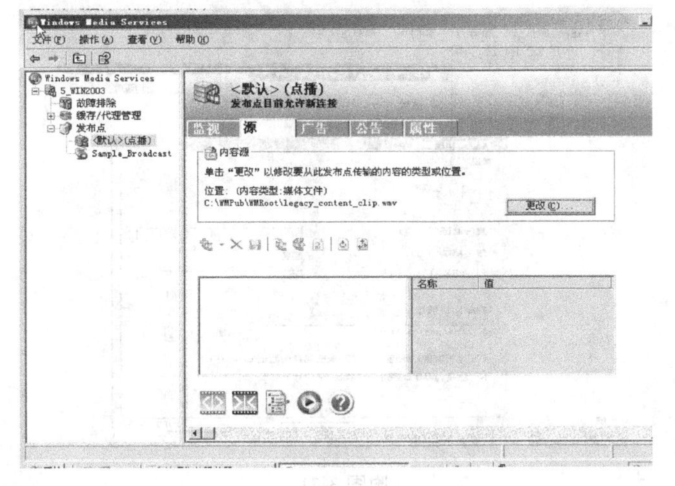

附图 3-18

② 在 Server1 主机上，用 IE 浏览器访问 URL: mms://media.nj.cn，然后将地址栏和播放界面一同截图，如附图 3-19 所示。

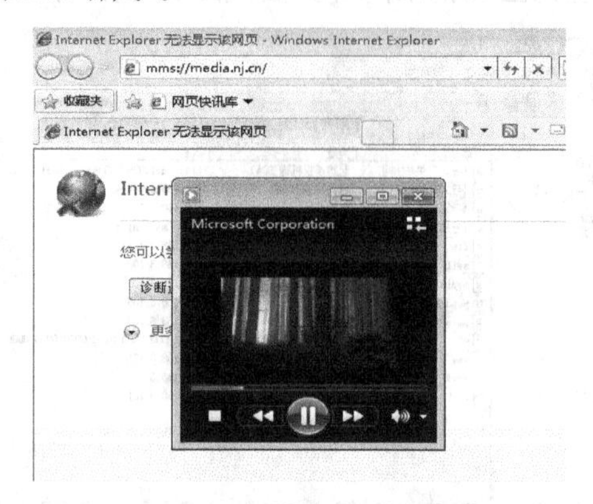

附图 3-19

4. Windows 2003 系统中电子邮件服务器的配置

① 在 POP3 服务管理界面中，展开所有数据项，对整个 POP3 管理界面进行截图，确保可以看到全部已创建的邮件账户，如附图 3-20 所示。

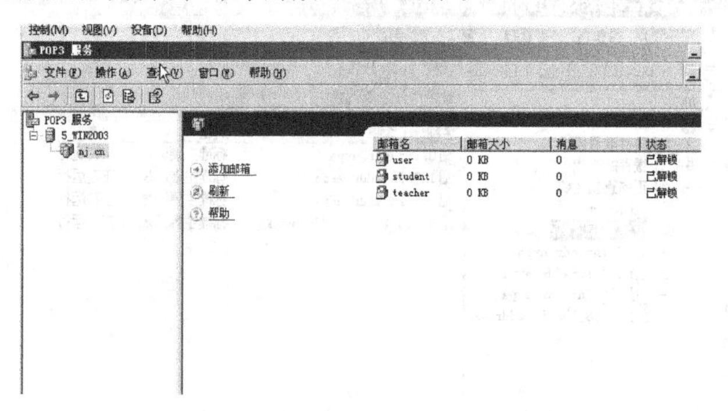

附图 3-20

② 将 POP3 服务器属性页面进行截图，确保截图中可以看到“根邮件目录”信息，如附图 3-21 所示。

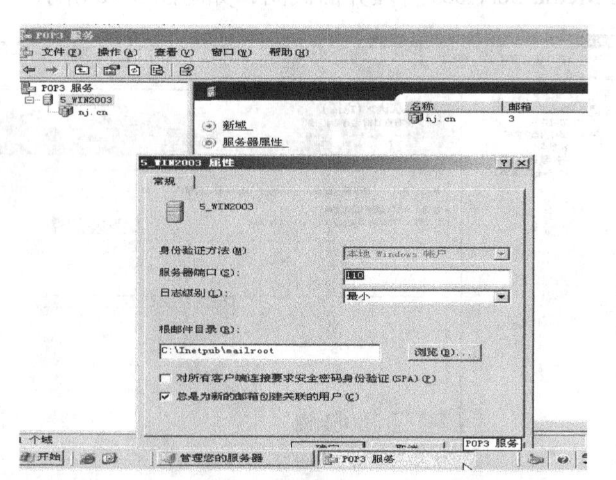

附图 3-21

③ 在 SMTP 虚拟服务器的管理界面中，显示“域”的内容，并对整个 SMTP 虚拟服务器管理界面进行截图，确保截图中可以看到邮件域名，如附图 3-22 所示。

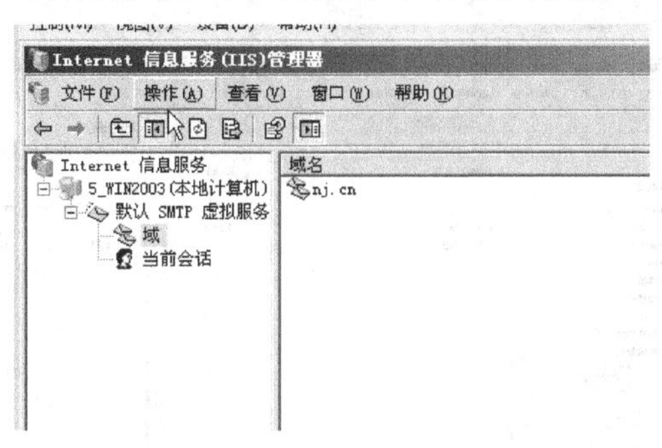

附图 3-22

④ 在 SMTP 虚拟服务器的管理界面中，对 nj.cn 域名的属性进行截图，确保截图中可以看到“投递目录”，如附图 3-23 所示。

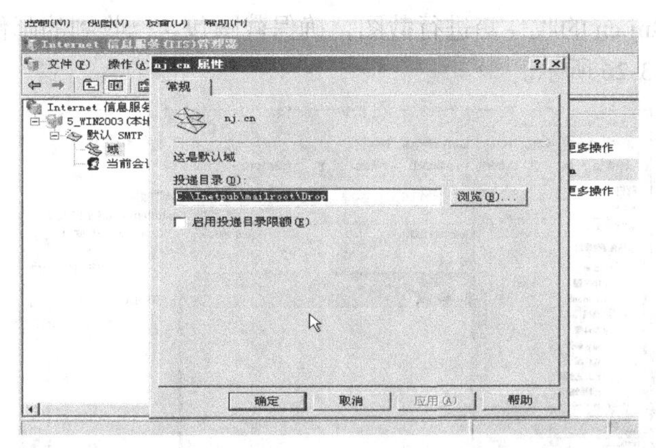

附图 3-23

⑤ 将 Outlook 2007 中 teacher@nj.cn 的账户配置信息截图，确保截图中包含发送服务器地址、接收服务器地址和用户名，如附图 3-24 所示。

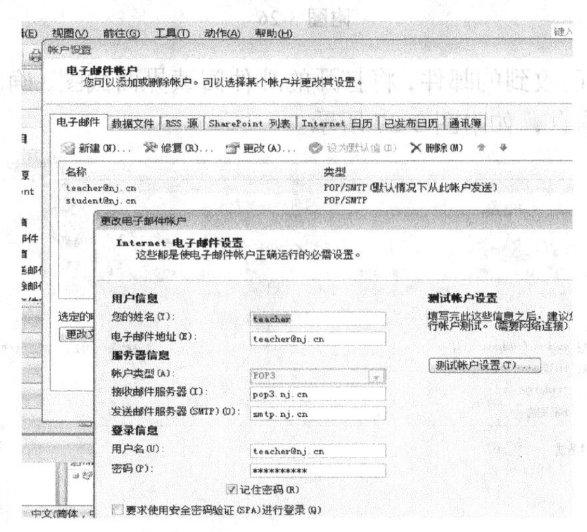

附图 3-24

⑥ 在 Outlook 2007 中，对 student@nj.cn 的"已发送邮件"截图保存，确保截图包括整个 Outlook2007 界面，如附图 3-25 所示。

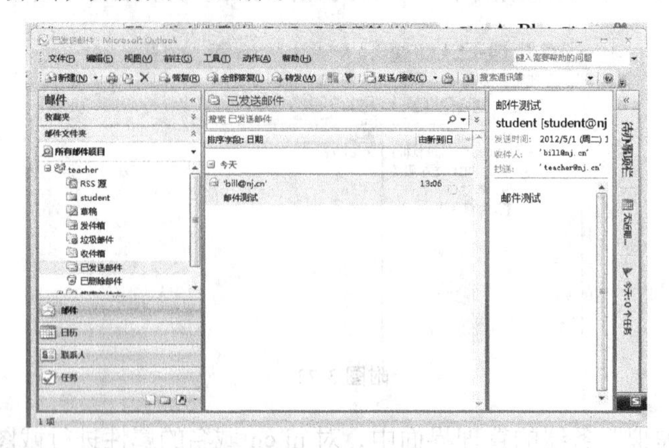

附图 3-25

⑦ 对 teacher@nj.cn 的收件箱进行截图，确保截图包含已收到的邮件和整个 Outlook 2007 界面，如附图 3-26 所示。

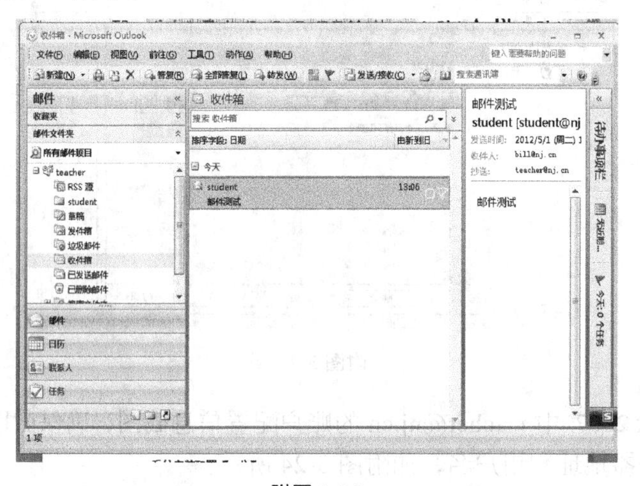

附图 3-26

⑧ 双击收件箱中已收到的邮件，将打开的邮件阅读界面截图，确保截图中可以看到发送人、接收人和抄送信息，如附图 3-27 所示。

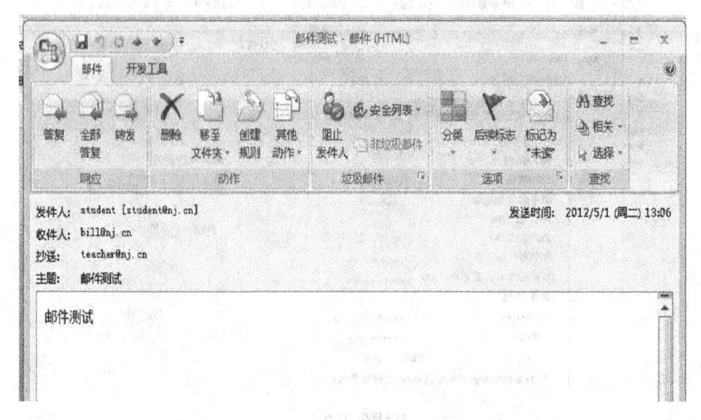

附图 3-27

（二）CentOS Linux 服务器配置

1. CentOS 系统安装配置

① 在上述操作完成后，将 Oracle VM VirtualBox 管理器界面截图，确保在截图中可以看到内存大小、硬盘大小、网卡信息，如附图 3-28 所示。

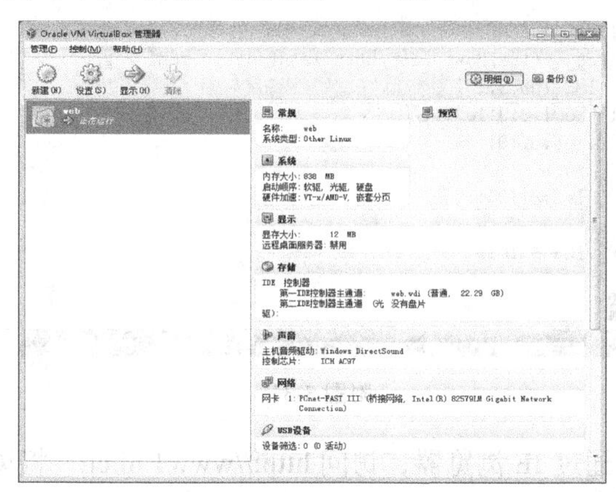

附图 3-28

② 在 Oracle VM VirtualBox 虚拟机中，确保运行着 CentOS Linux 的图形登录界面，截图如附图 3-29 所示。

附图 3-29

③ 在 CentOS Linux 系统中，进入“终端”命令行窗口，运行 hostname; ifconfig ，将运行结果截图，确保截图可以看到主机和 IP 信息，如附图 3−30 所示。

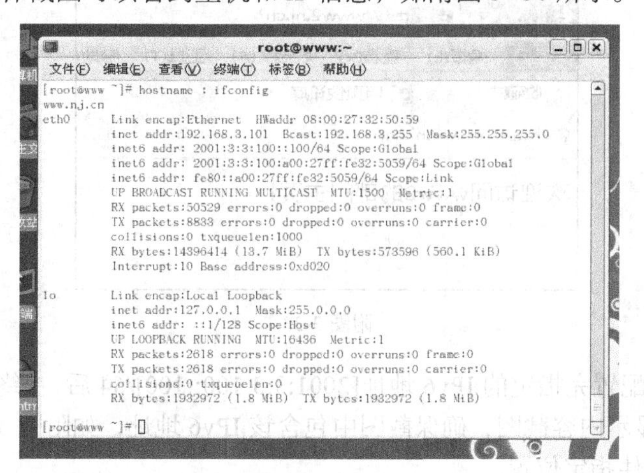

附图 3-30

2. CentOS 上 HTTP 虚拟主机的安装

① 在上述操作完成后，打开一个“终端”命令行窗口，执行：

grep VirtualHost /etc/httpd/conf/httpd.conf | grep －v ‘#’

将输出结果截图，如附图 3-31 所示。

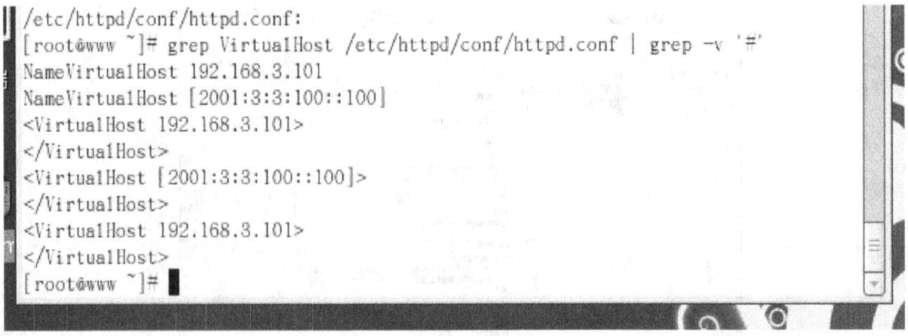

```
/etc/httpd/conf/httpd.conf:
[root@www ~]# grep VirtualHost /etc/httpd/conf/httpd.conf | grep -v '#'
NameVirtualHost 192.168.3.101
NameVirtualHost [2001:3:3:100::100]
<VirtualHost 192.168.3.101>
</VirtualHost>
<VirtualHost [2001:3:3:100::100]>
</VirtualHost>
<VirtualHost 192.168.3.101>
</VirtualHost>
[root@www ~]#
```

附图 3-31

② 在 Server2 上，通过 IE 浏览器，访问 http://www1.nj.cn，将浏览器显示结果截图，确保截图包含 www1.nj.cn 地址和网页显示的内容，如附图 3-32 所示。

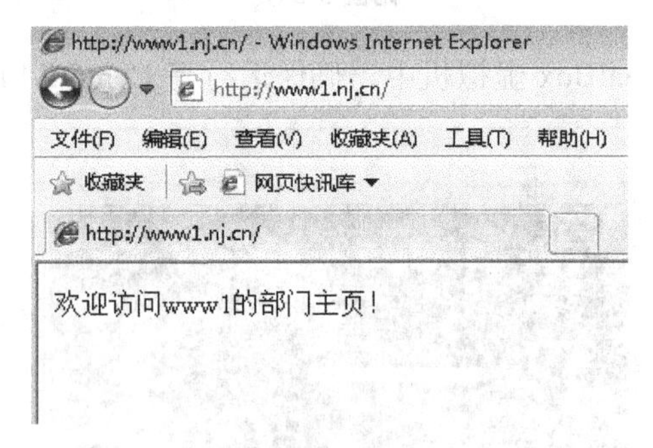

附图 3-32

③ 在 Server2 上，通过 IE 浏览器，访问 http://www2.nj.cn，将浏览器显示结果截图，确保截图包含 www2.nj.cn 地址和网页显示的内容，如附图 3-33 所示，将截图粘贴到竞赛结果文件指定位置。

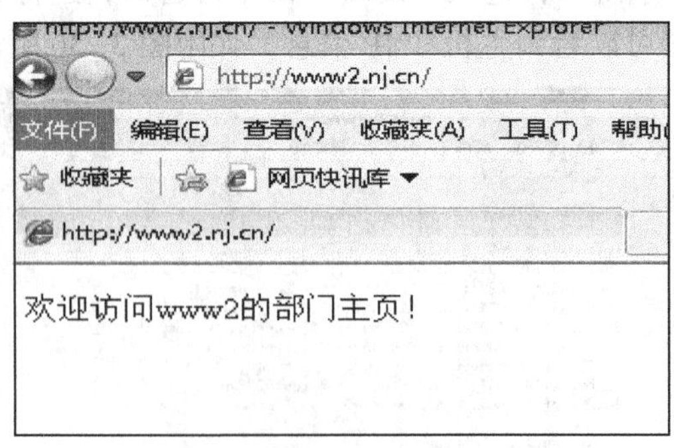

附图 3-33

④ CentOS 在配置完指定的 IPv6 地址[2001:3:3:100::100]/64 后，在终端命令行窗口中，执行 ifconfig，将显示内容截图，确保截图中包含该 IPv6 地址，如附图 3-34 所示，将截图粘贴到竞赛结果文件指定位置。

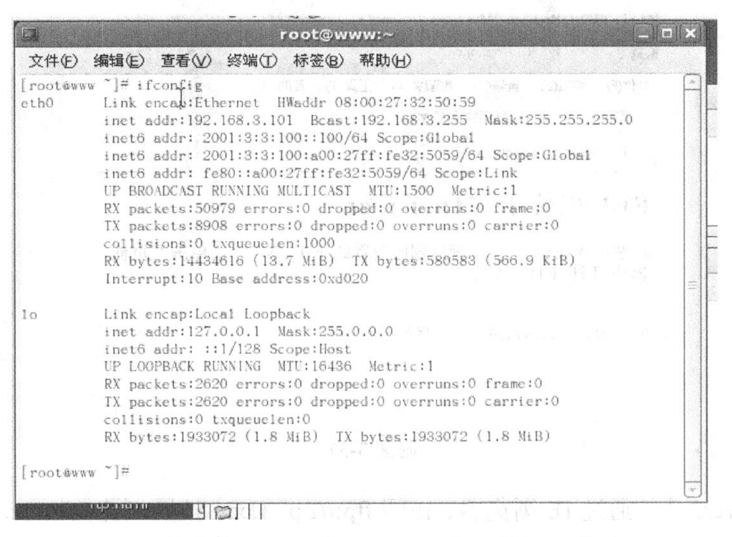

附图 3-34

⑤ 在 Cerver2 上，通过 IE 浏览器，访问 http://[2001:3:3:100::100]/，将浏览器显示结果截图，确保截图包含 http://[2001:3:3:100::100]/地址和网页显示的内容，如附图 3-35 所示，将截图粘贴到竞赛结果文件指定位置。

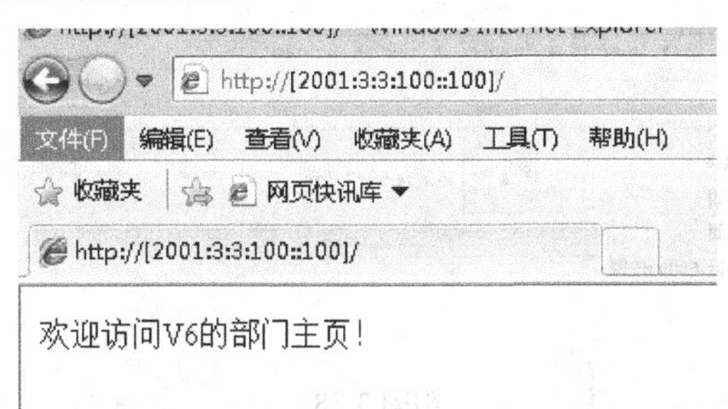

附图 3-35

3. CentOS 上 FTP 服务器配置

① 在上述操作完成后，打开一个“终端”命令行窗口，执行：

```
netstat  -nat  |  grep  21
```

将输出结果截图，如附图 3-36 所示。

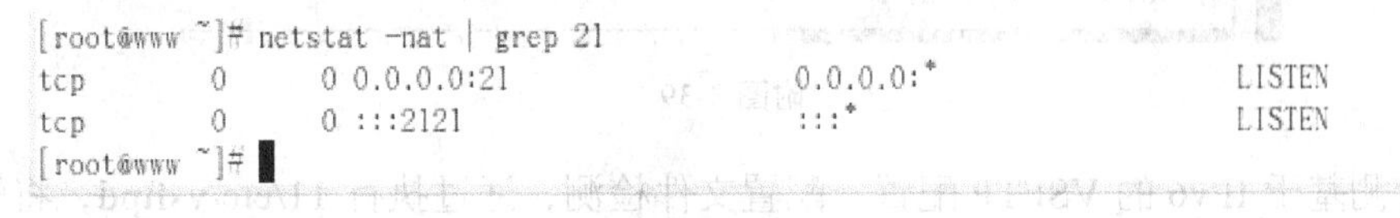

附图 3-36

② 在 Server2 上，通过 IE 浏览器，访问 ftp://ftp.nj.cn，将浏览器显示结果截图，确保截图包含 ftp://ftp.nj.cn 地址和网页显示的内容，如附图 3-37 所示。

FTP 根位于 ftp.nj.cn - Windows Internet Explorer
ftp://ftp.nj.cn/
文件(F) 编辑(E) 查看(V) 收藏夹(A) 工具(T) 帮助(H)
收藏夹 网页快讯库
FTP 根位于 ftp.nj.cn
FTP 根位于 ftp.nj.cn
若要在 Windows 资源管理器中查看此 FTP 站点，请单击“页面”，
器中打开 FTP 站点”。
05/01/2012 10:49上午 目录 pub

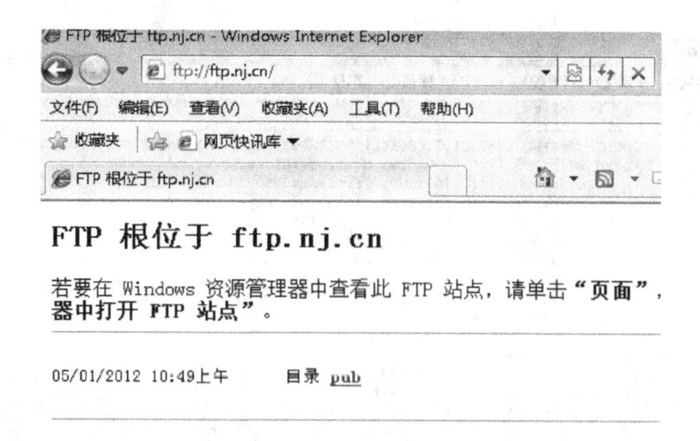

附图 3-37

③ 在 Server2 上，通过 IE 浏览器，访问 ftp://ftp.nj.cn，按照浏览器提示，单击“页面”，然后单击“在 Windows 资源管理器中打开 FTP 站点”。然后进入 pub 目录，再进入 upload 目录，将当前正编辑的竞赛结果文件文档，上传到 upload 目录，上传完毕，将显示结果截图，确保截图包含 ftp.nj.cn 路径和 upload 文件夹显示的内容，如附图 3-38 所示，将截图粘贴到竞赛结果文件指定位置。

Internet ▸ ftp.nj.cn ▸ pub ▸ upload
xxx_server2.doc

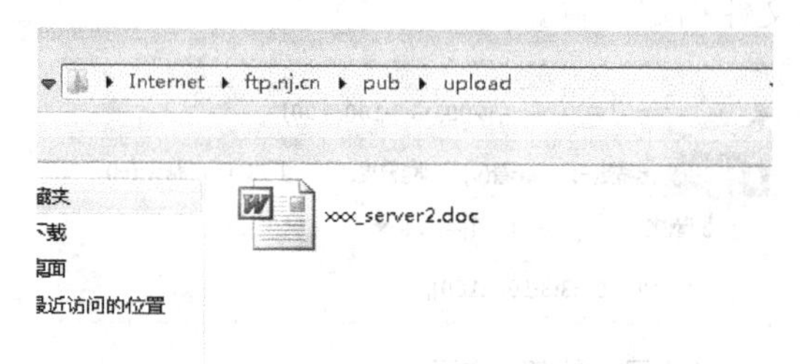

附图 3-38

④ 在上述操作完成后，在 CentOS 中打开一个“终端”命令行窗口，执行：

```
grep  www1  /etc/passwd
```

将输出结果截图，如附图 3-39 所示。

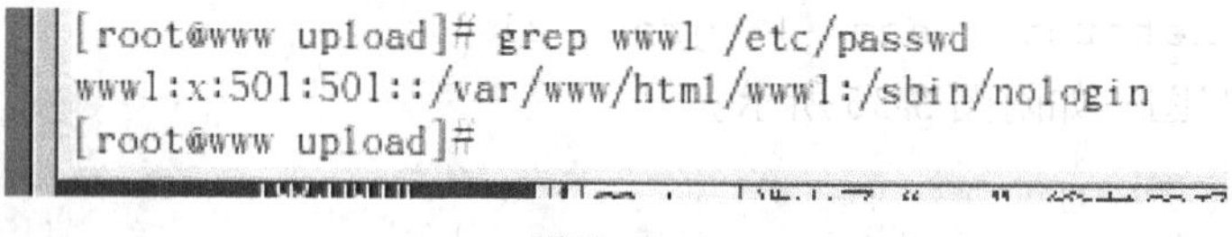

[root@www upload]# grep www1 /etc/passwd
www1:x:501:501::/var/www/html/www1:/sbin/nologin
[root@www upload]#

附图 3-39

⑤ 检测基于 IPv6 的 VSFTP 配置，配置文件检测，通过执行 ll/etc/vsftpd，将输出结果截图，如附图 3-40 所示。

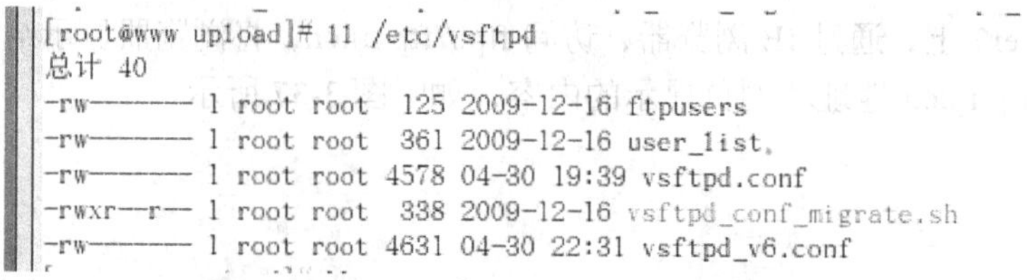

[root@www upload]# ll /etc/vsftpd
总计 40
-rw------- 1 root root 125 2009-12-16 ftpusers
-rw------- 1 root root 361 2009-12-16 user_list
-rw------- 1 root root 4578 04-30 19:39 vsftpd.conf
-rwxr--r-- 1 root root 338 2009-12-16 vsftpd_conf_migrate.sh
-rw------- 1 root root 4631 04-30 22:31 vsftpd_v6.conf

附图 3-40

⑥ 检测基于 IPv6 的 VSFTP 配置，端口检测，通过执行 netstat 检测，将输出结果截图，如附图 3-41 所示。

```
[root@www upload]# netstat -nat | grep 2121
tcp        0      0 :::2121                     :::*                        LISTEN
[root@www upload]#
```

附图 3-41

⑦ 测试基于 IPv6 的 FTP 站点，在 CentOS 上通过 Firefox 网页浏览器，输入地址：ftp://[2001:3:3:100::100]:2121 访问 FTP 服务器，将显示结果截图，确保截图中可以看到 FTP 的 IPv6 地址和 FTP 站点显示的内容，如附图 3-42 所示。

附图 3-42

⑧ 下载配置文件：将配置好的 httpd.conf 和 vsftpd.conf 及基于 IPv6 配置的 vsftpd 的配置文件复制到/var/ftp/pub 目录，然后下载到 Server2 桌面“竞赛结果文件”目录中。检查 Server2 桌面文件夹“竞赛结果文件”，至少有 3 个.conf 配置文件。

【二】一套国赛真题

2014年全国职业院校技能大赛
网络搭建与应用竞赛样题
（总分1000分）

竞赛时间

竞赛时间为180分钟。

注意事项

①竞赛所需的硬件、软件和辅助工具由组委会统一布置，选手不得私自携带任何软件、移动存储工具、辅助工具、移动通信工具等进入赛场。

②请根据大赛所提供的比赛环境，检查所列的硬件设备、软件清单、材料清单是否齐全，计算机设备是否能正常使用。

③操作过程中，需要及时保存设备配置。比赛结束后，所有设备保持运行状态，不要拆、动硬件连接。

④比赛完成后，比赛设备、软件和赛题请保留在座位上，禁止将比赛所用的所有物品（包括试卷和草纸）带离赛场。

⑤所有设备需要通过文档的方式保存，把所有网络设备的配置保存为TXT文件，名称与设备名称一致，防火墙中图形界面操作步骤需要截图保存。并将所有文档保存至桌面BACKUP文件夹中，若缺少文件，涉及该文件对应设备下的所有分值记为0分。

⑥竞赛结果文件电子版需要按照监考老师的要求，在竞赛结束前复制到监考老师提供的U盘进行保存。

⑦裁判以各参赛队提交的竞赛结果文档为主要评分依据。所有提交的文档必须按照赛题所规定的命名规则命名，文档中有对应题目的小标题，截图有截图的简要说明，否则按无效内容处理。

硬件技术平台列表

序号	设备名称	设备型号	硬件平台	软件平台	数量
1	路由器	DCR-2655	R1	1.3.3H	3台
2	三层交换机	DCRS-5650-28	R4	7.0.3.1（058002）	2台
3	二层交换机	DCS-3950-28C	R5	7.0.3.1（058002）	2台
4	防火墙	DCFW-1800S-H-V2	R4.5	DCFOS-4.5R3P8.4.bin	2台
5	无线控制器	DCWS-6028	R1	7.0.3.5(R0035.0048)	1台
6	无线接入点	DCWL-7962AP	R5	2.0.5.34	1台
		DCWL-7942AP	R4	2.0.5.34	
7	PoE适配器	DCWL-PoEINJ-G			1个

项目背景及网络拓扑

某集团公司经过业务发展，总公司在北京市，需要在上海设置分公司，为了实现快捷的信息交流和资源共享，需要构建统一网络，整合公司所有相关业务流程。采用单核心的网络架构的网络接入模式，采用路由器接入城域网专用链路来传输业务数据流。总公司为了安全管理每个部门的用户，使用 VLAN 技术将每个部门的用户划分到不同的 VLAN 中。分公司采用路由器接入互联网络和城域网专用网络，总公司的内网用户采用无线接入方式访问网络资源。

为了保障总公司与分公司业务数据流传输的高可用性，使用防火墙保证网络安全，采用 QoS 技术对公司重要的业务数据流进行保障。网络采用 OSPF 动态路由协议和 RIP 动态路由协议。

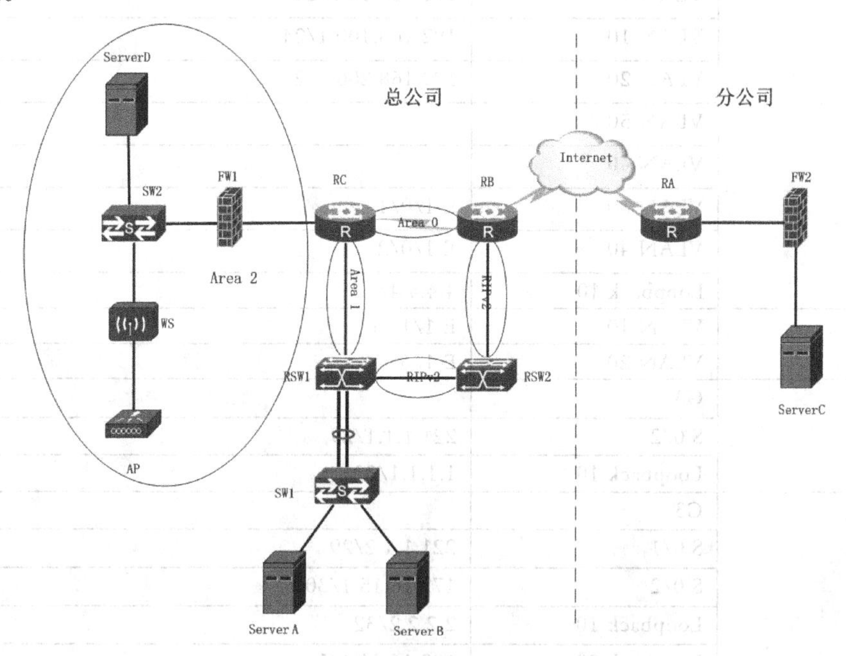

集团网络拓扑结构图

表 1 拓扑结构表

设 备	端 口	设 备	端 口
RA	G3	FW2	E0/1
RA	S0/2	RB	S0/1
RB	G3	RSW2	E1/0/1
RB	S0/2	RC	S0/1
RC	G4	FW1	E0/1
RC	G5	RSW1	E1/0/1
RSW1	E1/0/2	RSW2	E1/0/2
SW1	E1/17, E1/18	RSW1	E1/0/17, E1/0/18
SW2	E1/1	FW1	E0/2
SW2	E1/24	WS	E1/0/1
WS	E1/0/2	AP	LAN
FW2	E0/2	SERVER-C	LAN
SW2	E1/2	SERVER-D	LAN
SW1	E1/1	SERVER-A	LAN
SW1	E1/6	SERVER-B	LAN

表 2　网络设备 IP 地址分配表

	接口/ VLAN	IP 地址或接口
RSW2	VLAN 1	192.168.10.2/24
	VLAN 30	
	VLAN 40	
	VLAN 30	E 1/0/1
	VLAN 40	E 1/0/2
	Loopback 10	3.3.3.3/32
RSW1	VLAN 1	192.168.10.1/24
	VLAN 10	192.168.100.1/24
	VLAN 20	192.168.200.1/24
	VLAN 50	
	VLAN 40	
	VLAN 50	E 1/0/1
	VLAN 40	E 1/0/2
	Loopback 10	4.4.4.4/32
SW1	VLAN 10	E 1/1-5
	VLAN 20	E 1/6-10
RA	G3	
	S 0/2	221.1.1.1/29
	Loopback 10	1.1.1.1/32
RB	G3	
	S 0/1	221.1.1.2/29
	S 0/2	172.16.15.1/30
	Loopback 10	2.2.2.2/32
	Loopback 20	182.16.31.1/24
	Loopback 30	182.16.32.1/24
	Loopback 40	182.16.33.1/24
RC	G4	
	G5	
	S0/1	172.16.15.2/30
	Loopback 20	100.1.1.1/24
	Loopback 30	200.1.1.1/24
FW1	E0/1	
	E0/2	192.168.254.1/24
FW2	E0/1	
	E0/2	192.168.10.1/24
AP	LAN	192.168.254.2/24
WS	VLAN 1	192.168.254.3/24

表 3　服务器 IP 地址分配表

	Server A	Server B	Server C	Server D
IP/掩码	192.168.100.100	192.168.200.100	192.168.10.100	192.168.254.100
网关	192.168.100.1	192.168.200.1	192.168.10.1	192.168.254.1

表 4　虚拟服务器 IP 地址分配表

宿主机	虚拟主机名称	域名信息	服务角色	系统及版本信息	IPv4 地址信息
Server A	Win2003-A1	dns1.sayms.com	DNS 服务器	Windows Server 2003 R2	IP:192.168.100.101
	Win2008-A1	dc.sayms.com	DC 域控制器	Windows Server 2008 R2	IP:192.168.100.102
	Centos-A1	smb.jnds.net	SAMBA 共享服务器	CentOS 6.4	IP:192.168.100.103
Server B	Win2008-B1	app1.sayms.com	Web 服务器 FTP 服务器	Windows Server 2008 R2	IP:192.168.200.101
	Win2003-B1	app2.sayms.com	邮件服务器	Windows Server 2003 R2	IP:192.168.200.102
	Centos-B1	mail.jnds.net	Sandmail 邮件服务器	CentOS 6.4	IP:192.168.200.103
	Centos-B2	ftp.jnds.net ftp1.jnds.net ftp2.jnds.net	FTP 文件服务器	CentOS 6.4	IP:192.168.200.104 IP:192.168.200.105 IP:192.168.200.106
Server C	win2003-C1	dc.jndsgs.com	DC 域控制器 CA 证书服务器	Windows Server 2003 R2	IP:192.168.10.10
	win2003-C2	vpn1.jndsgs.com	VPN 服务器	Windows Server 2003 R2	NIC1 IP:172.16.10.1 NIC2 IP:192.168.10.1
	win2003-C3	vpn2.jndsgs.com	VPN 服务器	Windows Server 2003 R2	NIC1 IP:172.16.10.2 NIC2 IP:192.168.100.1
	win2008-C1	rodc.jndsgs.com	只读 域控制器	Windows Server 2008 R2	IP:192.168.100.5
Server D	Centos-D1	www.jnds.net	Apache Web 服务器	CentOS 6.4	IP:192.168.254.101
	Centos-D2	dns.jnds.net	BIND 域名服务器 MySQL 数据库服务器 NFS 共享服务器	CentOS 6.4	IP:192.168.254.102

一、网络搭建部分

（本部分 440 分）

1. 物理连接与 IP 地址划分（50 分）

① 按照网络拓扑图制作以太网网线，并连接设备。要求符合 T568A 和 T568B 的标准，其线缆长度适中。（30 分）

② 依据“拓扑结构图”和“网络设备 IP 地址分配表”所示，对网络中的所有设备接口配置 IP 地址，整个网络互联地址规划使用 172.16.15.0/24 地址段。要求节省 IP 资源，做到合理分配；互联地址使用/30 的掩码进行分配，并把地址填入上面网络设备 IP 地址分配表中的空白处。（20 分）

2. 交换机配置（120 分）

① 为了管理方便，便于识别设备，为所有交换设备更改名称，设备名称的命名规则与拓扑图图示名称相符。（8 分）

② 在所有交换设备上都启用 ssh 功能，生成 rsa 密钥，用户名：admin123，密码：admin123，访问连接数为最大值，用户认证超时时间为 60 秒，重连次数为 5 次。（8 分）

③ 在所有交换设备上，使用系统登录标题：welcome login system!。在 30 分钟内，没有任何输入信息，网络设备连接超时（16 分）。

④ 根据拓扑结构图划分 VLAN， 并把相对应接口添加到 VLAN 中（20 分）

⑤ 在 RSW1 上配置 DHCP 服务器，让 VLAN 10 的用户通过 RSW1 上的 DHCP 获得地址，租期为 2 天，为了避免地址冲突，并把 VLAN 10 的网关与服务器地址进行排除。（30 分）

⑥ 使用端口汇聚技术，将 RSW1 三层交换机接口 E1/0/17, E1/0/18 与 SW1 二层交换机接口 E1/17, E1/18 配置为端口汇聚接口。（10 分）

⑦ RSW1 上配置不允许无线网络用户在上班时间访问除服务器外 VLAN 10 中的主机，其余时间不做限制。（上班时间：周一到周五 09：00～17：00）（28 分）

3. 路由器配置（100 分）

① 为了管理方便，便于识别设备，为所有路由设备更改名称，设备名称的命名规则与拓扑图图示名称相符。（2 分）

② 在 RB 和 RC 启用 Telnet，vty 密码和 enable 密码为 2014network。最多同时有 5 个人通过 Telnet 登录路由器（10 分）

③ 如图所示配置总公司使用 OSPF 和 RIP 路由协议，RB 上的环回口路由采用 RIP 技术进行宣告，分公司采用静态路由技术。（20 分）

④ 所有启用 OSPF 协议的接口上都使用 MD5 认证，认证密钥为 guosai。为了加快路由协议的收敛时间以及故障恢复时间。调整 RIP 时钟的更新时间为 20 秒，失效时间 120 秒，刷新时间 180 秒。（15 分）

⑤ 在 RSW2 上配置 RIP 偏移列表，使 RSW2 走向 RB 的路由更新信息开销增加 5。（3 分）

⑥ RB 与 RSW2 上启用 RIP 认证。认证方式为 MD5，字符串为 guosai（10 分）

⑦ 在 RB 与 RSW1 上使用重发布技术进行路由配置，采用 distance 方式解决路由次优路径产生的问题，在 RB 路由器进行重发布时使用路由图，保证公司的所有设备经过重发布后，到 RB 上的回环 20 和回环 30 网段的路由不可达。（20 分）

⑧ 在RC上使用策略路由,保证无线区域中的主机报文大小在150～1500的走RSW1。（10分）

⑨ 在RC上使用队列拥塞管理技术,使内网访问外网的Telnet数据流优先级最高,FTP数据流优先级最低。（10分）

4. 广域网配置（30分）

① RA与RB之间使用PPP封装，使用chap认证方式，用户名称为对端设备名称，密码：guosaiRC与RB之间使用PPP封装，使用pap认证方式，RC为验证端，用户名为RC，密码为guosai（10分）

② RB连接RA的串口，是总公司网络的出口，在RB上做NAT保证内网所有计算机都可以访问公网。RA连接RB的串口，是分公司网络的出口，在RA上做NAT，访问公网，并将服务器映射到外网接口。（20分）

5. 防火墙配置（20分）

① 为了保障总公司内网的安全性，在两台FW上配置防DDOS攻击。（10分）

② 为了保障网络资源合理使用，在FW2上配置禁止所有P2P视频数据通过。（10分）

6. 无线配置（120分）

① 无线控制器建立广播SSID,SSID为sale，AP工作信道为1；使用无线控制器提供DHCP服务，用户动态分配IP地址和网关，DNS地址为202.119.200.10，其分配的地址段为192.168.254.0/24，排除网关，无线控制器和AP的地址，地址租约为1天。用户接入无线网络时需要输入密码，加密模式为wpa-personal，其口令为12345678。（80分）

② 激活无线网络的二层隔离，实现同一个AP下无线局域网内用户不能互相访问，配置该AP下可以连接的无线网络用户数为30。（20分）

③ 配置无线局域网用户上行速度为2Mbit/s，下行速度为3Mbit/s。（20分）

二、Windows操作系统部分
（本部分260分）

【说明】

（1）题目中所涉及Windows操作系统的administrator管理员用户密码为2014Netw0rk（注意区分大小写），若未按照要求设置密码，则涉及该操作的所有分值记为0分。

（2）系统主机及虚拟主机的IP属性设置请按照网络拓扑结构图以及“表3—服务器IP地址分配表”、“表4—虚拟服务器IP地址分配表”的要求设定。

（3）除非作特殊说明，在同一主机下需要安装相同操作系统版本的虚拟机时，可采用Oracle VM VirtualBox软件自带的克隆系统功能实现。

（4）所有系统镜像文件及试题所需的其他软件均存放在每台主机的D:\soft文件夹中，并将题目要求的截图内容以.jpg格式存储于桌面BACKUP文件夹中。

一、在Server A上完成如下操作（本题100分）

（一）完成虚拟主机的创建（20分）

1. 创建虚拟机“Win2003-A1”，具体要求为内存256MB，硬盘10GB，主分区 8GB，扩展分区2GB。（10分）

2. 创建虚拟机“Win2008-A1” ，具体要求为内存512MB，硬盘20GB，主分区15GB，扩展分区5GB，分为两个逻辑分区，大小分别为3GB和2GB。（10分）

（二）在主机 Win2003-A1 中完成 DNS 服务器的部署 （20 分）

1. 将此服务器配置为 DNS 服务器，正确配置 sayms.com 域名的正向及反向区域，并能够提供相应正反向解析，同时建立 sayms.com 域的泛解析到网站服务器。（15 分）

2. 转发 jnds.net 域的解析至虚拟主机 CentOS_D1 的 Web 服务。（5 分）

（三）在主机 Win2008-A1 中完成 DC 域控制器的部署 （60 分）

1. 将此服务器升级为域控，DNS 域名解析服务由服务器 Win2003-A1 提供，域名为 SAYMS.COM。（5 分）

2. 按如下关系建立组织单位，组和用户。（5 分）

组织单位	全局组	用　户
财务部	Financial	Tom, Amy,manager
生产部	Product	Jim,Jack
经理室	Manager	Abel
技术部	Technical	ftp1,ftp2

3. 为了减轻管理负担，委派用户 Jim 对组织单元“生产部”有新建删除用户和组的权限。（5 分）

4. 配置组策略。

（1）禁止用户使用可移动存储类策略。（5 分）

（2）设置 IE 代理服务器地址为 192.168.10.1，禁止客户端更改代理服务器地址。（10 分）

（3）当财务部用户登录时，自动在登入的计算机桌面上建立一个 www.sayms.com 网址快捷方式，但不应用于 manager 用户。（10 分）

（4）开启审核账户管理策略，成功失败均审核。（5 分）

5. 当在域中新建用户时，root@sayms.com 给自己发送一封电子邮件，内容为“域中有新用户建立。”，邮件服务器使用 win2003-B1。（5 分）

6. 安装 IIS 服务，配置 IIS，以使访问者在浏览器中输入 sayms.com，也可以正确访问到 WIN2008-B1 上的 www.sayms.com。（10 分）

二、在 Server B 上完成如下操作（本题 95 分）

（一）完成虚拟主机的创建 （20 分）

1. 创建虚拟机 win2008-B1，具体要求为内存 512MB，硬盘 20GB，主分区 15GB，扩展分区 5GB，分为两个逻辑分区，大小分别为 3GB 和 2GB；并将主机加入 sayms.com 域。（10 分）

2. 创建虚拟机 win2003-B1，具体要求为内存 512MB，硬盘 15GB；并将主机加入到 sayms.com 域。（10 分）

（二）在主机 win2008-B1 中完成 Web 服务器以及 FTP 服务器的部署 （40 分）

1. 在此服务器中安装 IIS 以及 FTP 服务。（5 分）

2. 配置 IIS 服务器，创建名为 webtest 的站点，主目录路径为 C:\webtest，并配置主机头 www.sayms.com；此外，创建虚拟目录 carts，目录路径为 C:\carts，设置首页显示内容为“welcome to visit this page.”；限制所有后缀为 jnds.net 的主机均不能访问此网站。（15 分）

3. 设置网站应用摘要式身份验证方式，访问者必须输入正确的域用户和密码方可进行访问。（5 分）

4. 以隔离用户方式创建名为 ftp.sayms.com 的 FTP 站点，FTP 主目录路径为 C:\inetpub\ftproot；域用户 ftp1、ftp2 及匿名用户均可登录，但匿名用户仅有只读权限，域用户 ftp1、ftp2 则能够完成读写操作。（15 分）

（三）在主机 win2003-B1 中完成邮件服务器的部署 （35 分）

1. 在当前服务器中设置电子邮件服务，并采用 Active Directory 集成的身份验证方式，创建 root@sayms.com 及 testuser@sayms.com 用户邮箱。（10 分）

2. 完成对 smtp 服务的配置，只允许通过验证的用户进行中继，身份验证使用基本认证方式。（10 分）

3. 借助 Outlook 程序进行测试，以用户 root@sayms.com 角色分别给用户 testuser@sayms.com、mail1@jnds.net 发送一封邮件。（10 分）

4. 测试 centos-B1 上的 samba 服务，将成功访问的截图进行存储，并命名为 smb.jpg。（5 分）

三、在 Server C 上完成如下操作（本题 65 分）

（一）完成虚拟主机的创建 （25 分）

1. 创建 4 个“host-only”类型网络（虚拟机管理菜单—全局设定—网络），分别设置为 #2、#3、#4、#5，均禁用 DHCP 服务；以下 IP 均指在系统内网络静态地址，掩码默认设置。（5 分）

2. 创建虚拟机“win2003-C1”，具体要求为内存 512MB，硬盘 20GB，主分区 15GB，扩展分区 5GB，分为两个逻辑分区，大小分别为 3GB 和 2GB。网卡使用 host-only 连接方式，使用#2 网络接口（IP:192.168.10.10）。（5 分）

3. 创建虚拟机“win2003-C2”，具体要求为内存 256M，硬盘 10G，主分区 8G，扩展分区 2G，添加两块网卡，均使用 host-only 连接方式。网卡 1 使用#3 网络接口（IP:172.16.10.1），网卡 2 使用#2 网络接口（IP:192.168.10.1）。（5 分）

4. 创建虚拟机“win2003-C3”，具体要求为内存 256MB，硬盘 10GB，主分区 8GB，扩展分区 2GB，添加两块网卡，均使用 host-only 连接方式，网卡 1 使用#3（IP:172.16.10.2），网卡 2 使用#5（IP:192.168.100.1）。（5 分）

5. 创建虚拟机“win2008-C1”，具体要求为内存 512MB，硬盘 20GB，主分区 15GB，扩展分区 5GB，分为两个逻辑分区，大小分别为 3GB 和 2GB。网卡使用 host-only 连接方式，使用#5 网络接口（IP:192.168.100.5）。（5 分）

（二）在主机 win2003-C1 中完成 DC 域控制器以及 CA 证书服务器的部署 （5 分）

将此服务器升级为域控制器（jndsgs.com），并安装配置 CA 证书服务，配置为企业根。（5 分）

（三）在主机 win2003-C2 中完成 VPN 服务器的部署 （10 分）

1. 将此服务器加入 jndsgs.com 域，同时完成路由和远程访问服务的配置，建立和 win2003-C3 的站点对站点的 VPN 连接；IP 地址自行指定，拨入用户使用主机的本地用户。（5 分）

2. VPN 类型为采用计算机证书方式的 L2TP，证书服务器为 win2003-C1（可先设置为 PPTP 拨入类型，最终采用计算机证书方式的 L2TP 类型）。（2.5 分）

3. 设置请求拨号时间在周一至周五的所有时段。（2.5 分）

（四）在主机 win2003-C3 中完成 VPN 服务器的部署 （10 分）

1. 在此服务器完成路由和远程访问服务的配置，建立和 win2003-C2 的站点对站点的 VPN 连接；IP 地址自行指定，拨入用户使用域用户，非主机上的本地用户。（5 分）

2. VPN 类型为采用计算机证书方式的 L2TP，证书服务器为 win2003-C1（可先设置为 PPTP 拨入类型，最终采用计算机证书方式的 L2TP 类型）；VPN 用户远程访问权限通过“远程访问策略控制访问”。（5 分）

（五）在主机 win2008-C1 中完成 RODC 只读域控制器的部署 （15 分）

将此服务器升级为 jndsgs.com 只读域控制器；进入“服务管理器”的“角色”菜单，展开“Active Directory 域服务”项后截图命名为 rodc.jpg 进行存储。

三、Linux 操作系统部分

（本部分 300 分）

【说明】

1. 所有 Linux 操作系统的 root 用户的密码为 123456，若未按要求设置密码，则涉及该操作系统下的所有分值记为 0 分。

2. 系统主机及虚拟主机的 IP 属性设置请按照网络拓扑结构图以及“表 3 服务器 IP 地址分配表”、“表 4 虚拟服务器 IP 地址分配表”的要求设定。

3. 除有特别规定外，其他未明确规定用户密码均与用户名相同。

4. 所有操作系统镜像文件及试题所需的其他软件均存放于每台计算机的 D:\soft 文件夹中，并将题目要求的截图内容以.jpg 格式存储于桌面 BACKUP 文件夹中。

一、在 Server A 上完成如下操作（本题 55 分）

（一）完成虚拟主机的创建 （10 分）

安装虚拟机“CentOS-A1”，具体要求为内存 512MB，硬盘 10GB。

（二）在主机 CentOS-A1 中完成 Samba 共享服务器的部署 （45 分）

1. 在此服务器中安装配置 Samba 服务，创建 3 个用户 m1、m2、m3。分别建立共享 m1、m2、m3、public，本地目录分别为/opt/a1、/opt/a2、/opt/a3、/opt/public。（15 分）

2. 默认以匿名访问，可以对 public 有读权限。进入其他文件夹时需要对其身份认证。（10 分）

3. 其中，m1 用户属于 manager 组，对 m1、m2、m3 共享有读写权限。m2、m3 为同一项目组 m2 的成员，可以互相对彼此文件有读的权限。/opt/a1 的共享只有 manager 组用户可以访问。（15 分）

4. 提取本机 eth0 网卡 IPv4 地址，如 192.168.10.10，把命令存入本机桌面 BACKUP 文件夹中 command 文件。（5 分）

二、在 Server B 上完成如下操作（本题 120 分）

（一）完成虚拟主机的创建 （20 分）

1. 安装虚拟机“CentOS-B1”，具体要求为内存 348MB，硬盘 10GB。（10 分）

2. 安装虚拟机“CentOS-B2”，具体要求为内存 348MB，硬盘 10GB。（10 分）

（二）在主机 CentOS-B1 中完成 Sendmail 邮件服务器的部署（55 分）

1. 在此服务器中安装配置 Sendmail 服务，建立分别名为 mail1 及 mail2 的用户，并建立 jnds.net 邮件域。（10 分）

2. 允许来自 sayms.com 域的邮件中继转发。开启 SMTP 的 SASL 验证，允许通过身份验证的用户转发邮件。（15 分）

3. 限制单个邮件大小为 5M。（5 分）

4. 使用自带邮件客户端进行测试，用户 mail2@jnds.net 向 mail1@jnds.net 发送正文为“预祝技能大赛圆满成功！”的邮件，利用用户 mail1 进行接收。（10 分）

5. 配置相关服务开机自启动。（5 分）

6. 创建用户 vncuser1、vncuser2，为 vncuser1、vncuser2 用户配置远程桌面，均使用 gnome 桌面环境，配置为开机自启动。（10 分）

（三）在主机 CentOS-B2 中完成 FTP 服务器的部署（45 分）

1. 配置多站点 FTP 服务，创设 3 个 FTP 服务站点，域名分别为 ftp.jnds.net、ftp1.jnds.net 以及 ftp2.jnds.net，除站点 ftp.jnds.net 采用默认配置外，其余站点配置文件名分别为 vsftpd1.conf 以及 vsftpd2.conf，站点主目录分别为 /var/ftp1 以及/var/ftp2。（10 分）

2. 创建用户 bob 并登录站点 ftp.jnds.net 后，不能访问除其主目录外的其他目录。（10 分）

3. 站点 ftp1.jnds.net 中指定匿名用户能够上传但不能进行下载操作，匿名用户主目录为/var/ftp1/upload；站点 ftp2.jnds.net 中设置匿名用户具备上传权限但仅能够下载其自身上传的文件内容，匿名用户主目录为/var/ftp2/upload。（10 分）

4. 站点 ftp.jnds.net 禁止 192.168.10.2 访问，对 192.168.20.0 网段做如下限制：每 IP 最大的连接数为 2，本地用户传输率为 200kbit/s，禁止上传 mp3、avi 文件。（15 分）

三、在 Server D 上完成如下操作（本题 125 分）

（一）完成虚拟主机的创建 （20 分）

1. 安装名为“CentOS-D1”的虚拟机，具体要求为硬盘大小为 8GB，内存为 384MB，系统为 CentOS5.5。（10 分）

2. 安装名为“CentOS-D2”的虚拟机，具体要求为硬盘大小为 8GB，内存为 256MB，系统为 CentOS5.5。分区大小为 SWAP 分区大小为 512M；/boot 分区大小为 500M，文件类型为 ext3；/home 分区大小为 1G，文件类型为 ext3，其余为/分区，文件类型为 ext3。（10 分）

（二）在主机 CentOS-D2 中完成 BIND 域名服务器、MySQL 数据库服务器以及 NFS 共享服务器的部署 （70 分）

1. 在此服务器中安装配置 bind 服务，负责区域“jnds.net”内主机解析，三台主机分别为 www.jnds.net、ftp.jnds.net、ftp1.jnds.net、ftp2.jnds.net 以及 mail.jnds.net，做好正反向 DNS 服务解析，对 sayms.com 域的解析转发给 win2003_A1。（5 分）

2. 通过配置，在本机上可以使用 rndc 来控制域名服务运行。（5 分）

3. 安装 MySQL 服务，修改 root 用户的密码为 123456，创建数据库 testdb，创建用户 testuser，其对 testdb 数据库有完全控制权，仅可在本机登录。按如下结构创建表 table1。（40 分）

字段名	数据类型	主　键	自　增
ID	int	是	是
name	varchar(10)	否	否
birthday	datetime	否	否
sex	cahr(1)	否	否

4. 每周五凌晨 1：00 备份数据库 testdb 到/var/databak/testdb.sql。（10 分）

5. 配置 NFS 服务，服务开机自启动。按下表要求共享目录。（5 分）

共享目录	共享要求
/var/test	192.168.1.0 这个网段的用户具有读写权限，其他只读
/var/tmp	所有人都可以存取，root 写入的文件还具有 root 的权限

6. 创建用户 nfsuser，当 nfsuser 在终端登录时，自动 mount 共享的/var/test 目录到/home/nfsuser/t，退出时自动 umount。（5 分）

（三）在主机 CentOS-D1 中完成 Apache 服务器的部署 （35 分）

1. 在此服务器中安装 httpd 服务，为编辑 http.conf 配置文件的命令定义别名为 confighttp。建立网站 www.jnds.net，网站主目录/var/www/html，首页内容为“this is test page.” 。（5 分）

2. 在网站目录下新建目录 https。创建自签名证书 server.crt 和私钥 server.key 以用于 SSL，私钥密码为“000000” 。（10 分）

3. 配置 http，使用自签名证书，使访问 www.jnds.net/https 时必须使用 https 方式访问；此时须截图命名为 https.jpg 进行存储。（10 分）

4. 配置只能使用域名访问网站，不能使用 IP 地址，httpd 服务开机自启动，不需要输入私钥密码。（5 分）

5. 将/var 目录打包并压缩成 gzip 格式，文件名为 var.tar.gz，保存到/tmp 目录下。（5 分）

参考文献

[1]鸟哥. 鸟哥的Linux私房菜 基础学习篇(第三版). 北京:人民邮电出版社,2010.7.
[2]鸟哥. 鸟哥的Linux私房菜 服务器架设篇(第三版). 北京:机械工业出版社,2012.6.
[3]杨云,王秀梅,孙凤杰.Linux网络操作系统及应用教程(项目式). 北京:人民邮电出版社,2013.9.
[4]宋士伟. 超容易的Linux系统管理入门书. 北京:清华大学出版社,2014.2.
[5]张勤,鲜学丰. Linux从初学到精通. 北京:电子工业出版社,2011.4.
[6]刘晓辉. 网络服务搭建、配置与管理大全(Linux版)北京:电子工业出版社,2009.3.
[7]杨云,马立新. 网络服务器搭建、配置与管理——Linux版. 北京:人民邮电出版社,2011.10.
[8]姚越. Linux网络管理与配置. 北京:机械工业出版社,2012.1.
[9](美)W. Richard Stevens. TCP/IP 详解 卷1:协议. 北京:机械工业出版社,2013.6.
[10]陈涛,张强,韩羽. 企业级Linux服务攻略. 北京:清华大学出版社,2008.6.

后 记

2015 年初，大雪纷飞的扬州，格外寒冷。1 月 30 日深夜，终于完成了这本《Linux 服务器技术与技能大赛实战（CentOS 篇）》教程，心里却是感到暖暖的。

这本教程是作者把几年的 Linux 教学经验做一个总结和整理，里面理论阐述得相对不多，全部的实验都是在 VirtualBox 虚拟机中实现并截图出来的。希望对读者学习 Linux 网络操作系统有所帮助，哪怕是一点点启发，本人都会感到非常欣慰。有兴趣的读者如果能把本书最后参考文献中的 10 本经典书目读完，相信会有更大的收获。

"以不变应万变，以变应变，处变不惊"，不变的是基础网络原理，这个要很扎实，这是网络技能大厦的根基；万变的是各种应用网络环境的变化，要用动态的、发展的观点去看问题，应对各种变化。最终才能达到处变不惊的状态。

这本教程的出版，特别要感谢江苏省扬州商务高等职业学校顾金花主任、周雄庆主任的关心和指导。还要感谢扬州大学信息工程学院的潘鑫同学完成全书中部分实验的整理、校对及汇总工作。

网络是一个很神奇的东西。网络是信息时代每个人都必须掌握的生产力工具，网络里面流淌的数据、各种各样的网络服务，都需要用一生去探索和研究，这是一种无穷的乐趣。以共勉。

丁传炜

2015 年 3 月　扬州